Studies of Some Control Problems on Switched Neutral Delay Systems

切换中立时滞系统若干控制问题研究

李太芳 © 著

中国科学技术大学出版社

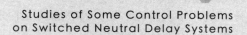

内 容 简 介

切换中立时滞系统是一类在工程实践中具有普遍意义的控制系统，具有复杂的系统结构与特性．切换中立时滞系统在过去二十多年来受到了许多学者的关注．本书针对具有不同结构的切换中立时滞系统，提出了有效的稳定性分析与镇定控制方法．本书首先建立状态依赖型切换律镇定具有离散时变时滞的切换中立时滞系统；其次利用混合驻留时间方法分析具有混合时变时滞的切换中立时滞系统的稳定性；最后研究了在时间与事件驱动下的切换中立时滞系统的镇定问题．

本书可供理工科高年级本科生、研究生及相关专业教师和科研工作者自学与参考使用．

图书在版编目(CIP)数据

切换中立时滞系统若干控制问题研究/李太芳著．—合肥：中国科学技术大学出版社，2023.2

ISBN 978-7-312-05609-3

Ⅰ．切…　Ⅱ．李…　Ⅲ．时滞系统—控制系统—研究　Ⅳ．TP13

中国国家版本馆 CIP 数据核字(2023)第 025100 号

切换中立时滞系统若干控制问题研究

QIEHUAN ZHONGLI SHIZHI XITONG RUOGAN KONGZHI WENTI YANJIU

出版　中国科学技术大学出版社
安徽省合肥市金寨路 96 号，230026
http://www.press.ustc.edu.cn
https://zgkxjsdxcbs.tmall.com

印刷　安徽国文彩印有限公司

发行　中国科学技术大学出版社

开本　710 mm×1000 mm　1/16

印张　9

字数　192 千

版次　2023 年 2 月第 1 版

印次　2023 年 2 月第 1 次印刷

定价　56.00 元

前　言

切换系统是一类具有典型意义的混杂动态系统,具有重要的理论研究价值与广泛的工程应用背景.切换时滞系统是一类具有广泛代表性的切换系统,它的子系统是由一族连续或离散时间的时滞系统所构成的动态系统,通常用一组微分或差分方程来描述.在工程实践系统中,时滞现象无处不在,因此,切换时滞系统在控制工程领域具有更加重要的理论与现实研究意义.近十几年来,对切换时滞系统鲁棒控制的研究非常活跃.切换中立时滞系统是一类更具有普遍意义的切换时滞系统.切换中立时滞系统可定义为系统中至少有一个子系统为中立时滞系统的切换系统.中立时滞系统是一类较一般时滞系统结构与特性更为复杂的时滞系统,其状态变化率不仅与系统过去状态有关,而且与系统过去状态的变化率也有关.目前,切换中立时滞系统受到人们越来越多的关注,但切换的混杂特性与中立时滞系统的结构复杂性,使人们对切换中立时滞系统的研究难度加大,进展缓慢.

近些年来,笔者对切换中立时滞系统的稳定性分析与控制综合问题进行了研究,获得了一系列控制设计方法,相关研究成果发表在国际控制领域的期刊上.本书是对笔者过去研究成果的一个总结,论述了有关切换线性中立时滞系统的若干切换控制方法.本书可供理工科高等院校研究生及相关专业教师、自动控制及相关领域的广大科研工作者阅读及参考.

全书共由7章构成.第1章是绪论.第2章针对具有离散时变时滞的切换中立时滞系统,采用凸组合技术,利用状态空间分割的方法,设计了状态依赖的滞后型切换规则.在所设计的切换规则作用下,利用单 Lyapunov-Krasovskii 泛函分析方法,引入自由权矩阵,获得了系统时滞相关的稳定性判别准则.第3章针对具有离散时变时滞的切换中立时滞系统,利用状态空间分割的方法,设计了状态依赖的滞后型切换规则,分别利用多 Lyapunov-Krasovskii 泛函方法及改进的多 Lyapunov-Krasovskii 泛函方法对系统稳定性进行分析,并引入自由权矩阵,获得了系统时滞相关的稳定性判别准则.第4章针对具有常时滞的切换中立时滞系统,在不能直接获得系统状态的情况下,设计切换观测器,利用观测器状态,给出切换规则及反馈控制器的双重设计镇定被控系统.在所设计的切换规则及反馈控制器双重控制作用下，利用多 Lyapunov-Krasovskii 泛函方法对闭环系统的稳定性进行分析，以线性矩阵不等式的形式给出了系统时滞相关的稳定性判别准则，并将所得结果推广到一类具有时变结构不确定性的切换线性中立时滞系统．第 5 章在慢切换意义下，利用平均驻留时间方法，对具有混合时变时滞的切换中立时滞系统进行稳定性与 L_2 增益分析．混合时变时滞包括离散时变时滞与中立时变时滞．利用分段 Lyapunov-Krasovskii 泛函分析方法，引入自由权矩阵，获得了离散时滞上界相关、离散时滞导数上界相关、中立时滞上界相关及中立时滞导数上界相关的稳定性判别准则．第 6 章研究了具有混合时变时滞切换中立时滞系统在网络通信下的反馈镇定问题．系统切换瞬时与网络传输瞬时的不同步性，导致子系统与其对应的镇定子控制器往往不能同步激活，进而产生子系统与其控制器间的异步运行现象．若异步周期持续过长，则会破坏整个被控系统的稳定性．本章在慢切换意义下，采用驻留时间与平均驻留时间相结合的混杂控制方法，通过确立信息传输周期与切换驻留时间二者之间的内在关联设计反馈控制器．利用分段 Lyapunov-Krasovskii 泛函分析方法，引入自由权矩阵，以线性矩阵不等式的形式对闭环系统给出了时滞相关的稳定性判别准则．第 7 章研究了切换中立时滞系统在事件驱动网络通信下的反馈控制镇定问题．采用驻留时间与平均驻留时间混杂控制方法，设计反馈控制器．利用分段 Lyapunov-Krasovskii 泛函分析方法，引入自由权矩阵，以线性矩阵不等式的形式对闭环系统给出了时滞相关的稳定性判别准则．

本书的出版得到了国家自然科学基金面上项目(No. 61873041)的资助，在此表示衷心的感谢．本书中的部分研究成果也得到了国家自然科学基金青年基金项目(No. 61573041)的支持．

由于笔者水平有限，书中不妥之处在所难免，敬请读者批评指正．

李太芳

2022 年 9 月

符 号 说 明

符号	意义
$\mathbb{R}^n$	n 维欧几里得空间
$\mathbb{R}^{n\times n}$	$n\times n$ 实矩阵集合
$\mathbb{R}^+$	正实数集合
$\mathbb{Z}^+$	正整数集合
$\mathbb{N}$	自然数集合
$\boldsymbol{P}^{\mathrm{T}}$	矩阵 $\boldsymbol{P}$ 的转置
$\boldsymbol{P}^{-1}$	矩阵 $\boldsymbol{P}$ 的逆
$\boldsymbol{P}^{-\mathrm{T}}$	矩阵 $\boldsymbol{P}$ 的逆转置
$\lambda_{\min}(\boldsymbol{P})$	矩阵 $\boldsymbol{P}$ 的最小特征值
$\lambda_{\max}(\boldsymbol{P})$	矩阵 $\boldsymbol{P}$ 的最大特征值
$\boldsymbol{I}$	适维单位矩阵
$\boldsymbol{0}$	适维零矩阵
$\mathrm{diag}\{\cdots\}$	对角矩阵
$L_2[0,\infty)$	在$[0,\infty)$上平方可积的函数集合
$\begin{bmatrix} \boldsymbol{X} & \boldsymbol{Y} \\ * & \boldsymbol{Z} \end{bmatrix}$	$\begin{bmatrix} \boldsymbol{X} & \boldsymbol{Y} \\ \boldsymbol{Y}^{\mathrm{T}} & \boldsymbol{Z} \end{bmatrix}$
$\boldsymbol{P}>0(\boldsymbol{P}\geqslant 0)$	$\boldsymbol{P}$ 为正定(半正定)对称矩阵
$\boldsymbol{P}<0(\boldsymbol{P}\leqslant 0)$	$\boldsymbol{P}$ 为负定(半负定)对称矩阵
$\\|\cdot\\|$	欧几里得范数
$\min \arg\{\cdot\}$	最小下标取值

目　　录

第 1 章　绪　　论

现代控制理论主要是以状态空间的形式发展起来的. 按其研究对象类型,可以将控制系统划分为连续系统与离散系统、线性系统与非线性系统、时变系统与定常系统、确定系统与不确定系统等. 到目前为止,对单一的连续系统或离散系统的研究已经取得了较为系统的理论成果. 然而,现实中存在的大量实际系统是既包含连续动态又包含离散动态的混杂动态系统,不能近似地用某种单一的连续系统或离散系统来描述. 如果将此类系统简单地建模成某种单一的连续系统或离散系统,往往会导致偏差过大而无法完成高精度的控制目标.

混杂动态系统(Hybrid Dynamic Systems)是一类既包含连续时间动态又包含离散事件且二者之间存在交互作用的复杂动态系统,简称混杂系统. 混杂系统科学合理地刻画了许多实际问题,如飞行器控制[1]、机器人行走控制[2]、计算机硬盘驱动[3]等. 对于混杂系统而言,传统的针对单一系统的分析与设计方法再也不能为其提供有效的控制策略. 因此,需要研究一套新的理论分析与综合控制方法. 1966 年,Winstsenhausen 首次发表了有关混杂状态连续时间动态系统的论文[4]. 1987 年 9 月在美国加州圣塔克拉拉大学(Santa Clara University)召开的关于控制科学今后发展的专题讨论会上,在题为《对于控制的挑战——集体的观点》[5]报告中首次正式提出了混杂系统的概念,从而开启了对混杂系统的研究之旅. 从 1989 年起,世界各地所召开的知名国际控制会议均陆续开辟了有关混杂系统的专题. 混杂系统理论已发展成为当今充满活力的研究领域之一.

切换系统(Switched Systems)是一类极为重要且极具典型性的混杂动态系统[6],是从系统与控制科学的角度来研究混杂系统的一类重要模型. 对切换系统的研究可以在理论和方法上为一般混杂动态系统的研究提供很好的借鉴与启示. 截至目前,切换系统的研究仍备受学者们的关注.

1.1 切换系统

1.1.1 概念与分类

典型的切换系统由一族连续时间或离散时间的子系统及决定子系统之间如何切换的规则所构成.切换规则通常是一个或依赖于状态、或依赖于时间、或既依赖于状态又依赖于时间、或依赖于某种逻辑规则的分段常值函数,也常被称为切换律或切换信号[7].切换规则对整个切换系统的状态运行轨迹有重要影响,甚至起到决定性作用.根据构成切换系统子系统的不同类型,通常可以将切换系统划分为切换线性系统与切换非线性系统、切换连续系统与切换离散系统、切换时滞系统与切换非时滞系统、定常切换系统与时变切换系统等.下面给出几种典型的切换系统类型特征分类描述:

(1) 当切换系统的子系统中至少有一个子系统呈现非线性时,即称该系统为切换非线性系统,否则称其为切换线性系统.

一般地,一个由 m 个子系统构成的切换非线性连续控制系统[8]可描述为

$$\dot{\boldsymbol{x}}(t) = \boldsymbol{f}_{\sigma(t)}(\boldsymbol{x}(t),\boldsymbol{u}(t)) \tag{1.1}$$

其中 $\boldsymbol{x}(t)\in\mathbb{R}^n$ 为系统状态向量;$\sigma(t):[0,+\infty)\rightarrow\boldsymbol{M}=\{1,2,\cdots,m\}$ 为一个分段常值映射函数,表示系统的切换信号,其中 m 表示系统中所包含的子系统个数;$\boldsymbol{u}(t)\in\mathbb{R}^q$ 为系统的控制输入;$\boldsymbol{f}_i(\boldsymbol{x}(t),\boldsymbol{u}(t))$ 为定义在 $\mathbb{R}^n$ 上的一族光滑连续函数,其中 $i\in\boldsymbol{M}$.

如果系统(1.1)中所有的子系统均是线性的,则对应的切换线性连续控制系统可描述为

$$\dot{\boldsymbol{x}}(t) = \boldsymbol{A}_{\sigma(t)}\boldsymbol{x}(t) + \boldsymbol{B}_{\sigma(t)}\boldsymbol{u}(t) \tag{1.2}$$

其中 $\boldsymbol{x}(t)\in\mathbb{R}^n$ 为系统状态向量;$\sigma(t):[0,+\infty)\rightarrow\boldsymbol{M}$ 为系统的切换信号;$\boldsymbol{u}(t)\in\mathbb{R}^q$ 为系统的控制输入;$\boldsymbol{A}_i\in\mathbb{R}^{n\times n}$,$\boldsymbol{B}_i\in\mathbb{R}^{n\times q}$ 为定义子系统 i 的定常系数矩阵,其中 $i\in\boldsymbol{M}$.

(2) 如果一个切换系统的子系统均为离散系统表征,则称该系统为切换离散系统.一般地,切换非线性离散控制系统可描述为

$$\boldsymbol{x}(k+1) = \boldsymbol{f}_{\sigma(k)}(\boldsymbol{x}(k),\boldsymbol{u}(k)) \tag{1.3}$$

其中 k 表示离散的时间序列,$\boldsymbol{x}(k)\in\mathbb{R}^n$ 为离散状态向量,$\sigma(k):\mathbb{Z}^+\rightarrow\boldsymbol{M}$ 为系统的切换信号,$\boldsymbol{u}(k)\in\mathbb{R}^q$ 为系统的控制输入.

对应的切换线性离散控制系统可描述为

$$\boldsymbol{x}(k+1)=\boldsymbol{A}_{\sigma(k)}\boldsymbol{x}(k)+\boldsymbol{B}_{\sigma(k)}\boldsymbol{u}(k) \tag{1.4}$$

其中 $\boldsymbol{A}_i\in\mathbb{R}^{n\times n}$,$\boldsymbol{B}_i\in\mathbb{R}^{n\times q}$为定义子系统 i 的定常系数矩阵,其中 $i\in M$.

(3) 当切换系统的子系统中至少有一个系统为时滞系统时,称该系统为切换时滞系统.一般地,具有常时滞的切换非线性时滞控制系统可描述为

$$\dot{\boldsymbol{x}}(t)=f_{\sigma(t)}(\boldsymbol{x}(t),\boldsymbol{x}(t-\tau),\boldsymbol{u}(t),\boldsymbol{u}(t-\tau)) \tag{1.5}$$

其中 $\tau>0$ 表示迟滞时间,简称时滞;$\boldsymbol{x}(t-\tau)$与 $\boldsymbol{u}(t-\tau)$分别表示系统的迟滞状态与迟滞控制输入.

对应的切换线性时滞控制系统可描述为

$$\dot{\boldsymbol{x}}(t)=\boldsymbol{A}_{\sigma(t)}\boldsymbol{x}(t)+\boldsymbol{B}_{\sigma(t)}\boldsymbol{x}(t-\tau)+\boldsymbol{C}_{\sigma(t)}\boldsymbol{u}(t)+\boldsymbol{D}_{\sigma(t)}\boldsymbol{u}(t-\tau) \tag{1.6}$$

其中 $\boldsymbol{A}_i,\boldsymbol{B}_i,\boldsymbol{C}_i,\boldsymbol{D}_i$ 为定义子系统 i 的具有合适维数的定常系数矩阵,其中 $i\in M$.

特别地,如果系统时滞为关于时间 t 的函数,则称对应的系统为切换时变时滞系统.如果在系统(1.5)与系统(1.6)中,不仅系统状态存在时滞,而且系统状态的导数项中也存在时滞,则称系统(1.5)为切换非线性中立时滞系统,相应地,称系统(1.6)为切换线性中立时滞系统.

(4) 当切换系统的子系统中至少有一个系统为时变系统时,称该系统为切换时变系统.一般地,切换非线性时变系统可描述为

$$\dot{\boldsymbol{x}}(t)=\boldsymbol{f}_{\sigma(t)}(t,\boldsymbol{x}(t),\boldsymbol{u}(t)) \tag{1.7}$$

对应地,切换线性时变系统可描述为

$$\dot{\boldsymbol{x}}(t)=\boldsymbol{A}_{\sigma(t)}(t)\boldsymbol{x}(t)+\boldsymbol{B}_{\sigma(t)}(t)\boldsymbol{u}(t) \tag{1.8}$$

其中 $\boldsymbol{A}_i(t)$,$\boldsymbol{B}_i(t)$为定义子系统 i 的时变系数矩阵,其中 $i\in M$.

典型的切换控制系统结构如图 1.1 所示.

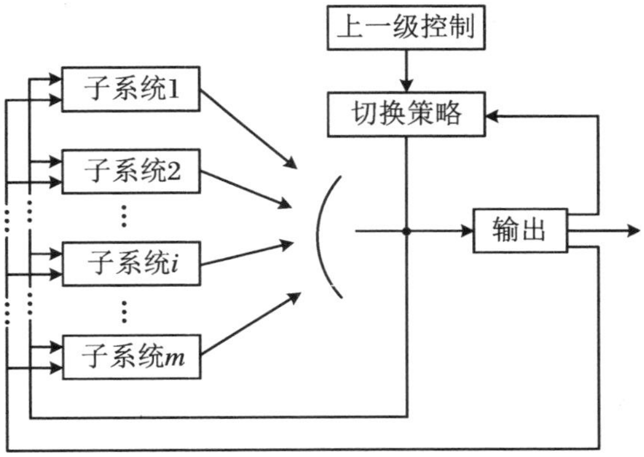

图 1.1　切换控制系统结构示意图

切换控制的思想不仅体现在构成切换系统的多个子系统之间可按某种切换规

则运行来实现系统稳定,还体现在单一的连续系统或离散系统可通过调节多个控制器之间的切换来完成系统的某种控制目标.多控制器切换控制往往可以实现系统更高的性能指标,甚至可以完成单一控制器所无法实现的控制目标.图 1.2 给出了切换控制的结构示意图[7].

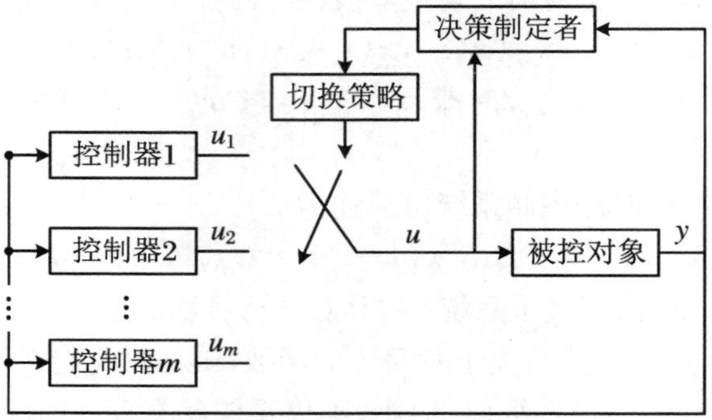

图 1.2　切换控制的结构示意图

切换控制的思想很早就在一些控制理论与工程实践中得到应用.20 世纪 50 年代初期,在航空航天领域,为了节省燃料开销,提出了时间最优控制和时间-燃料最优控制问题,由此产生了著名的 Bang-Bang 控制理论.Bang-Bang 控制实际上是一种时间最优控制,其最优解的形式就是一个分段常值型函数,其特点是控制量在可控输入上、下边界值之间跳变.Bang-Bang 控制的控制作用为开关函数,是一种位式开关控制,充分体现了切换的控制思想.随着系统结构与功能的日益复杂化,切换系统理论逐渐引起学者们的重视,并成为一种重要的系统分析手段.切换系统具有广泛的应用背景,许多电力系统、机械系统及化学过程等都可以用切换系统的模型来准确描述.下面给出一些切换系统的应用实例.

例 1.1　考虑半导体技术中使用的调节器系统[10],如图 1.3 所示.

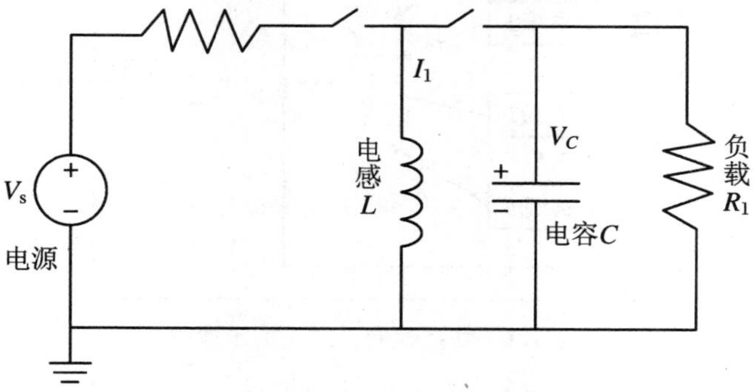

图 1.3　调节器的电路示意图

图 1.3 中 V_C 表示电容电压，I_1 表示电感电流.该调节器有两种切换模式：

模式 1：开关 1 闭合，开关 2 断开；

模式 2：开关 1 断开，开关 2 闭合.

选取两个状态变量 x_1 和 x_2，用 x_1 表示电容电压 V_C，x_2 表示电感电流 I_1，则该系统的两种模式可分别用如下模型来描述：

模式 1：

$$\begin{bmatrix} \dot{x}_1 \\ \dot{x}_2 \end{bmatrix} = \begin{bmatrix} -\dfrac{1}{R_1 C} & 0 \\ 0 & -\dfrac{R_s}{L} \end{bmatrix} \begin{bmatrix} x_1 \\ x_2 \end{bmatrix} + \begin{bmatrix} 0 \\ \dfrac{V_s}{L} \end{bmatrix} \tag{1.9}$$

模式 2：

$$\begin{bmatrix} \dot{x}_1 \\ \dot{x}_2 \end{bmatrix} = \begin{bmatrix} -\dfrac{1}{R_1 C} & -\dfrac{1}{C} \\ \dfrac{1}{L} & 0 \end{bmatrix} \begin{bmatrix} x_1 \\ x_2 \end{bmatrix} + \begin{bmatrix} 0 \\ 0 \end{bmatrix} \tag{1.10}$$

当调节器在这两种模式之间转换运行的时候，即产生了一个切换系统.

例 1.2 汽车驾驶自动换挡控制[11].

汽车的有级变速系统一般分为四个挡位，每个挡位对应不同的速度范围.汽车前进时的行驶速度不仅与挡位有关，而且还与发动机的节气门开度以及汽车制动等因素有关.为了使发动机始终处于较高的工作效率区，通常需要根据汽车的不同行驶速度进行换挡.汽车的行驶速度与挡位之间的关系如图 1.4 所示，其中 η_i（$i=1,2,3,4$）表示汽车处于不同挡位时随速度变化的发动机效率.汽车挡位之间的切换关系如图 1.5 所示，其中 $g \in \{1,2,3,4\}$ 表示挡位，v 表示汽车行驶速度，v_{ij}（$i,j \in \{1,2,3,4\}$）代表挡位从 i 切换到 j 时的汽车速度阈值.这是一个典型的切换系统实例.

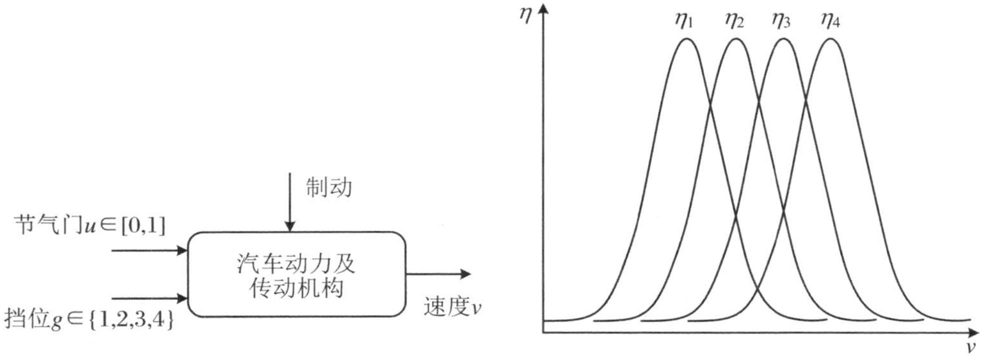

图 1.4 汽车的行驶速度与挡位关系示意图

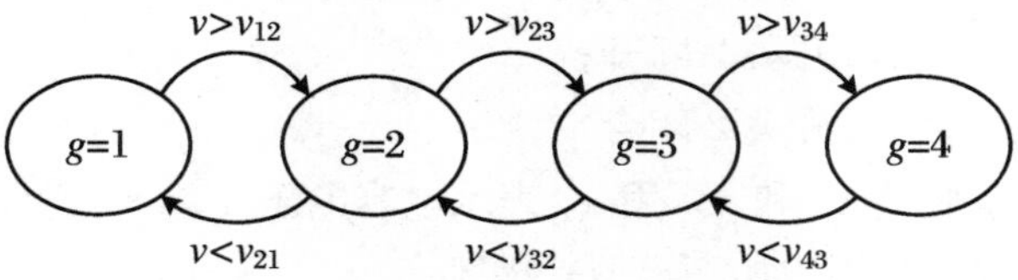

图 1.5　汽车驾驶换挡示意图

例 1.3　连续搅拌罐式反应釜[9,12].

图 1.6 为化工生产过程中典型的连续搅拌罐式反应釜工作流程示意图. 已知反应釜的容积恒定,化学反应物原料将依据控制目标按一定比例进行混合经选择阀进入反应釜,其中选择阀的位置将由目标监控设备控制调节. 为确保反应釜内温度稳定而不影响反应生成物质量,可通过操纵冷却介质温度 T_c 来调节反应釜中反应物浓度 C_A 与温度 T.

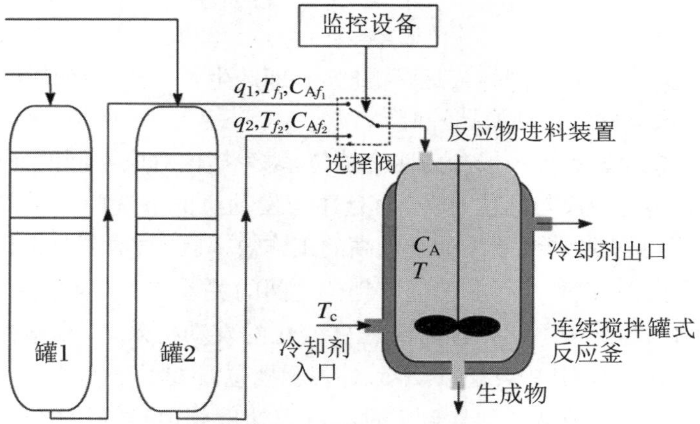

图 1.6　连续搅拌罐式反应釜工作流程图

该系统工作流程可建模为切换非线性系统:

$$\begin{cases} \dot{C}_A = \dfrac{q_i}{V}(C_{Af_i} - C_A) - a_0 \exp\left(-\dfrac{E}{RT}\right)C_A \\ \dot{T} = \dfrac{q_i}{V}(T_{f_i} - T) - a_1 \exp\left(-\dfrac{E}{RT}\right)C_A + a_2(T_c - T) \end{cases} \tag{1.11}$$

其中 $i \in \{1,2\}$ 表示选择阀的位置,C_A 表示反应釜中反应物 A 的浓度,V 表示反应釜容积,T 表示反应釜温度,T_c 表示冷却介质温度,a_0, a_1, a_2 是常值系数,q_i, T_{f_i}, C_{Af_i} 分别表示反应物的流速、温度及浓度. 令 $x_1 = C_A - C_A^*$, $x_2 = T - T^*$, $u = T_c - T_c^*$,其中 C_A^*, T^*, T_c^* 为平衡态值,则系统(1.11)可进一步描述为

$$\begin{cases}\dot{x}_1 = f_1^i(x_1,x_2) + g_1^i(x_1,x_2)u \\ \dot{x}_2 = f_2^i(x_1,x_2) + g_2^i(x_1,x_2)u\end{cases} \tag{1.12}$$

其中 $i=\{1,2\}$,且

$$\dot{f}_1^i = \frac{q_i}{V}(C_{\mathrm{A}f_i} - C_{\mathrm{A}}^* - x_1) - a_0(x_1 + C_{\mathrm{A}}^*)\exp\left(-\frac{E/R}{x_2 + T^*}\right)$$

$$\dot{f}_2^i = \frac{q_i}{V}(T_{f_i} - T^* - x_2) - a_1\exp\left(-\frac{E/R}{x_2 + T^*}\right)(x_1 + C_{\mathrm{A}}^*) + a_2(T_{\mathrm{c}}^* - T^* - x_2)$$

$$g_1^i = 0, \quad g_2^i = a_2$$

这是典型的化工生产过程切换非线性系统建模实例.

除此之外,自动售货机、室温控制装置[13]等都是生活中常见的切换系统的应用实例.同时,切换控制技术也被广泛应用于解决实际问题.适当地引入切换控制可以提高系统完成控制目标的能力或者完成一些单一控制器所无法完成的任务,如智能机器人在引入切换机制后能够实现更多的控制目标;飞机的多发动机切换可以改善飞机的起降精准度与飞行的灵活性等.许多文献从切换控制技术角度解决了一系列的应用问题,如文献[14]利用切换技术研究了车摆系统的全局可稳性问题;文献[15]考虑了一类切换线性离散系统的渐近稳定性,并将这一理论应用于汽车控制系统;文献[16]将切换技术应用于复杂网络控制,解决了复杂动态网络的同步化问题.由此可见,对切换系统的研究具有非常重要的现实意义.

1.1.2 主要研究问题

稳定性分析是控制理论中一个至关重要的基础研究问题.对于切换系统而言,稳定性分析依然是众多研究问题中最为重要和热点的问题.切换系统具有自身特有的特殊性与复杂性.切换系统的性质不是各子系统性质的简单叠加,而是与切换规则密切相关的.在不同的切换规则作用下,切换系统可能会呈现出截然相反的属性.图1.7与图1.8展示了在不同切换规则作用下,系统所表征出的不同的状态运动轨迹[7].

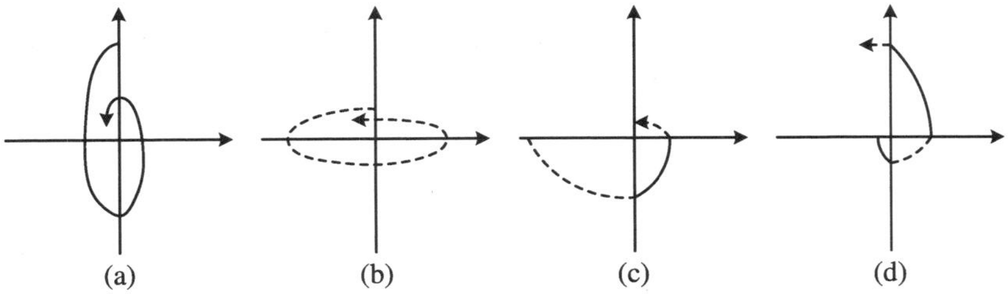

图1.7 稳定系统间的切换

在图1.7与图1.8中，左侧的两个图形分别用实线和虚线来刻画两个不同系统的状态运行轨迹，右侧的两个图形表示由左侧两个系统构成的切换系统在不同的切换信号作用下的状态运行轨迹. 明显地，在图1.7中，左侧所示的两个系统都是稳定的(图1.7(a)、(b))，但在不同的切换信号作用下，由左侧两个系统所构成的切换系统可能稳定(图1.7(c))也可能不稳定(图1.7(d)). 在图1.8中，左侧所示的两个子系统都是不稳定的(图1.8(a)、(b))，同样地，在不同的切换信号作用下，由左侧两个系统所构成的切换系统可能稳定(图1.8(c))，也可能不稳定(图1.8(d)). 由此可见，切换规则对切换系统的稳定性起到了至关重要的作用.

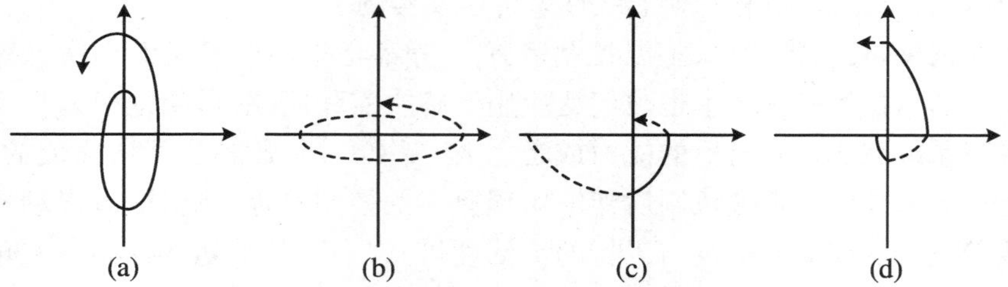

图1.8　不稳定系统间的切换

1999年，Liberzon与Morse在 *IEEE Control Systems Magazine* 上发表了有关切换系统的稳定性分析与切换律设计的综述性论文[8]，比较全面地阐述了关于切换系统稳定性研究的基本问题. 文中将切换系统的稳定性研究归结为三大基本问题：

问题Ⅰ：切换系统在任意切换规则下的稳定性.

问题Ⅱ：切换系统在一些受限(但有用的)切换规则下的稳定性.

问题Ⅲ：构造使切换系统稳定的切换规则问题.

对于问题Ⅰ，如果想在任意切换信号下保证切换系统的稳定性，自然需要假设切换系统的每一个单独子系统都是稳定的，但仅就这一点还不足以保证系统在任意切换信号下稳定. 解决问题Ⅰ的一个可行性方法是找到各个子系统存在共同Lyapunov函数的充分条件. 逆Lyapunov定理表明了渐近稳定的切换系统一定存在共同Lyapunov函数. 因而，存在共同Lyapunov函数是切换系统在任意切换信号下渐近稳定的充要条件. 寻求共同Lyapunov函数的存在条件以及如何构造共同Lyapunov函数在问题Ⅰ的研究中占据了主导地位[17-19]. 然而，很多时候共同Lyapunov函数往往是不存在的，即使存在也难以构造. 当共同Lyapunov函数不存在或难以构造时，切换系统的稳定性就转而依赖于系统的切换规则. 问题Ⅱ是在预先设定切换规则的情况下研究切换系统的稳定性. 1996年，Morse提出的驻留时间方法[20]指出如果系统切换发生得足够慢，那么由各子系统的稳定性就可以获得整个切换系统的稳定性. 在此基础上，Hespanha和Morse进一步提出了平均驻留时间方法[21].这两种方法都是采取稳定子系统之间慢切换的思想来保证整个切换系统的稳定性.问题Ⅲ是对于任意一个切换系统,无论其子系统是否稳定,该如何设计切换规则使其稳定的问题.多 Lyapunov 函数方法是解决这一问题的有效工具.多 Lyapunov 函数方法是传统的Lyapunov函数方法在切换系统的拓广形式,其核心思想是利用各个子系统所对应的类 Lyapunov 函数来设计使切换系统稳定的切换信号.

自 Liberzon 和 Morse 提出这三大基本问题以来,人们便开始从不同角度对切换系统稳定性进行分析.切换系统逐渐被越来越多的人所熟知,其研究在控制领域变得异常活跃.在稳定性研究[8,22-31]基础之上,人们对切换系统的能控性[32-34]、能观性[33-34]、H_∞ 控制[35-39]、最优控制[40-41]、自适应控制[42-44]、跟踪控制[45-46]、变结构控制[47]、鲁棒控制[48-49]、无源与耗散控制[50-52]等诸多问题的研究都取得了显著的成果.

1.1.3　主要研究方法

Lyapunov 稳定性理论一直是现代控制理论稳定性研究的有力工具,其主要思想是寻找与构造适当的 Lyapunov 能量函数(类似于系统能量的正定函数),然后通过研究该函数随时间的变化趋势来分析系统的稳定性.到目前为止,Lyapunov 函数思想仍然是切换系统领域研究的主要途径.结合切换系统自身的属性特征,切换系统的主要研究方法可划分为共同 Lyapunov 函数方法、单 Lyapunov 函数方法、多 Lyapunov 函数方法、拓广的多 Lyapunov 函数方法、驻留时间与平均驻留时间方法等.

共同 Lyapunov 函数方法是研究切换系统在任意切换信号下渐近稳定的方法.如果针对一个切换系统的每个单独子系统都存在一个共同的径向无界 Lyapunov 函数,则该切换系统在任意切换下是全局一致渐近稳定的.然而,很多时候共同 Lyapunov 函数往往是不存在的,即使存在也难以构造.单 Lyapunov 函数方法的基本思想是如果切换系统的所有子系统都存在单一的 Lyapunov 函数,则可以对状态空间进行区域分割,设计状态依赖型切换规则,使得系统切换到任意子系统时可保持 Lyapunov 函数衰减,进而保证系统稳定.单Lyapunov函数在切换点处是连续的.该方法要求对切换系统的所有子系统都找到同一个 Lyapunov 函数满足在整个状态空间衰减,增加了 Lyapunov 函数选取的难度.1991 年,Peleties与 Decarlo 提出了类 Lyapunov 函数方法[53],将传统 Lyapunov 函数方法在切换系统进行了推广.多 Lyapunov 函数方法的基本思想是如果对切换系统的每个子系统都能找到一个类 Lyapunov 函数,同时保证同一个子系统在下一次被激活时的类 Lyapunov 函数的终点值小于上一次被激活的类 Lyapunov 函数的终点值,那么整个系统的能量将呈现衰减趋势，这样保证切换系统渐近稳定[54]，其原理如图 1.9 所示[31]. 多 Lyapunov 函数方法与单 Lyapunov 函数方法相比，更充分地利用了各个子系统的特性，构造的类 Lyapunov 函数放宽了传统 Lyapunov 函数在整个时间域上升、下降的条件约束. 因此，多 Lyapunov 函数方法在 Lyapunov 函数的选取上降低了保守性，但它必须满足类 Lyapunov 函数在切换序列右端点处的单调性.

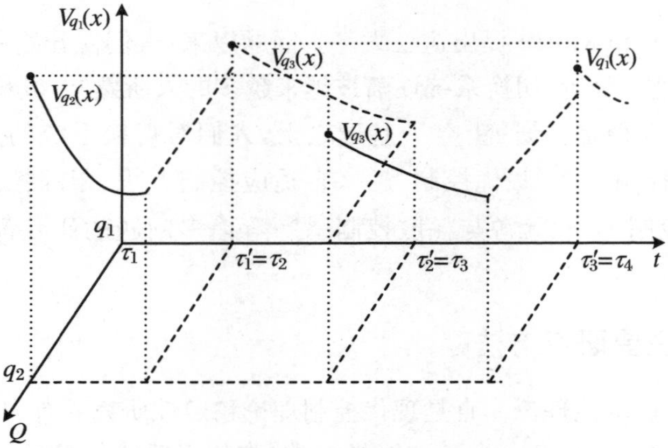

图 1.9　多 Lyapunov 函数方法示意图

在类 Lyapunov 函数方法基础上，Zhao 等定义了拓广的多 Lyapunov 函数方法[38]，进一步放宽了多 Lyapunov 函数方法中两个下降性的条件约束，容许类 Lyapunov 函数在某些激活时间段内和激活时间序列上有一定的上升，这种方法的保守性更低，其原理如图 1.10 所示[31].

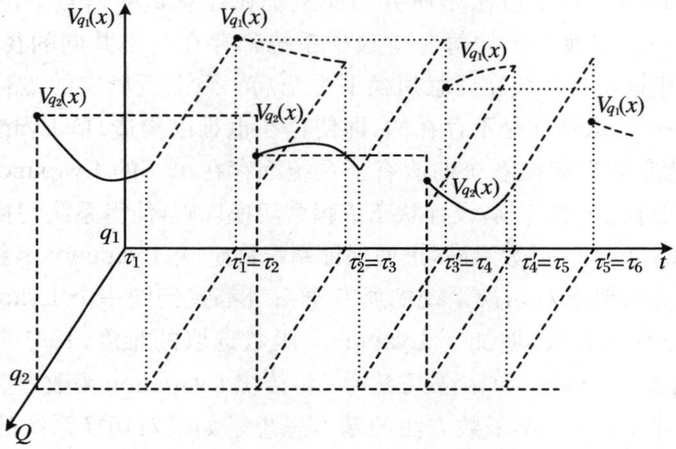

图 1.10　拓广的多 Lyapunov 函数方法示意图

此外,由多 Lyapunov 函数方法演绎出的驻留时间以及平均驻留时间方法同样备受关注. 文献[20]与[21]分别给出了在稳定的线性子系统之间进行慢切换或平均意义的慢切换保证切换线性系统稳定的条件. Zhai 等在文献[55]中将平均驻留时间方法进行推广,分析了同时具有稳定子系统与不稳定子系统的切换系统的稳定性. Zhang 进一步将平均驻留时间方法进行了推广,研究了具有全不稳子系统的切换系统的稳定情况[56]. 到目前为止,平均驻留时间方法仍然是切换系统领域比较常用的切换方法[55-61].

1.2 时滞系统

1.2.1 研究背景

时滞系统(Delay Systems)是指系统状态变化率不仅依赖于当前状态,而且还依赖于过去状态的系统. 许多工程系统,如通信系统、电力系统、长管道进料系统、复杂的在线分析仪、机械传动系统、流体传输系统、冶金工业过程以及网络控制系统等,都存在时滞现象[62-63]. 产生时滞的原因有很多,如由系统元件老化、机械器件磨损等物理因素造成的系统本身固有的时滞;系统在变量测量的过程中产生的时滞;系统在信息交换及传送过程中因拥塞而导致的时滞等. 除了理想的情形之外,动力系统处处存在时滞现象. 在时滞不可忽视的情况下,如果继续沿用传统的微分方程去描述动力系统是非常不准确的.

时滞系统通常由泛函微分方程来描述. 设 $C([a,b],\mathbb{R}^n)$ 表示将区间 $[a,b]$ 映射到 $\mathbb{R}^n$ 中的连续函数所组成的空间. 对一个时滞系统而言,令 d 表示该系统的最大时滞. 我们通常对从区间 $[-d,0]$ 映射到 $\mathbb{R}^n$ 的连续函数空间感兴趣,简记 $C=C([-d,0],\mathbb{R}^n)$. 一般的齐次连续时滞系统可描述为[63]

$$\begin{cases} \dot{\boldsymbol{x}}(t) = \boldsymbol{f}(t,x_t), & t \geqslant t_0 \\ \boldsymbol{x}_{t_0} = \boldsymbol{x}(t_0+\theta) = \boldsymbol{\varphi}(\theta), & \theta \in [-d,0] \end{cases} \tag{1.13}$$

其中 $\boldsymbol{x}(t)\in\mathbb{R}^n$ 是系统状态向量,$\boldsymbol{f}:\mathbb{R}\times C\to\mathbb{R}^n$ 为光滑连续函数,t_0 为初始时间,$\boldsymbol{\varphi}(\theta)\in C$ 是 $[-d,0]$ 上的连续初始向量函数.

下面给出一个交通流时滞系统建模实例.

例 1.4 微观交通流中的时滞[64].

当汽车司机驾车在路面行驶的时候,时时都需要对外界所发生的事件进行感知并作出判断,这种反应延迟常常会受到某些物理条件、外界刺激、不同司机个体所产生的不同认知及生理状态的影响而时时发生变化.大量实验和模拟数据表明,该反应延迟通常介于 0.6~2 s 之间.看似极其短暂的反应延迟却可能会导致路面交通堵塞,由此导致生产力运输减缓并增加汽车燃油尾气排放,更有可能会导致高速路上行驶车辆发生碰撞而引发严重交通事故.因此,人们从各种不同的分析角度对交通流进行建模.其中一种情形是假设在一条单行线上,车辆间相互跟随行驶,如图 1.11 所示.

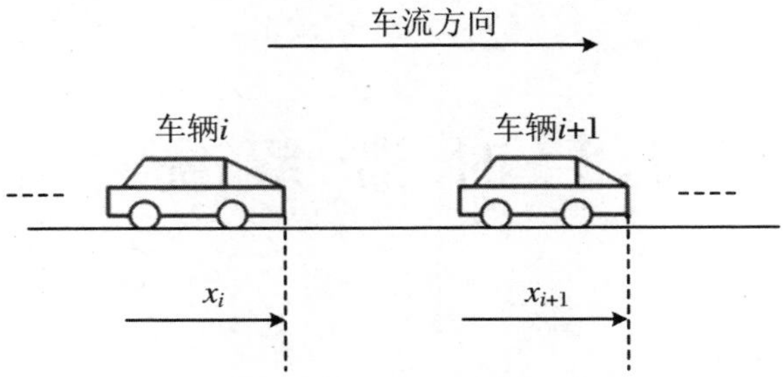

图 1.11　交通流示意图

从不同的微观角度考虑司机的反应延迟,下面给出三种不同的建模模型来对交通流进行分析.

第一种模型:

$$\ddot{x}_i(t) = \kappa[\dot{x}_{i+1}(t-\tau) - \dot{x}_i(t-\tau)] \tag{1.14}$$

其中 $i = 1,\cdots,n$(n 表示车辆数);$\ddot{x}_i$ 和 $\dot{x}_i$ 分别表示车辆 i 在某恒定速度 v 处的加速度及速度干扰;$\kappa > 0$ 且为常数;τ 表示司机的反应延迟时间.该模型的稳定性分析能进一步地用来分析车辆交通流的特征、交通堵塞发生的原因以及人的驾驶对交通堵塞所造成的影响.此外,该模型也有助于分析交通对环境及经济的影响.

第二种模型:

$$\ddot{x}_i(t) = \kappa[V(\Delta_i(t-\tau)) - \dot{x}_i(t-\tau)] \tag{1.15}$$

其中 τ 表示司机的反应延迟时间;$\Delta_i(t) = x_{i+1}(t) - x_i(t)$ 是车辆 i 与车辆 $i+1$ 之间的距离,且 $V(\Delta_i(t))$ 是最优速度函数,其决定车辆 i 如何与其他前行车辆维持较大车距情况下行驶得更快.

第三种模型:考虑司机同时观测前方多辆行驶车辆的情形:

$$\ddot{x}_i(t) = \sum_{p=1}^{N_i} \kappa_{p,i}[\dot{x}_{i+p}(t-\tau_{p,i}) - \dot{x}_i(t-\tau_{p,i})] \tag{1.16}$$

其中 $\kappa_{p,i}$ 是在第 i 个及第 $i+p$ 个车辆感应延迟为 $\tau_{p,i}$ 的常值惩罚速度干扰差,$N_i > 1$ 表示第 i 个车辆在跟随的车辆数,在该模型中,多个时滞代表司机对前方多辆行驶汽车的不同感应延迟.

上例从交通流的不同建模角度简单地描述了时滞对研究问题的影响.除此之

外，时滞几乎存在于一切动力系统中，包括工程、生物、经济及社会等. 由于其广泛的应用背景，时滞系统的研究很早就引起了众多学者浓厚的兴趣和高度的重视. 国内外学者从20世纪50年代即对时滞系统展开了一系列的研究，现已取得了非常显著的研究成果[65-76].

1.2.2 中立时滞系统

中立时滞系统(Neutral Delay Systems)是指在系统的状态与状态的导数中都存在时滞的系统，其中包含在状态中的时滞称为离散时滞，包含在状态导数中的时滞称为中立时滞. 与仅在状态中含有时滞的系统相比，中立时滞系统的结构和特性都要复杂得多. 在一个中立时滞系统中，中立时滞和离散时滞可能相同，也可能不同；二者可能是定常时滞，也可能是时变时滞. 针对这些不同情形，就产生了不同的中立时滞系统. 一般地，具有常时滞的非线性连续中立时滞系统可描述为[63]

$$\dot{\boldsymbol{x}}(t) = \boldsymbol{f}(t, \boldsymbol{x}_t, \dot{\boldsymbol{x}}_t) \tag{1.17}$$

其中 $\boldsymbol{x}(t) \in \mathbb{R}^n$ 是系统状态向量，$\boldsymbol{f}: \mathbb{R} \times C \times C \to \mathbb{R}^n$ 为光滑函数.

与之对应的线性连续中立时滞系统可描述为

$$\begin{cases} \dot{\boldsymbol{x}}(t) - \boldsymbol{C}\dot{\boldsymbol{x}}(t-h) = \boldsymbol{A}\boldsymbol{x}(t) + \boldsymbol{B}\boldsymbol{x}(t-\tau), & t \geqslant t_0 \\ \boldsymbol{x}_{t_0} = \boldsymbol{x}(t_0+\theta) = \boldsymbol{\varphi}(\theta), & \theta \in [-d, 0] \end{cases} \tag{1.18}$$

其中 $\boldsymbol{A}, \boldsymbol{B}, \boldsymbol{C}$ 为常值系统矩阵，h 代表中立时滞，τ 代表离散时滞，$d = \max\{h, \tau\}$，t_0 为初始时间，$\boldsymbol{\varphi}(\theta)$是定义在$[-d, 0]$上的连续初始向量函数.

中立时滞系统是一类重要的时滞系统，大量存在于工程实际中，如薄的运动体的连续热感应现象、传输线路中电压和电流的变动模型[77-78]、无损耗运输线系统[79]、船舶的稳定性、微波振子及化工过程中的双级溶解槽等. 下面给出中立时滞系统的一个应用例子.

例 1.5 部分元件等效电路[77-78].

图1.12所示的全波等效电路包含新的电路元件，由部分电感及时滞依赖的电流源相互耦合构成. 该电路系统模型可描述为

$$\begin{cases} \boldsymbol{C}_0\dot{\boldsymbol{x}}(t) + \boldsymbol{G}_0\boldsymbol{x}(t) + \boldsymbol{C}_1\dot{\boldsymbol{x}}(t-\tau) + \boldsymbol{G}_1\boldsymbol{x}(t-\tau) & \\ \quad = \boldsymbol{B}\boldsymbol{u}(t, t-\tau), & t \geqslant t_0 \\ \boldsymbol{x}(t) = \boldsymbol{g}(t), & t_0 - \tau \leqslant t \leqslant t_0 \end{cases} \tag{1.19}$$

具体参数描述详见文献[78].

中立时滞系统不仅在物理系统中具有广泛的应用背景，而且为了改善系统的控制性能，中立时滞也常被人为地应用到系统中[76]，如重复控制系统就是一类重要的中立时滞系统[80]. 此外，中立时滞系统可看作是一类更为广泛的时滞系统，许

多非中立时滞系统都可以转化为中立时滞系统来研究,如无损耗传输系统等.因此,中立时滞系统的研究尤为重要.在过去的十几年间,中立时滞系统受到学者们的广泛关注,研究成果层出不穷[81-98].

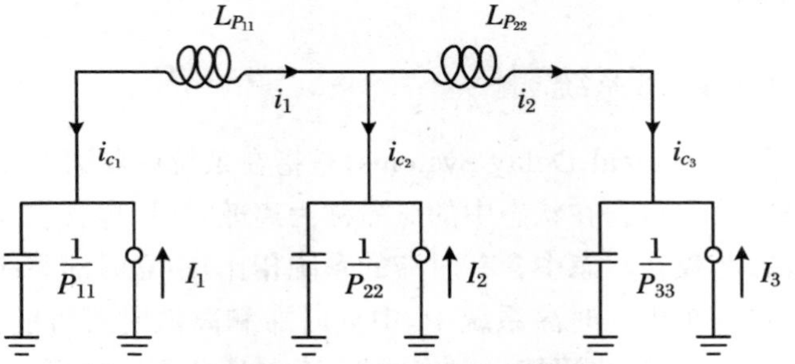

图 1.12　部分元件等效电路模型示意图

1.2.3　主要研究方法

由于工程技术的需要,对时滞系统的相关研究于 20 世纪中期就引起了人们的广泛关注.频域方法是最早的时滞系统稳定性研究方法,它通过特征方程根的分布或复 Lyapunov 矩阵函数方程的解来判别稳定性.但是时滞的存在使得系统模型呈现无穷维的特点,系统的特征方程为超越方程,有无穷多个特征根.因此,计算所有的特征根是不现实的.此外,频域方法只适用于定常时滞系统.如果系统存在不确定性或时滞随时间变化而变化时,则难以应用频域方法进行求解.因此,用频域方法研究时滞系统的稳定性具有较强的局限性.

另一种方法是时域方法.时域方法主要是基于 Lyapunov 稳定性理论建立的 Lyapunov-Krasovskii 泛函方法与 Razumikhin 函数方法,它们分别由苏联的数学家 Krasovskii 与Razumikhin创立于 20 世纪 50 年代末,是时滞系统稳定性分析的一般方法[63],其主要思想是通过构造一个适当的 Lyapunov-Krasovskii 泛函或 Lyapunov 函数来获得系统稳定的充分条件.20 世纪 90 年代以前,由于没有一般的方法来构造 Lyapunov-Krasovskii 泛函或 Lyapunov 函数,所得到的条件一般也只是一些存在性条件而且不能获得一般解.直至 20 世纪 90 年代,线性矩阵不等式理论的迅猛发展[99]及 MATLAB 工具箱的出现使得构造Lyapunov-Krasovskii 泛函和 Lyapunov 函数及求解线性矩阵不等式条件非常方便,从而极大地推动了这一方法的应用和发展.

时滞系统的研究结果大致可分为两类,包括时滞无关条件与时滞相关条件[76].时滞无关条件与时滞的大小无关,即对系统的稳定性及其他性能进行研究时,不考虑时滞的大小.一般来说,时滞无关条件的形式比较简单,允许系统的时滞是不确定或未知的,并对于任意大时滞都成立.然而,在系统时滞有界或较小时,这种不考虑时滞大小的结论是非常保守的.因为许多实际系统中的时滞都是有界的,很少出现任意大时滞的情形.时滞相关条件因考虑时滞大小对系统的影响并具有相对较小的保守性而受到普遍关注.这类条件首先必须假设当 $d=0$ 时,系统是稳定的,这样由于系统的解对 d 的连续依赖,则一定存在一个时滞上界 $\bar{d}$,使得系统对 $\forall d\in[0,\bar{d}]$ 都是稳定的.因此,最大可能获得的时滞上界 $\bar{d}$ 就成为衡量时滞相关条件保守性的主要标准[76].

为了减少保守性,人们不断地对系统模型进行了一系列的变换,以此来获得稳定条件中时滞的最大上界.模型变换方法主要是利用 Newton-Leibniz 公式将具有离散时滞的系统转化为具有分布时滞的新系统,再对新系统进行讨论.典型的模型变换[100]有:① 一阶模型变换;② 中立型模型变换;③ 基于 Park[101] 及 Moon[102] 不等式的模型变换;④ 广义模型变换[103].前两种变换导致变换后的系统与原系统不等价,因而不可避免地存在保守性[104-105].后两种变换通过对不等式放缩进行不同程度的界定,相对降低了条件的保守性.但它们本质上都是基于 Newton-Leibniz 公式来替换 Lyapunov-Krasovskii 泛函导数中的时滞项,这种替换是一种加权的替换方法.为改进加权矩阵的保守性,自由权矩阵的方法应运而生[76],其主要思想是根据 Newton-Leibniz 公式,将自由权矩阵引到 Lyapunov-Krasovskii 泛函的导数中,响应的最优值可通过线性矩阵不等式的解获得,从而克服了加权矩阵的保守性.目前,自由权矩阵方法在时滞系统的研究中较为广泛[106-110].

1.3 切换时滞系统

1.3.1 系统概述

切换时滞系统(Switched Delay Systems)是指至少有一个子系统为时滞系统的切换系统.近些年来,切换时滞系统的研究受到了国内外学术界的广泛关注[111-124].从系统理论的观点看,任何控制系统都必然存在时滞现象,切换控制系统也不例外.如果在系统运行或者信号的传输过程中,切换和时滞同时存在,那么这个系统就可以用切换时滞系统进行建模.可见,切换时滞系统具有强大的应用背景,对切换时滞系统的研究尤为重要.由于切换时滞系统中连续动态、离散动态和时滞三者之间的相互作用,使其行为要比非切换时滞系统或无时滞切换系统的行为复杂得多.

一个由 m 个连续时滞系统构成的切换系统可描述为

$$\begin{cases}\dot{\boldsymbol{x}}(t)=\boldsymbol{f}_{\sigma(t)}(t,\boldsymbol{x}_t), & t>t_0\\ \boldsymbol{x}_{t_0}=\boldsymbol{x}(t_0+\theta)=\boldsymbol{\varphi}(\theta), & \theta\in[-d,0]\end{cases}\tag{1.20}$$

其中 $\boldsymbol{x}(t)\in\mathbb{R}^n$ 为系统状态向量；$\sigma(t):[0,+\infty)\to M=\{1,2,\cdots,m\}$ 为切换信号；$\boldsymbol{f}_i(t,x_t)$ 为光滑函数，其中 $i\in M$，d 表示最大时滞；t_0 为初始时间；$\boldsymbol{\varphi}(\theta)$ 为连续初始向量函数.

当系统(1.20)中的子系统均为线性时滞系统时，系统可描述为

$$\begin{cases}\dot{\boldsymbol{x}}(t)=\boldsymbol{A}_{\sigma(t)}\boldsymbol{x}(t)+\boldsymbol{B}_{\sigma(t)}\boldsymbol{x}(t-\tau), & t>t_0\\ \boldsymbol{x}_{t_0}=\boldsymbol{x}(t_0+\theta)=\boldsymbol{\varphi}(\theta), & \theta\in[-d,0]\end{cases}\tag{1.21}$$

这里 $\boldsymbol{A}_i,\boldsymbol{B}_i$ 为常值系统矩阵，其中 $i\in M$.

目前，学者们已经针对切换时滞系统做了大量的研究，包括切换规则设计及稳定性分析[112-118]、有限时间稳定[119]、异步切换控制[123-124]及跟踪控制[46]等. 针对切换时滞系统的研究方法大体上是综合切换系统与时滞系统的研究方法而产生的单Lyapunov-Krasovskii 泛函方法、多 Lyapunov-Krasovskii 泛函方法、驻留时间及平均驻留时间方法等.

1.3.2 切换中立时滞系统

切换中立时滞系统(Switched Neutral Delay Systems)作为结构与特性更为复杂的一类切换时滞系统是近期人们关注的焦点之一. 切换中立时滞系统的研究具有重要的理论意义和工程实践背景. 许多实际系统，如电力系统中大设备的投切运行、自动控制系统中控制器之间的切换、机器人的行走控制等都可以建模成切换中立时滞系统. 此外，对切换中立时滞系统的深入研究可以为大规模人造系统的设计提供理论依据. 切换中立时滞系统是子系统由中立时滞系统所构成的切换系统[125]，其模型可描述为

$$\dot{\boldsymbol{x}}(t)=\boldsymbol{f}_{\sigma(t)}(t,\boldsymbol{x}_t,\dot{\boldsymbol{x}}_t)\tag{1.22}$$

其中 $\boldsymbol{x}(t)\in\mathbb{R}^n$ 为系统状态向量；$\sigma(t):[0,+\infty)\to M=\{1,2,\cdots,m\}$ 为系统切换信号；$\boldsymbol{f}_i:\mathbb{R}\times C\times C\to\mathbb{R}^n$ 为光滑函数，$i\in M$；$\dot{\boldsymbol{x}}_t\in C$ 由 $\dot{\boldsymbol{x}}_t(\theta)=\mathrm{d}\boldsymbol{x}(t+\theta)/\mathrm{d}t$ 所定义.

当子系统为线性中立时滞系统时，系统(1.22)可描述为

$$\begin{cases}\dot{\boldsymbol{x}}(t)-\boldsymbol{C}_{\sigma(t)}\dot{\boldsymbol{x}}(t-h)=\boldsymbol{A}_{\sigma(t)}\boldsymbol{x}(t)+\boldsymbol{B}_{\sigma(t)}\boldsymbol{x}(t-\tau), & t>t_0\\ \boldsymbol{x}_{t_0}=\boldsymbol{x}(t_0+\theta)=\boldsymbol{\varphi}(\theta), & \theta\in[-d,0]\end{cases}\tag{1.23}$$

其中 $\boldsymbol{A}_i,\boldsymbol{B}_i,\boldsymbol{C}_i$ 为常值系统矩阵，h 和 τ 为常时滞，且 $d=\max\{h,\tau\}$.

下面给出一个切换中立时滞系统的应用实例.

例 1.6 钻井系统[126-128].

如图 1.13 所示,它是一个简化的钻井系统示意图.

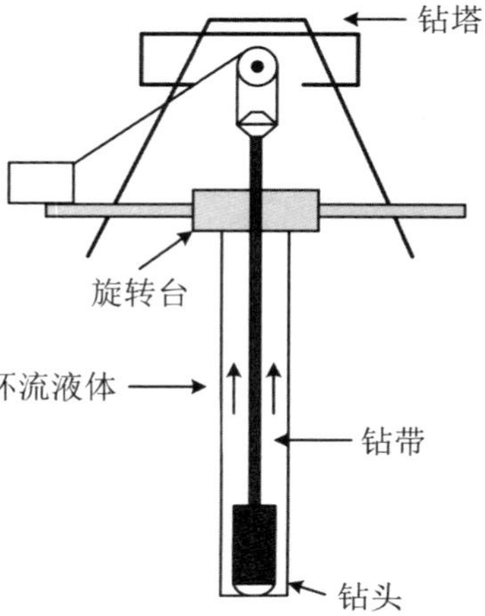

图 1.13 钻井系统示意图

钻井系统的中立型建模模型为

$$\begin{aligned}&\ddot{\omega}(t)-\ddot{\omega}(t-2\Gamma)+\frac{\sqrt{IGJ}}{I_{\mathrm{B}}}\dot{\omega}(t)+\frac{\sqrt{IGJ}}{I_{\mathrm{B}}}\dot{\omega}(t-2\Gamma)\\&=-\frac{1}{I_{\mathrm{B}}}T(t)+\frac{1}{I_{\mathrm{B}}}T(t-2\Gamma)+\frac{2\sqrt{IGJ}}{I_{\mathrm{B}}}\Omega(t-\Gamma)\end{aligned}\tag{1.24}$$

其中 I 是惯性;G 是剪切模量;J 是惯性矩;集中惯性 I_{B} 表示底孔的集成;常值 Ω 表示表面速度;T 为转矩;$\Gamma=pL(p=\sqrt{1/(GJ)},L$ 是常值).

下列方程近似地描述了钻井底部的物理现象:

$$T(\dot{\omega}(t))=c_{\mathrm{b}}\dot{\omega}(t)+W_{ab}R_{\mathrm{b}}\mu_{\mathrm{b}}(\dot{\omega}(t))\mathrm{sgn}(\dot{\omega}(t))\tag{1.25}$$

其中 $c_{\mathrm{b}}\dot{\omega}(t)$是钻头处的黏性阻尼转矩,$R_{\mathrm{b}}>0$ 是钻头半径,$W_{ab}R_{\mathrm{b}}\mu_{\mathrm{b}}(\dot{\omega}(t))\cdot\mathrm{sgn}(\dot{\omega}(t))$是钻头和岩石接触时的干摩擦转矩,$W_{ab}>0$ 是钻头重量,钻头的干摩擦系数为

$$\mu_{\mathrm{b}}(\dot{\omega}(t))=\mu_{\mathrm{cb}}+(\mu_{\mathrm{sb}}-\mu_{\mathrm{cb}})\mathrm{e}^{-\frac{\gamma_{\mathrm{b}}}{v_f}\omega(t)}\tag{1.26}$$

其中 μ_{sb}和 $\mu_{\mathrm{cb}}\in(0,1)$分别是静摩擦系数和库伦摩擦系数,$\gamma_{\mathrm{b}}\in(0,1)$是减速度,$v_f$ 是速度.由于黏滑现象,钻井底部的角速度在零和正数之间极度变化.令 $x_1=\omega,x_2=\dot{\omega},\boldsymbol{u}(t)=\Omega(t),\tau_1=2\Gamma,\tau_2=\Gamma$.钻井系统可描述为

$$\begin{aligned}\dot{\boldsymbol{x}}(t)-\boldsymbol{C}\dot{\boldsymbol{x}}(t-\tau_1)=&\boldsymbol{A}\boldsymbol{x}(t)+\boldsymbol{B}\boldsymbol{x}(t-\tau_1)+\boldsymbol{D}\boldsymbol{u}(t-\tau_2)\\&+\boldsymbol{f}_{1\sigma}(t,x_2(t))+\boldsymbol{f}_{2\sigma}(t,x_2(t-\tau_1))\end{aligned}\tag{1.27}$$

其中 $\sigma:[0,+\infty)\to\boldsymbol{M}=\{1,2\}$,$x_1$ 是角位移,x_2 是底端钻柱的速度,常数矩阵 $\boldsymbol{A}$,

$\boldsymbol{B},\boldsymbol{C},\boldsymbol{D}$ 分别为

$$\boldsymbol{A}=\begin{bmatrix}0 & 1\\ 0 & -\Psi-\dfrac{c_{\mathrm{b}}}{I_{\mathrm{B}}}\end{bmatrix},\quad \boldsymbol{B}=\begin{bmatrix}0 & 0\\ 0 & -\Upsilon\Psi+\dfrac{\Upsilon_{c_{\mathrm{b}}}}{I_{\mathrm{B}}}\end{bmatrix},\quad \boldsymbol{C}=\begin{bmatrix}0 & 0\\ 0 & \Upsilon\end{bmatrix},\quad \boldsymbol{D}=\begin{bmatrix}0\\ \Pi\end{bmatrix}$$

其中

$$\Upsilon=\frac{c_a-\sqrt{IGJ}}{c_a+\sqrt{IGJ}},\quad \Psi=\frac{\sqrt{IGJ}}{I_{\mathrm{B}}},\quad \Pi=\frac{2\Psi c_a}{c_a+\sqrt{IGJ}}$$

$$\tau_1=2\tau_2,\quad \tau_2=\sqrt{\frac{1}{GJ}L}$$

且

$$\begin{cases}f_{11}(t,x_2)=f_{21}(t,x_2(t-\tau_1))=0, & x_2=0\\ f_{12}(t,x_2)=-c_1-c_2\mathrm{e}^{-\frac{\gamma_{\mathrm{b}}}{v_f}x_2}, & x_2=0\\ f_{22}(t,x_2(t-\tau_1))=c_1\Upsilon+c_2\Upsilon\mathrm{e}^{-\frac{\gamma_{\mathrm{b}}}{v_f}x_2(t-\tau_1)}, & x_2>0\end{cases}\tag{1.28}$$

其中

$$c_1=\frac{W_{ob}R_{\mathrm{b}}}{I_{\mathrm{B}}}\mu_{\mathrm{cb}},\quad c_2=\frac{W_{ob}R_{\mathrm{b}}}{I_{\mathrm{B}}}(\mu_{\mathrm{sb}}-\mu_{\mathrm{cb}})$$

目前，切换中立时滞系统的研究主要集中在系统的稳定性分析及切换规则的设计问题上[129-137]. 如文献[138]讨论了切换中立时滞系统的有界输入、有界输出稳定问题；文献[139]研究了切换中立时滞系统的有限时间 H_∞ 控制问题；文献[140-141]研究了切换中立时滞系统的异步切换控制问题；文献[142]研究了切换中立时滞系统的鲁棒可靠镇定问题. 文献[153]研究了切换中立时滞系统的稳定性与 L_2 增益问题. 切换中立时滞系统的许多控制问题还有待进一步的探索.

1.4 本书内容

本书主要研究一类切换线性中立时滞系统在不同切换策略下的镇定控制问题，具体内容安排如下：

第 2 章针对一类具有离散时变时滞切换线性中立时滞系统，利用凸组合技术并结合状态空间分割的方法，设计状态依赖的滞后型切换规则，利用单 Lyapunov-Krasovskii 泛函方法分析系统在所设计切换规则作用下的稳定性. 通过考虑切换中立时滞系统自身的结构特点，本章所设计的切换规则不仅依赖于系统的当前状态，而且依赖于系统的滞后状态. 此外，所设计的切换规则具有滞后切换

特性，可避免系统切换时在切换面上产生滑模及抖颤现象.

第3章主要研究一类具有离散时变时滞的切换中立时滞系统的滞后型切换律镇定设计问题.基于状态空间分割方法，给出滞后型切换律的设计过程.在所设计切换规则作用下，分别利用多 Lyapunov-Krasovskii 泛函方法及改进的多 Lyapunov-Krasovskii 泛函方法对系统进行稳定性分析，并以线性矩阵不等式的形式给出系统渐近稳定的时滞相关判别准则.由于引入了自由权矩阵，求解所获得的判别条件无需假设时变时滞导数上界小于1，具有较小保守性.

第4章主要讨论在系统状态不可直接获得的情况下，针对切换中立时滞系统设计状态观测器，如何利用观测器状态设计切换规则及反馈控制器镇定一类具有常时滞的切换线性中立时滞系统的问题.利用多 Lyapunov-Krasovskii 泛函方法，以线性矩阵不等式的形式给出控制器的设计及系统渐近稳定的时滞相关判别准则.最后，将所得结果推广到具有时变结构不确定性的切换线性中立时滞系统.

第5章在慢切换意义下，通过平均驻留时间切换方法，对一类具有混合时变时滞的切换线性中立时滞系统进行稳定性与 L_2 增益分析.在分析过程中，利用分段 Lyapunov-Krasovskii泛函方法，引入自由权矩阵，获得系统指数稳定的时滞相关判别准则，在很大程度上降低 Lyapunov-Krasovskii 泛函导数在估计过程中所产生的保守性.

第6章采用驻留时间与平均驻留时间相结合的混杂切换策略，研究一类具有混合时变时滞的切换线性中立时滞系统在网络通信周期采样反馈控制下的系统镇定问题.采样时刻点与系统切换时刻点的不同步性，使得子系统与其对应镇定子控制器之间往往不能同时激活而产生异步周期，如果异步周期时间过长，那么整个切换系统不稳定.本章通过确立采样周期与驻留时间的内在关联，利用分段 Lyapunov-Krasovskii 泛函方法对系统进行稳定性分析，通过引入自由权矩阵，获得系统指数稳定的时滞相关判别准则，同时，给出反馈控制器的设计过程.

第7章采用驻留时间与平均驻留时间相结合的混合切换策略，研究一类基于观测器的切换线性中立时滞系统在事件驱动通信机制下的反馈控制镇定问题.首先，构造基于误差的事件驱动条件，驱动器驱动时刻点与系统切换时刻点的不同步性，往往会导致系统在切换过程中，被激活的子系统在激活后的一段时间内与其对应镇定控制器之间产生异步现象.这段时间内激活控制器将无法镇定激活的子系统，系统可能出现不稳定状况.本章目的在于通过确立事件驱动周期与系统驻留时间的内在关联，利用分段 Lyapunov-Krasovskii 泛函分析方法，引入自由权矩阵，建立保证系统指数稳定时滞相关判别准则.

1.5 相关引理

本节列出各个章节中所用到的相关引理.

引理 1.1[99] (Schur 补引理)已知对称矩阵 $\boldsymbol{S}=\begin{bmatrix}\boldsymbol{S}_{11} & \boldsymbol{S}_{12}\\ * & \boldsymbol{S}_{22}\end{bmatrix}$,其中 $\boldsymbol{S}_{11}\in\mathbb{R}^{r\times r}$,以下三个条件是等价的:

(1) $\boldsymbol{S}<0$;

(2) $\boldsymbol{S}_{11}<0,\boldsymbol{S}_{22}-\boldsymbol{S}_{12}^{\mathrm{T}}\boldsymbol{S}_{11}^{-1}\boldsymbol{S}_{12}<0$;

(3) $\boldsymbol{S}_{22}<0,\boldsymbol{S}_{11}-\boldsymbol{S}_{12}\boldsymbol{S}_{22}^{-1}\boldsymbol{S}_{12}^{\mathrm{T}}<0$.

引理 1.2[7] (S-过程)已知 $\boldsymbol{T}_0$ 和 $\boldsymbol{T}_1$ 为两个对称矩阵.考虑下列两个条件:

(ⅰ) 当 $\boldsymbol{x}^{\mathrm{T}}\boldsymbol{T}_1\boldsymbol{x}\geqslant 0$ 且 $x\neq 0$ 时,有 $\boldsymbol{x}^{\mathrm{T}}\boldsymbol{T}_0\boldsymbol{x}>0$;

(ⅱ) 存在 $\beta\geqslant 0$ 使得 $\boldsymbol{T}_0-\beta\boldsymbol{T}_1>0$,则条件(ⅱ)总能保证条件(ⅰ)成立;此外,若存在某个 $\boldsymbol{x}_0$ 使得 $\boldsymbol{x}_0^{\mathrm{T}}\boldsymbol{T}_1\boldsymbol{x}_0\geqslant 0$ 成立,则条件(ⅰ)保证条件(ⅱ)成立.

引理 1.3[68] (Jensen 积分不等式)如果存在满足 $r_1<r_2$ 的标量 r_1,r_2 及具有合适维数的矩阵 $\boldsymbol{M}>0$ 与向量函数 $\boldsymbol{\omega}:[r_1,r_2]\rightarrow\mathbb{R}^n$ 使得下式相关积分有定义,则下列不等式恒成立:

$$-(r_2-r_1)\int_{r_1}^{r_2}\boldsymbol{\omega}^{\mathrm{T}}(s)\boldsymbol{M}\boldsymbol{\omega}(s)\mathrm{d}s\leqslant-\int_{r_1}^{r_2}\boldsymbol{\omega}^{\mathrm{T}}(s)\mathrm{d}s\boldsymbol{M}\int_{r_1}^{r_2}\boldsymbol{\omega}(s)\mathrm{d}s \tag{1.29}$$

引理 1.4 对任何具有合适维数的实向量 $\boldsymbol{u},\boldsymbol{v}$ 及矩阵 $\boldsymbol{Q}>0$,下列不等式恒成立:

$$\boldsymbol{u}^{\mathrm{T}}\boldsymbol{v}+\boldsymbol{v}^{\mathrm{T}}\boldsymbol{u}\leqslant\boldsymbol{u}^{\mathrm{T}}\boldsymbol{Q}\boldsymbol{u}+\boldsymbol{v}^{\mathrm{T}}\boldsymbol{Q}^{-1}\boldsymbol{v} \tag{1.30}$$

第 2 章　切换中立时滞系统切换镇定设计——单 Lyapunov-Krasovskii 泛函方法

2.1 引　　言

切换规则，也称切换信号或切换律，在切换系统的分析与设计过程中具有举足轻重的地位. 如图 1.7 和图 1.8 所示，对于一个切换系统而言，即使系统中每个单独的子系统都是稳定的，但在一个不恰当的切换规则作用下，可能会使整个切换系统不稳定；反之，即使系统中每个单独的子系统都是不稳定的，但若对其设计一个恰当的切换规则，却可使整个切换系统实现稳定. 可见，在切换系统的研究领域中，切换规则的设计至关重要. 因此，如何针对不同类型的切换系统设计适当的切换规则以实现系统理想的性能指标成为切换系统领域备受瞩目的焦点问题.

切换中立时滞系统是较一般切换时滞系统更普适、结构更复杂的一类动态系统. 从系统类型分类角度来看，可以将切换中立时滞系统定义为至少有一个子系统为中立时滞系统的切换系统. 在切换中立时滞系统中，由于中立时滞项的存在使其系统特性要远比一般切换时滞系统更为复杂，给切换规则的设计带来了更大的挑战. 文献[125]首次提出了切换中立时滞系统的概念，将其定义为所有子系统均为中立时滞系统的一类切换系统，并分别采用单 Lyapunov-Krasovskii 泛函方法和多 Lyapunov-Krasovskii 泛函方法，利用状态空间分割法，设计了状态依赖的切换规则，针对具有常时滞的切换中立时滞系统给出了时滞无关的稳定性判别准则. 文献[135]利用单 Lyapunov-Krasovskii 泛函方法对具有常时滞的不确定切换中立时滞系统进行了切换律设计及稳定性分析. 文献[130]利用多 Lyapunov-Krasovskii 泛函方法与平均驻留时间方法分别针对具有全不稳子系统和具有全稳子系统的切换中立时滞系统给出了切换律设计及稳定性分析. 上述文献虽然均针对切换中立时滞系统给出了切换律的设计方法，但文献[130]中所设计的切换律只考虑了系统的当前状态信息，并未考虑到系统的滞后状态信息，这对于具有时滞特性的切换中立时滞系统而言具有很大的保守性；此外，在实际系统运行过程中，时滞通常是随时间变化而非固定的.而上述文献中所考虑的系统均为常时滞系统,因此所采用的系统分析方法同样具有保守性.最后,在设计状态依赖的切换规则时,往往容易在系统切换面上产生抖颤及滑模现象.这是针对切换系统设计状态依赖切换规则的一个难以规避的问题.在工程实践中,由抖颤所引起的频繁摩擦常常会给机器设备带来不必要的磨损,甚至造成严重的工程事故.而上述文献在设计状态依赖的切换规则时,均未考虑如何避免此类现象的发生.因此,如何针对具有时变时滞的切换中立时滞系统设计同时依赖系统当前状态和滞后状态的切换规则以保证系统稳定,同时又可避免系统在切换面上发生抖颤与滑模现象是本章的重点研究目标.

本章主要讨论具有离散时变时滞的切换中立时滞系统的切换律设计镇定问题.首先,借鉴文献[125]中的空间构造方法,利用凸组合技巧,对扩维后的状态空间进行区域分割,设计同时依赖系统当前状态与滞后状态(Delayed State)的滞后型切换规则(Hysteresis Switching Law).其次,基于所设计的切换规则,采用单Lyapunov-Krasovskii泛函方法对整个切换中立时滞系统的稳定性进行分析,并利用Newton-Leibniz公式引入自由权矩阵,以线性矩阵不等式的形式给出系统渐近稳定的时滞相关判别准则.最后,通过数值仿真例子来验证本章中所提出方法的有效性.

2.2 系统描述

考虑如下具有离散时变时滞的切换线性中立时滞系统:

$$\begin{cases}\dot{\boldsymbol{x}}(t)-\boldsymbol{C}_{\sigma(t)}\dot{\boldsymbol{x}}(t-h)=\boldsymbol{A}_{\sigma(t)}\boldsymbol{x}(t)+\boldsymbol{B}_{\sigma(t)}\boldsymbol{x}(t-\tau(t)), & t>t_0\\ \boldsymbol{x}_{t_0}=\boldsymbol{x}(t_0+\theta)=\boldsymbol{\varphi}(\theta), & \theta\in[-d,0]\end{cases}\tag{2.1}$$

其中 $\boldsymbol{x}(t)\in\mathbb{R}^n$ 是系统状态向量,$h>0$ 表示中立常时滞,$\tau(t)$表示离散时变时滞,且满足以下条件:

$$0<\tau(t)\leqslant\tau,\quad \dot{\tau}(t)\leqslant\hat{\tau}\tag{2.2}$$

其中 $\tau,\hat{\tau}$ 均为常量;t_0 为初始时刻;$\boldsymbol{\varphi}(\theta)$是定义在区间$[-d,0]$上的连续初始向量函数,其中 $d=\max\{h,\tau\}$;$\sigma(t):[0,+\infty)\to\boldsymbol{M}=\{1,2,\cdots,m\}$是关于时间 t 的分段右连续常值函数,表示切换信号,其中 m 表示系统(2.1)的模态数,即子系统个数;矩阵 $\boldsymbol{A}_i,\boldsymbol{B}_i,\boldsymbol{C}_i$ 是定义子系统 i 的具有合适维数的常值系数矩阵,矩阵 $\boldsymbol{C}_i$ 满足 $\|\boldsymbol{C}_i\|<1$ 且 $\boldsymbol{C}_i\neq0$,其中 $i\in\boldsymbol{M}$.

2.3　切换规则设计

首先,我们来回顾关于非时滞切换系统滞后型切换规则的设计过程[7,144-145].如图 2.1 所示,虚线 S 表示切换系统的一个切换面.为了避免系统在切换面 S 上切换时发生抖颤或滑模现象,在切换规则的设计过程中,考虑构造两个重叠的开区域 Ω_i 与 Ω_j 来覆盖切换面 S.图中两条实线 S_{ij} 和 S_{ji} 分别表示所构造的开区域 Ω_i 与 Ω_j 的边界线,令 S_{ij} 为指定状态从 Ω_i 到 Ω_j 的切换面,S_{ji} 为指定状态从 Ω_j 到 Ω_i 的切换面.基于构造的区域 Ω_i 和 Ω_j,设计一个切换规则使得只有当系统状态轨迹穿过重叠区域且碰触到切换面 S_{ij} 或 S_{ji} 时,系统才发生切换.这种切换规则可以通过引入一个离散事件 $\sigma(t)$ 来刻画,具体描述如下:设 $\boldsymbol{x}(0)$ 为系统的初始状态.当 $t=0$ 时,如果 $\boldsymbol{x}(0)\in\Omega_i$,则令 $\sigma(0)=i$;如果 $\boldsymbol{x}(0)\in\{\Omega_i\cap\cdots\cap\Omega_j\}$,则令 $\sigma(0)=\min\arg\{\Omega_i,\cdots,\Omega_j\mid \boldsymbol{x}(0)\in\{\Omega_i\cap\cdots\cap\Omega_j\}\}$.当 $t>0$ 时,如果 $\sigma(t^-)=i$,$\boldsymbol{x}(t)\in\Omega_i$,则令 $\sigma(t)=i$;如果 $\sigma(t^-)=i$,但 $\boldsymbol{x}(t)\notin\Omega_i$,即碰触到切换面 S_{ij},则令 $\sigma(t)=j$.同样地,如果 $\sigma(t^-)=j$,且 $\boldsymbol{x}(t)\in\Omega_j$,则令 $\sigma(t)=j$;如果 $\sigma(t^-)=j$,但 $\boldsymbol{x}(t)\notin\Omega_j$,即碰触到切换面 S_{ji},则令 $\sigma(t)=i$.这个切换规则的实现过程如图 2.2 所示.重复这个过程,就会产生一个分段的右连续常值信号 $\sigma(t)$.因为 $\sigma(t)$ 只有在通过 Ω_i 与 Ω_j 的交集并触碰到它们的边界 S_{ij} 或 S_{ji} 时才发生切换,因此可以避免在原切换面 S 上发生抖颤或滑模现象.

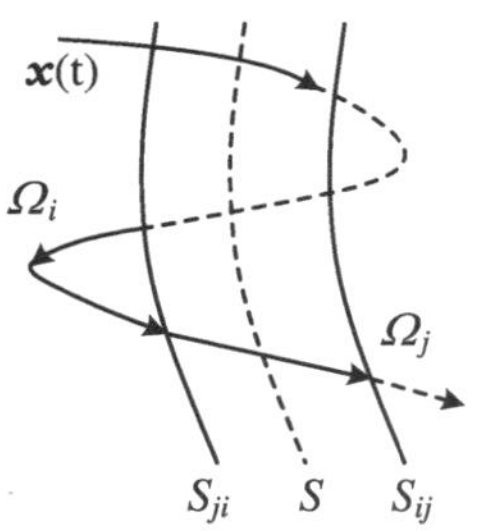

图 2.1　滞后切换域及一条假设的状态轨迹示意图

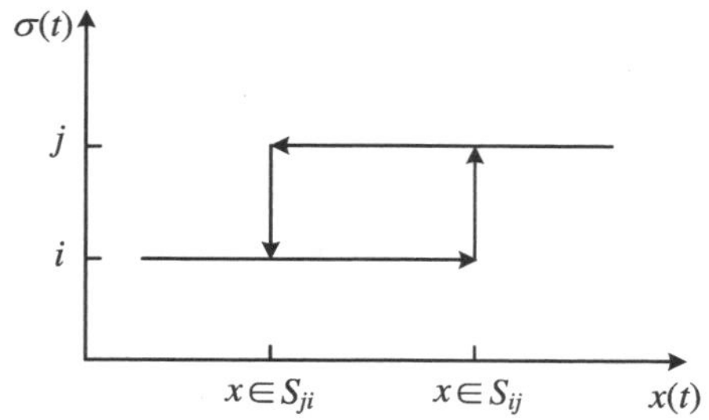

图 2.2　滞后型切换规则示意图

基于上述非时滞切换系统滞后型切换规则的设计方法,本章将针对切换中立时滞系统(2.1),充分利用系统的当前状态与滞后状态信息,对扩维的状态空间进行区域分割,并依据分割的区域设计滞后型切换规则以保证系统稳定,同时避免发生抖颤与滑模现象.

对于扩维后的状态空间,我们针对具有 m 个子系统的切换中立时滞系统构造

m 个重叠开区域$\Omega_1,\cdots,\Omega_m$,并引入离散事件 $\sigma(t)$来刻画切换规则,具体描述如下:设 $\boldsymbol{\zeta}(0)$为扩维系统的初始状态.当 $t=0$ 时,如果 $\boldsymbol{\zeta}(0)\in\Omega_i$,则令 $\sigma(0)=i$;如果 $\boldsymbol{\zeta}(0)\in\{\Omega_i\cap\cdots\cap\Omega_j\}$,则令 $\sigma(0)=\min\arg\{\Omega_i,\cdots,\Omega_j\mid\boldsymbol{\zeta}(0)\in\{\Omega_i\cap\cdots\cap\Omega_j\}\}$.当 $t>0$ 时,如果 $\sigma(t^-)=i,\zeta(t)\in\Omega_i$,则令 $\sigma(t)=i$;如果 $\sigma(t^-)=i$,但 $\boldsymbol{\zeta}(t)\notin\Omega_i$,则令 $\sigma(t)=\min\arg\{j\mid S_{ij}\}$,其中 S_{ij} 表示指定状态从 Ω_i 到 Ω_j 的切换面.注意这里 Ω_j 可能不唯一.因此,当 Ω_j 不唯一时,我们令$\sigma(t)=\min\arg\{j\mid S_{ij}\}$来确保 $\sigma(t)$的唯一性.重复这个过程,就会产生一个分段的右连续常值信号 $\sigma(t)$.基于此,针对系统(2.1),我们设计如下切换规则:

$$\begin{cases}t=0, & \sigma(t)=\min\arg\{\Omega_i,\cdots,\Omega_j\mid\boldsymbol{\zeta}(t)\in\{\Omega_i\cap\cdots\cap\Omega_j\}\}\\ t>0, & \sigma(t)=\begin{cases}i, & \boldsymbol{\zeta}(t)\in\Omega_i\text{ 且}\sigma(t^-)=i\\ \min\arg\{\Omega_j\mid\boldsymbol{\zeta}(t)\in\Omega_j\}, & \boldsymbol{\zeta}(t)\notin\Omega_i\text{ 且}\sigma(t^-)=i\end{cases}\end{cases}\tag{2.3}$$

其中 Ω_i 与Ω_j 为待设计的分割区域,且

$$\boldsymbol{\zeta}(t)=[\boldsymbol{x}^{\mathrm{T}}(t)\quad\boldsymbol{x}^{\mathrm{T}}(t-\tau(t))\quad\boldsymbol{x}^{\mathrm{T}}(t-\tau)\quad\dot{\boldsymbol{x}}^{\mathrm{T}}(t-h)\quad\boldsymbol{x}^{\mathrm{T}}(t-h)]^{\mathrm{T}}$$

2.4 稳定性分析

不失一般性,假设系统(2.1)具有 m 个子系统,令

$$\gamma_{\alpha_1,\cdots,\alpha_m}(\boldsymbol{A}_1,\cdots,\boldsymbol{A}_m)=\left\{\alpha_1\boldsymbol{A}_1+\cdots+\alpha_m\boldsymbol{A}_m:\alpha_1,\cdots,\alpha_m\in[0,1],\sum_{i=1}^{m}\alpha_i=1\right\}\tag{2.4}$$

$$\gamma_{\alpha_1,\cdots,\alpha_m}(\boldsymbol{B}_1,\cdots,\boldsymbol{B}_m)=\left\{\alpha_1\boldsymbol{B}_1+\cdots+\alpha_m\boldsymbol{B}_m:\alpha_1,\cdots,\alpha_m\in[0,1],\sum_{i=1}^{m}\alpha_i=1\right\}\tag{2.5}$$

$$\gamma_{\alpha_1,\cdots,\alpha_m}(\boldsymbol{C}_1,\cdots,\boldsymbol{C}_m)=\left\{\alpha_1\boldsymbol{C}_1+\cdots+\alpha_m\boldsymbol{C}_m:\alpha_1,\cdots,\alpha_m\in[0,1],\sum_{i=1}^{m}\alpha_i=1\right\}\tag{2.6}$$

则有如下定理:

定理 2.1 给定标量 $h>0,\tau>0,\hat{\tau},\xi>1$,如果存在具有合适维数的矩阵 $\bar{\boldsymbol{A}}\in\gamma_{\alpha_1,\cdots,\alpha_m}(\boldsymbol{A}_1,\cdots,\boldsymbol{A}_m)$,$\bar{\boldsymbol{B}}\in\gamma_{\alpha_1,\cdots,\alpha_m}(\boldsymbol{B}_1,\cdots,\boldsymbol{B}_m)$,$\bar{\boldsymbol{C}}\in\gamma_{\alpha_1,\cdots,\alpha_m}(\boldsymbol{C}_1,\cdots,\boldsymbol{C}_m)$,$\boldsymbol{P}>0,\boldsymbol{R}_1>0,\boldsymbol{Q}_1>0,\boldsymbol{R}_2>0,\boldsymbol{Q}_2>0,\boldsymbol{X}_k,\boldsymbol{Y}_k,\boldsymbol{Z}_k$,其中 $k=1,2,3,4,5$,满足

$$
\boldsymbol{\varphi}=\begin{bmatrix}
\boldsymbol{\varphi}_{11} & \boldsymbol{\varphi}_{12} & \boldsymbol{\varphi}_{13} & \boldsymbol{\varphi}_{14} & \boldsymbol{X}_5^{\mathrm{T}}-\boldsymbol{Z}_1+\boldsymbol{Z}_5^{\mathrm{T}} & \bar{\boldsymbol{A}}^{\mathrm{T}}\boldsymbol{S} & \tau\boldsymbol{X}_1 & \tau\boldsymbol{Y}_1 & h\boldsymbol{Z}_1\\
* & \boldsymbol{\varphi}_{22} & \boldsymbol{\varphi}_{23} & \boldsymbol{\varphi}_{24} & \boldsymbol{Y}_5^{\mathrm{T}}-\boldsymbol{Z}_2-\boldsymbol{X}_5^{\mathrm{T}} & \bar{\boldsymbol{B}}^{\mathrm{T}}\boldsymbol{S} & \tau\boldsymbol{X}_2 & \tau\boldsymbol{Y}_2 & h\boldsymbol{Z}_2\\
* & * & \boldsymbol{\varphi}_{33} & -\boldsymbol{Y}_4^{\mathrm{T}} & -\boldsymbol{Z}_3-\boldsymbol{Y}_5^{\mathrm{T}} & \boldsymbol{0} & \tau\boldsymbol{X}_3 & \tau\boldsymbol{Y}_3 & h\boldsymbol{Z}_3\\
* & * & * & -\boldsymbol{R}_1 & -\boldsymbol{Z}_4 & \bar{\boldsymbol{C}}^{\mathrm{T}}\boldsymbol{S} & \tau\boldsymbol{X}_4 & \tau\boldsymbol{Y}_4 & h\boldsymbol{Z}_4\\
* & * & * & * & -\boldsymbol{Z}_5-\boldsymbol{Z}_5^{\mathrm{T}} & \boldsymbol{0} & \tau\boldsymbol{X}_5 & \tau\boldsymbol{Y}_5 & h\boldsymbol{Z}_5\\
* & * & * & * & * & -\boldsymbol{S} & \boldsymbol{0} & \boldsymbol{0} & \boldsymbol{0}\\
* & * & * & * & * & * & -\tau\boldsymbol{Q}_2 & \boldsymbol{0} & \boldsymbol{0}\\
* & * & * & * & * & * & * & -\tau\boldsymbol{Q}_2 & \boldsymbol{0}\\
* & * & * & * & * & * & * & * & -h\boldsymbol{R}_2
\end{bmatrix}
$$
$$<0 \tag{2.7}$$

其中

$$
\begin{aligned}
\boldsymbol{\varphi}_{11} &= \boldsymbol{P}\bar{\boldsymbol{A}}+\bar{\boldsymbol{A}}^{\mathrm{T}}\boldsymbol{P}+\boldsymbol{Q}_1+\boldsymbol{X}_1^{\mathrm{T}}+\boldsymbol{X}_1+\boldsymbol{Z}_1^{\mathrm{T}}+\boldsymbol{Z}_1\\
\boldsymbol{\varphi}_{12} &= \boldsymbol{P}\bar{\boldsymbol{B}}-\boldsymbol{X}_1+\boldsymbol{X}_2^{\mathrm{T}}+\boldsymbol{Y}_1+\boldsymbol{Z}_2^{\mathrm{T}}\\
\boldsymbol{\varphi}_{22} &= -(1-\hat{\tau})\boldsymbol{Q}_1-\boldsymbol{X}_2-\boldsymbol{X}_2^{\mathrm{T}}+\boldsymbol{Y}_2+\boldsymbol{Y}_2^{\mathrm{T}}\\
\boldsymbol{\varphi}_{13} &= \boldsymbol{X}_3^{\mathrm{T}}+\boldsymbol{Z}_3^{\mathrm{T}}-\boldsymbol{Y}_1\\
\boldsymbol{\varphi}_{23} &= \boldsymbol{Y}_3^{\mathrm{T}}-\boldsymbol{X}_3^{\mathrm{T}}-\boldsymbol{Y}_2\\
\boldsymbol{\varphi}_{33} &= -\boldsymbol{Y}_3-\boldsymbol{Y}_3^{\mathrm{T}}\\
\boldsymbol{\varphi}_{14} &= \boldsymbol{P}\bar{\boldsymbol{C}}+\boldsymbol{X}_4^{\mathrm{T}}+\boldsymbol{Z}_4^{\mathrm{T}}\\
\boldsymbol{\varphi}_{24} &= -\boldsymbol{X}_4^{\mathrm{T}}+\boldsymbol{Y}_4^{\mathrm{T}}\\
\boldsymbol{S} &= \boldsymbol{R}_1+h\boldsymbol{R}_2+\tau\boldsymbol{Q}_2
\end{aligned}
$$

取

$$
\boldsymbol{\Omega}_i=\left\{\boldsymbol{\zeta}\in\mathbb{R}^{5n}\backslash\{\boldsymbol{0}\}\mid\boldsymbol{\zeta}^{\mathrm{T}}\boldsymbol{\Pi}_i\boldsymbol{\zeta}<-\frac{1}{\xi}\boldsymbol{\zeta}^{\mathrm{T}}\boldsymbol{Q}\boldsymbol{\zeta}\right\} \tag{2.8}
$$

其中

$$
\boldsymbol{Q}=-\sum_{i=1}^{m}\alpha_i\boldsymbol{\Pi}_i \tag{2.9}
$$

$$
\boldsymbol{\Pi}_i=\begin{bmatrix}
\boldsymbol{\Pi}_{i,11} & \boldsymbol{\Pi}_{i,12} & \boldsymbol{\Pi}_{i,13} & \boldsymbol{\Pi}_{i,14} & \boldsymbol{\Pi}_{i,15}\\
* & \boldsymbol{\Pi}_{i,22} & \boldsymbol{\Pi}_{i,23} & \boldsymbol{\Pi}_{i,24} & \boldsymbol{\Pi}_{i,25}\\
* & * & \boldsymbol{\Pi}_{i,33} & \boldsymbol{\Pi}_{i,34} & \boldsymbol{\Pi}_{i,35}\\
* & * & * & \boldsymbol{\Pi}_{i,44} & \boldsymbol{\Pi}_{i,45}\\
* & * & * & * & \boldsymbol{\Pi}_{i,55}
\end{bmatrix}
$$

$$
\begin{aligned}
\boldsymbol{\Pi}_{i,11} = {} & \boldsymbol{P}\boldsymbol{A}_i+\boldsymbol{A}_i^{\mathrm{T}}\boldsymbol{P}+\boldsymbol{Q}_1+\boldsymbol{X}_1^{\mathrm{T}}+\boldsymbol{X}_1+\boldsymbol{Z}_1^{\mathrm{T}}+\boldsymbol{Z}_1+\boldsymbol{A}_i^{\mathrm{T}}\boldsymbol{S}\boldsymbol{A}_i+\tau\boldsymbol{X}_1\boldsymbol{Q}_2^{-1}\boldsymbol{X}_1^{\mathrm{T}}\\
& +\tau\boldsymbol{Y}_1\boldsymbol{Q}_2^{-1}\boldsymbol{Y}_1^{\mathrm{T}}+h\boldsymbol{Z}_1\boldsymbol{R}_2^{-1}\boldsymbol{Z}_1^{\mathrm{T}}
\end{aligned}
$$

$$\boldsymbol{\Pi}_{i,12} = \boldsymbol{P}\boldsymbol{B}_i - \boldsymbol{X}_1 + \boldsymbol{X}_2^{\mathrm{T}} + \boldsymbol{Y}_1 + \boldsymbol{Z}_2^{\mathrm{T}} + \boldsymbol{A}_i^{\mathrm{T}}\boldsymbol{S}\boldsymbol{B}_i + \tau\boldsymbol{X}_1\boldsymbol{Q}_2^{-1}\boldsymbol{X}_2^{\mathrm{T}} + \tau\boldsymbol{Y}_1\boldsymbol{Q}_2^{-1}\boldsymbol{Y}_2^{\mathrm{T}} + h\boldsymbol{Z}_1\boldsymbol{R}_2^{-1}\boldsymbol{Z}_2^{\mathrm{T}}$$

$$\boldsymbol{\Pi}_{i,22} = -(1-\hat{\tau})\boldsymbol{Q}_1 - \boldsymbol{X}_2 - \boldsymbol{X}_2^{\mathrm{T}} + \boldsymbol{Y}_2 + \boldsymbol{Y}_2^{\mathrm{T}} + \boldsymbol{B}_i^{\mathrm{T}}\boldsymbol{S}\boldsymbol{B}_i + \tau\boldsymbol{X}_2\boldsymbol{Q}_2^{-1}\boldsymbol{X}_2^{\mathrm{T}} + \tau\boldsymbol{Y}_2\boldsymbol{Q}_2^{-1}\boldsymbol{Y}_2^{\mathrm{T}} + h\boldsymbol{Z}_2\boldsymbol{R}_2^{-1}\boldsymbol{Z}_2^{\mathrm{T}}$$

$$\boldsymbol{\Pi}_{i,13} = \boldsymbol{X}_3^{\mathrm{T}} + \boldsymbol{Z}_3^{\mathrm{T}} - \boldsymbol{Y}_1 + \tau\boldsymbol{X}_1\boldsymbol{Q}_2^{-1}\boldsymbol{X}_3^{\mathrm{T}} + \tau\boldsymbol{Y}_1\boldsymbol{Q}_2^{-1}\boldsymbol{Y}_3^{\mathrm{T}} + h\boldsymbol{Z}_1\boldsymbol{R}_2^{-1}\boldsymbol{Z}_3^{\mathrm{T}}$$

$$\boldsymbol{\Pi}_{i,23} = \boldsymbol{Y}_3^{\mathrm{T}} - \boldsymbol{X}_3^{\mathrm{T}} - \boldsymbol{Y}_2 + \tau\boldsymbol{X}_2\boldsymbol{Q}_2^{-1}\boldsymbol{X}_3^{\mathrm{T}} + \tau\boldsymbol{Y}_2\boldsymbol{Q}_2^{-1}\boldsymbol{Y}_3^{\mathrm{T}} + h\boldsymbol{Z}_2\boldsymbol{R}_2^{-1}\boldsymbol{Z}_3^{\mathrm{T}}$$

$$\boldsymbol{\Pi}_{i,33} = -\boldsymbol{Y}_3 - \boldsymbol{Y}_3^{\mathrm{T}} + \tau\boldsymbol{X}_3\boldsymbol{Q}_2^{-1}\boldsymbol{X}_3^{\mathrm{T}} + \tau\boldsymbol{Y}_3\boldsymbol{Q}_2^{-1}\boldsymbol{Y}_3^{\mathrm{T}} + h\boldsymbol{Z}_3\boldsymbol{R}_2^{-1}\boldsymbol{Z}_3^{\mathrm{T}}$$

$$\boldsymbol{\Pi}_{i,14} = \boldsymbol{P}\boldsymbol{C}_i + \boldsymbol{X}_4^{\mathrm{T}} + \boldsymbol{Z}_4^{\mathrm{T}} + \boldsymbol{A}_i^{\mathrm{T}}\boldsymbol{S}\boldsymbol{C}_i + \tau\boldsymbol{X}_1\boldsymbol{Q}_2^{-1}\boldsymbol{X}_4^{\mathrm{T}} + \tau\boldsymbol{Y}_1\boldsymbol{Q}_2^{-1}\boldsymbol{Y}_4^{\mathrm{T}} + h\boldsymbol{Z}_1\boldsymbol{R}_2^{-1}\boldsymbol{Z}_4^{\mathrm{T}}$$

$$\boldsymbol{\Pi}_{i,24} = -\boldsymbol{X}_4^{\mathrm{T}} + \boldsymbol{Y}_4^{\mathrm{T}} + \boldsymbol{B}_i^{\mathrm{T}}\boldsymbol{S}\boldsymbol{C}_i + \tau\boldsymbol{X}_2\boldsymbol{Q}_2^{-1}\boldsymbol{X}_4^{\mathrm{T}} + \tau\boldsymbol{Y}_2\boldsymbol{Q}_2^{-1}\boldsymbol{Y}_4^{\mathrm{T}} + h\boldsymbol{Z}_2\boldsymbol{R}_2^{-1}\boldsymbol{Z}_4^{\mathrm{T}}$$

$$\boldsymbol{\Pi}_{i,34} = -\boldsymbol{Y}_4^{\mathrm{T}} + \tau\boldsymbol{X}_3\boldsymbol{Q}_2^{-1}\boldsymbol{X}_4^{\mathrm{T}} + \tau\boldsymbol{Y}_3\boldsymbol{Q}_2^{-1}\boldsymbol{Y}_4^{\mathrm{T}} + h\boldsymbol{Z}_3\boldsymbol{R}_2^{-1}\boldsymbol{Z}_4^{\mathrm{T}}$$

$$\boldsymbol{\Pi}_{i,44} = -\boldsymbol{R}_1 + \boldsymbol{C}_i^{\mathrm{T}}\boldsymbol{S}\boldsymbol{C}_i + \tau\boldsymbol{X}_4\boldsymbol{Q}_2^{-1}\boldsymbol{X}_4^{\mathrm{T}} + \tau\boldsymbol{Y}_4\boldsymbol{Q}_2^{-1}\boldsymbol{Y}_4^{\mathrm{T}} + h\boldsymbol{Z}_4\boldsymbol{R}_2^{-1}\boldsymbol{Z}_4^{\mathrm{T}}$$

$$\boldsymbol{\Pi}_{i,15} = \boldsymbol{X}_5^{\mathrm{T}} - \boldsymbol{Z}_1 + \boldsymbol{Z}_5^{\mathrm{T}} + \tau\boldsymbol{X}_1\boldsymbol{Q}_2^{-1}\boldsymbol{X}_5^{\mathrm{T}} + \tau\boldsymbol{Y}_1\boldsymbol{Q}_2^{-1}\boldsymbol{Y}_5^{\mathrm{T}} + h\boldsymbol{Z}_1\boldsymbol{R}_2^{-1}\boldsymbol{Z}_5^{\mathrm{T}}$$

$$\boldsymbol{\Pi}_{i,25} = \boldsymbol{Y}_5^{\mathrm{T}} - \boldsymbol{X}_5^{\mathrm{T}} - \boldsymbol{Z}_2 + \tau\boldsymbol{X}_2\boldsymbol{Q}_2^{-1}\boldsymbol{X}_5^{\mathrm{T}} + \tau\boldsymbol{Y}_2\boldsymbol{Q}_2^{-1}\boldsymbol{Y}_5^{\mathrm{T}} + h\boldsymbol{Z}_2\boldsymbol{R}_2^{-1}\boldsymbol{Z}_5^{\mathrm{T}}$$

$$\boldsymbol{\Pi}_{i,35} = -\boldsymbol{Z}_3 - \boldsymbol{Y}_5^{\mathrm{T}} + \tau\boldsymbol{X}_3\boldsymbol{Q}_2^{-1}\boldsymbol{X}_5^{\mathrm{T}} + \tau\boldsymbol{Y}_3\boldsymbol{Q}_2^{-1}\boldsymbol{Y}_5^{\mathrm{T}} + h\boldsymbol{Z}_3\boldsymbol{R}_2^{-1}\boldsymbol{Z}_5^{\mathrm{T}}$$

$$\boldsymbol{\Pi}_{i,45} = -\boldsymbol{Z}_4 + \tau\boldsymbol{X}_4\boldsymbol{Q}_2^{-1}\boldsymbol{X}_5^{\mathrm{T}} + \tau\boldsymbol{Y}_4\boldsymbol{Q}_2^{-1}\boldsymbol{Y}_5^{\mathrm{T}} + h\boldsymbol{Z}_4\boldsymbol{R}_2^{-1}\boldsymbol{Z}_5^{\mathrm{T}}$$

$$\boldsymbol{\Pi}_{i,55} = -\boldsymbol{Z}_5 - \boldsymbol{Z}_5^{\mathrm{T}} + \tau\boldsymbol{X}_5\boldsymbol{Q}_2^{-1}\boldsymbol{X}_5^{\mathrm{T}} + \tau\boldsymbol{Y}_5\boldsymbol{Q}_2^{-1}\boldsymbol{Y}_5^{\mathrm{T}} + h\boldsymbol{Z}_5\boldsymbol{R}_2^{-1}\boldsymbol{Z}_5^{\mathrm{T}}$$

则基于分割区域(2.8),系统(2.1)在切换规则(2.3)作用下是渐近稳定的.

证明 由 $\bar{\boldsymbol{A}} \in \gamma_{\alpha_1,\cdots,\alpha_m}(\boldsymbol{A}_1,\cdots,\boldsymbol{A}_m)$,$\bar{\boldsymbol{B}} \in \gamma_{\alpha_1,\cdots,\alpha_m}(\boldsymbol{B}_1,\cdots,\boldsymbol{B}_m)$,$\bar{\boldsymbol{C}} \in \gamma_{\alpha_1,\cdots,\alpha_m}(\boldsymbol{C}_1,\cdots,\boldsymbol{C}_m)$ 知,存在 $\alpha_1,\cdots\alpha_m \in [0,1]$ 满足 $\sum_{i=1}^{m}\alpha_i = 1$ 且 $\bar{\boldsymbol{A}} = \sum_{i=1}^{m}\alpha_i\boldsymbol{A}_i$,$\bar{\boldsymbol{B}} = \sum_{i=1}^{m}\alpha_i\boldsymbol{B}_i$,$\bar{\boldsymbol{C}} = \sum_{i=1}^{m}\alpha_i\boldsymbol{C}_i$.将 $\bar{\boldsymbol{A}}$,$\bar{\boldsymbol{B}}$,$\bar{\boldsymbol{C}}$ 代入不等式(2.7),得

$$\boldsymbol{\varphi} = \sum_{i=1}^{m}\left\{\alpha_i\begin{bmatrix} \boldsymbol{\varphi}_{i,11} & \boldsymbol{\varphi}_{i,12} & \boldsymbol{\varphi}_{i,13} & \boldsymbol{\varphi}_{i,14} & \boldsymbol{X}_5^{\mathrm{T}} - \boldsymbol{Z}_1 + \boldsymbol{Z}_5^{\mathrm{T}} & \boldsymbol{A}_i^{\mathrm{T}}\boldsymbol{S} & \tau\boldsymbol{X}_1 & \tau\boldsymbol{Y}_1 & h\boldsymbol{Z}_1 \\ * & \boldsymbol{\varphi}_{i,22} & \boldsymbol{\varphi}_{i,23} & \boldsymbol{\varphi}_{i,24} & \boldsymbol{Y}_5^{\mathrm{T}} - \boldsymbol{X}_5^{\mathrm{T}} - \boldsymbol{Z}_2 & \boldsymbol{B}_i^{\mathrm{T}}\boldsymbol{S} & \tau\boldsymbol{X}_2 & \tau\boldsymbol{Y}_2 & h\boldsymbol{Z}_2 \\ * & * & \boldsymbol{\varphi}_{i,33} & -\boldsymbol{Y}_4^{\mathrm{T}} & -\boldsymbol{Z}_3 - \boldsymbol{Y}_5^{\mathrm{T}} & \boldsymbol{0} & \tau\boldsymbol{X}_3 & \tau\boldsymbol{Y}_3 & h\boldsymbol{Z}_3 \\ * & * & * & -\boldsymbol{R}_1 & -\boldsymbol{Z}_4 & \boldsymbol{C}_i^{\mathrm{T}}\boldsymbol{S} & \tau\boldsymbol{X}_4 & \tau\boldsymbol{Y}_4 & h\boldsymbol{Z}_4 \\ * & * & * & * & -\boldsymbol{Z}_5 - \boldsymbol{Z}_5^{\mathrm{T}} & \boldsymbol{0} & \tau\boldsymbol{X}_5 & \tau\boldsymbol{Y}_5 & h\boldsymbol{Z}_5 \\ * & * & * & * & * & -\boldsymbol{S} & \boldsymbol{0} & \boldsymbol{0} & \boldsymbol{0} \\ * & * & * & * & * & * & -\tau\boldsymbol{Q}_2 & \boldsymbol{0} & \boldsymbol{0} \\ * & * & * & * & * & * & * & -\tau\boldsymbol{Q}_2 & \boldsymbol{0} \\ * & * & * & * & * & * & * & * & -h\boldsymbol{R}_2 \end{bmatrix}\right\} < 0 \tag{2.10}$$

其中

$$\begin{aligned}
\boldsymbol{\varphi}_{i,11} &= \boldsymbol{P}\boldsymbol{A}_i + \boldsymbol{A}_i^{\mathrm{T}}\boldsymbol{P} + \boldsymbol{Q}_1 + \boldsymbol{X}_1^{\mathrm{T}} + \boldsymbol{X}_1 + \boldsymbol{Z}_1^{\mathrm{T}} + \boldsymbol{Z}_1\\
\boldsymbol{\varphi}_{i,12} &= \boldsymbol{P}\boldsymbol{B}_i - \boldsymbol{X}_1 + \boldsymbol{X}_2^{\mathrm{T}} + \boldsymbol{Y}_1 + \boldsymbol{Z}_2^{\mathrm{T}}\\
\boldsymbol{\varphi}_{i,22} &= -(1-\hat{\tau})\boldsymbol{Q}_1 - \boldsymbol{X}_2 - \boldsymbol{X}_2^{\mathrm{T}} + \boldsymbol{Y}_2 + \boldsymbol{Y}_2^{\mathrm{T}}\\
\boldsymbol{\varphi}_{i,13} &= \boldsymbol{X}_3^{\mathrm{T}} + \boldsymbol{Z}_3^{\mathrm{T}} - \boldsymbol{Y}_1\\
\boldsymbol{\varphi}_{i,23} &= \boldsymbol{Y}_3^{\mathrm{T}} - \boldsymbol{X}_3^{\mathrm{T}} - \boldsymbol{Y}_2\\
\boldsymbol{\varphi}_{i,33} &= -\boldsymbol{Y}_3 - \boldsymbol{Y}_3^{\mathrm{T}}\\
\boldsymbol{\varphi}_{i,14} &= \boldsymbol{P}\boldsymbol{C}_i + \boldsymbol{X}_4^{\mathrm{T}} + \boldsymbol{Z}_4^{\mathrm{T}}\\
\boldsymbol{\varphi}_{i,24} &= -\boldsymbol{X}_4^{\mathrm{T}} + \boldsymbol{Y}_4^{\mathrm{T}}
\end{aligned}$$

对 $\forall i \in M$，定义矩阵

$$\boldsymbol{\varphi}_i = \begin{bmatrix}
\boldsymbol{\varphi}_{i,11} & \boldsymbol{\varphi}_{i,12} & \boldsymbol{\varphi}_{i,13} & \boldsymbol{\varphi}_{i,14} & \boldsymbol{X}_5^{\mathrm{T}} - \boldsymbol{Z}_1 + \boldsymbol{Z}_5^{\mathrm{T}} & \boldsymbol{A}_i^{\mathrm{T}}\boldsymbol{S} & \tau\boldsymbol{X}_1 & \tau\boldsymbol{Y}_1 & h\boldsymbol{Z}_1\\
* & \boldsymbol{\varphi}_{i,22} & \boldsymbol{\varphi}_{i,23} & \boldsymbol{\varphi}_{i,24} & \boldsymbol{Y}_5^{\mathrm{T}} - \boldsymbol{X}_5^{\mathrm{T}} - \boldsymbol{Z}_2 & \boldsymbol{B}_i^{\mathrm{T}}\boldsymbol{S} & \tau\boldsymbol{X}_2 & \tau\boldsymbol{Y}_2 & h\boldsymbol{Z}_2\\
* & * & \boldsymbol{\varphi}_{i,33} & -\boldsymbol{Y}_4^{\mathrm{T}} & -\boldsymbol{Z}_3 - \boldsymbol{Y}_5^{\mathrm{T}} & \boldsymbol{0} & \tau\boldsymbol{X}_3 & \tau\boldsymbol{Y}_3 & h\boldsymbol{Z}_3\\
* & * & * & -\boldsymbol{R}_1 & -\boldsymbol{Z}_4 & \boldsymbol{C}_i^{\mathrm{T}}\boldsymbol{S} & \tau\boldsymbol{X}_4 & \tau\boldsymbol{Y}_4 & h\boldsymbol{Z}_4\\
* & * & * & * & -\boldsymbol{Z}_5 - \boldsymbol{Z}_5^{\mathrm{T}} & \boldsymbol{0} & \tau\boldsymbol{X}_5 & \tau\boldsymbol{Y}_5 & h\boldsymbol{Z}_5\\
* & * & * & * & * & -\boldsymbol{S} & \boldsymbol{0} & \boldsymbol{0} & \boldsymbol{0}\\
* & * & * & * & * & * & -\tau\boldsymbol{Q}_2 & \boldsymbol{0} & \boldsymbol{0}\\
* & * & * & * & * & * & * & -\tau\boldsymbol{Q}_2 & \boldsymbol{0}\\
* & * & * & * & * & * & * & * & -h\boldsymbol{R}_2
\end{bmatrix}$$

令

$$\breve{\boldsymbol{\varphi}}_i = \begin{bmatrix}
\boldsymbol{\varphi}_{i,11} & \boldsymbol{\varphi}_{i,12} & \boldsymbol{\varphi}_{i,13} & \boldsymbol{\varphi}_{i,14} & \boldsymbol{X}_5^{\mathrm{T}} - \boldsymbol{Z}_1 + \boldsymbol{Z}_5^{\mathrm{T}}\\
* & \boldsymbol{\varphi}_{i,22} & \boldsymbol{\varphi}_{i,23} & \boldsymbol{\varphi}_{i,24} & \boldsymbol{Y}_5^{\mathrm{T}} - \boldsymbol{X}_5^{\mathrm{T}} - \boldsymbol{Z}_2\\
* & * & \boldsymbol{\varphi}_{i,33} & -\boldsymbol{Y}_4^{\mathrm{T}} & -\boldsymbol{Z}_3 - \boldsymbol{Y}_5^{\mathrm{T}}\\
* & * & * & -\boldsymbol{R}_1 & -\boldsymbol{Z}_4\\
* & * & * & * & -\boldsymbol{Z}_5 - \boldsymbol{Z}_5^{\mathrm{T}}
\end{bmatrix}$$

$$\hat{\boldsymbol{\varphi}}_i = \begin{bmatrix}
\boldsymbol{A}_i^{\mathrm{T}}\boldsymbol{S} & \tau\boldsymbol{X}_1 & \tau\boldsymbol{Y}_1 & h\boldsymbol{Z}_1\\
\boldsymbol{B}_i^{\mathrm{T}}\boldsymbol{S} & \tau\boldsymbol{X}_2 & \tau\boldsymbol{Y}_2 & h\boldsymbol{Z}_2\\
\boldsymbol{0} & \tau\boldsymbol{X}_3 & \tau\boldsymbol{Y}_3 & h\boldsymbol{Z}_3\\
\boldsymbol{C}_i^{\mathrm{T}}\boldsymbol{S} & \tau\boldsymbol{X}_4 & \tau\boldsymbol{Y}_4 & h\boldsymbol{Z}_4\\
\boldsymbol{0} & \tau\boldsymbol{X}_5 & \tau\boldsymbol{Y}_5 & h\boldsymbol{Z}_5
\end{bmatrix}, \quad \overset{\frown}{\boldsymbol{\varphi}}_i = \begin{bmatrix}
-\boldsymbol{S} & \boldsymbol{0} & \boldsymbol{0} & \boldsymbol{0}\\
* & -\tau\boldsymbol{Q}_2 & \boldsymbol{0} & \boldsymbol{0}\\
* & * & -\tau\boldsymbol{Q}_2 & \boldsymbol{0}\\
* & * & * & -h\boldsymbol{R}_2
\end{bmatrix}$$

由引理 1.1 可知，不等式 $\boldsymbol{\varphi}_i<0$ 等价于不等式：

$$\boldsymbol{\Pi}_i = \breve{\boldsymbol{\varphi}}_i - \hat{\boldsymbol{\varphi}}_i\overset{\frown}{\boldsymbol{\varphi}}_i^{-1}\hat{\boldsymbol{\varphi}}_i^{\mathrm{T}} < 0 \tag{2.11}$$

因此，$\sum_{i=1}^{m}\alpha_i\boldsymbol{\varphi}_i<0$ 等价于 $\sum_{i=1}^{m}\alpha_i\boldsymbol{\Pi}_i<0$，即存在具有合适维数的矩阵 $\boldsymbol{P}>0$，$\boldsymbol{R}_1>$

$0, \boldsymbol{Q}_1 > 0, \boldsymbol{R}_2 > 0, \boldsymbol{Q}_2 > 0, \boldsymbol{X}_k, \boldsymbol{Y}_k, \boldsymbol{Z}_k (k = 1,2,3,4,5)$,满足

$$\sum_{i=1}^{m} \alpha_i \boldsymbol{\Pi}_i = -\boldsymbol{Q} \tag{2.12}$$

其中 $\boldsymbol{Q}>0$.因此,对任意非零向量 $\boldsymbol{x},\boldsymbol{y},\boldsymbol{z},\boldsymbol{u},\boldsymbol{v}\in\mathbb{R}^n$ 及 $\boldsymbol{\zeta}=[\boldsymbol{x}^{\mathrm{T}} \quad \boldsymbol{y}^{\mathrm{T}} \quad \boldsymbol{z}^{\mathrm{T}} \quad \boldsymbol{u}^{\mathrm{T}} \quad \boldsymbol{v}^{\mathrm{T}}]^{\mathrm{T}} \in \mathbb{R}^{5n}$,有

$$\left\{\boldsymbol{\zeta} \mid \boldsymbol{\zeta}^{\mathrm{T}} \sum_{i=1}^{m} \alpha_i \boldsymbol{\Pi}_i \boldsymbol{\zeta} = -\boldsymbol{\zeta}^{\mathrm{T}} \boldsymbol{Q} \boldsymbol{\zeta} < 0\right\} \tag{2.13}$$

由于 $\alpha_i \geqslant 0$,由(2.13)式易知,至少存在一个 $i\in\boldsymbol{M}$,使得 $\boldsymbol{\zeta}^{\mathrm{T}}\boldsymbol{\Pi}_i\boldsymbol{\zeta}<0$ 成立.我们构造集合

$$\bar{\Omega}_i = \{\boldsymbol{\zeta} \mid \boldsymbol{\zeta}^{\mathrm{T}}\boldsymbol{\Pi}_i\boldsymbol{\zeta} \leqslant -\boldsymbol{\zeta}^{\mathrm{T}}\boldsymbol{Q}\boldsymbol{\zeta}\} \tag{2.14}$$

则

$$\bigcup_{i=1}^{m} \bar{\Omega}_i = \mathbb{R}^{5n} \backslash \{\boldsymbol{0}\} \tag{2.15}$$

事实上,如果(2.15)式不成立,则存在一个向量集 $\boldsymbol{\zeta}\subset\mathbb{R}^{5n}$,使得 $\boldsymbol{\zeta} = \mathbb{R}^{5n} \backslash \{\bigcup_{i=1}^{m} \bar{\Omega}_i \cup \{\boldsymbol{0}\}\}$,则对任意向量 $\hat{\boldsymbol{\zeta}}\in\boldsymbol{\zeta}$,有

$$\hat{\boldsymbol{\zeta}}^{\mathrm{T}}\boldsymbol{\Pi}_i\hat{\boldsymbol{\zeta}} > -\hat{\boldsymbol{\zeta}}^{\mathrm{T}}\boldsymbol{Q}\hat{\boldsymbol{\zeta}}$$

此外,由于 $\alpha_i \geqslant 0$ 且 $\sum_{i=1}^{m} \alpha_i = 1$,因此

$$\boldsymbol{\zeta}^{\mathrm{T}} \sum_{i=1}^{m} \alpha_i \boldsymbol{\Pi}_i \boldsymbol{\zeta} > -\boldsymbol{\zeta}^{\mathrm{T}} \sum_{i=1}^{m} \alpha_i \boldsymbol{Q} \boldsymbol{\zeta} = -\boldsymbol{\zeta}^{\mathrm{T}} \boldsymbol{Q} \boldsymbol{\zeta}$$

这与(2.13)式矛盾.因此,向量集 $\boldsymbol{\zeta}$ 不存在,故(2.15)式成立.

由(2.15)式可知,$\mathbb{R}^{5n}$ 空间可被 m 个闭区域 $\bar{\Omega}_i (i = 1,\cdots,m)$ 所覆盖.注意构建的切换域(2.8),取 $\zeta > 1$,则对 $\forall\, i \in \boldsymbol{M}$ 及 $\boldsymbol{\zeta}(t)$ 都有 $\bar{\Omega}_i \subset \Omega_i$ 成立.

接下来,我们分析系统(2.1)在所设计的切换规则(2.3)作用下的系统稳定性.

选取如下 Lyapunov-Krasovskii 泛函:

$$\begin{aligned} V(t) = {} & \boldsymbol{x}^{\mathrm{T}}(t)\boldsymbol{P}\boldsymbol{x}(t) + \int_{t-\tau(t)}^{t} \boldsymbol{x}^{\mathrm{T}}(s)\boldsymbol{Q}_1\boldsymbol{x}(s)\mathrm{d}s + \int_{t-h}^{t} \dot{\boldsymbol{x}}^{\mathrm{T}}(s)\boldsymbol{R}_1\dot{\boldsymbol{x}}(s)\mathrm{d}s \\ & + \int_{-\tau}^{0}\int_{t+\theta}^{t} \dot{\boldsymbol{x}}^{\mathrm{T}}(s)\boldsymbol{Q}_2\dot{\boldsymbol{x}}(s)\mathrm{d}s\mathrm{d}\theta + \int_{-h}^{0}\int_{t+\theta}^{t} \dot{\boldsymbol{x}}^{\mathrm{T}}(s)\boldsymbol{R}_2\dot{\boldsymbol{x}}(s)\mathrm{d}s\mathrm{d}\theta \end{aligned} \tag{2.16}$$

其中 $\boldsymbol{P}>0, \boldsymbol{Q}_1>0, \boldsymbol{R}_1>0, \boldsymbol{Q}_2>0, \boldsymbol{R}_2>0$ 为待定的对称正定矩阵.

由 Newton-Leibniz 公式可知,对任意具有合适维数的矩阵:

$$\boldsymbol{X} = \begin{bmatrix} \boldsymbol{X}_1 \\ \boldsymbol{X}_2 \\ \boldsymbol{X}_3 \\ \boldsymbol{X}_4 \\ \boldsymbol{X}_5 \end{bmatrix}, \quad \boldsymbol{Y} = \begin{bmatrix} \boldsymbol{Y}_1 \\ \boldsymbol{Y}_2 \\ \boldsymbol{Y}_3 \\ \boldsymbol{Y}_4 \\ \boldsymbol{Y}_5 \end{bmatrix}, \quad \boldsymbol{Z} = \begin{bmatrix} \boldsymbol{Z}_1 \\ \boldsymbol{Z}_2 \\ \boldsymbol{Z}_3 \\ \boldsymbol{Z}_4 \\ \boldsymbol{Z}_5 \end{bmatrix}$$

下列等式恒成立：

$$2\boldsymbol{\zeta}^{\mathrm{T}}(t)\boldsymbol{X}\left[\boldsymbol{x}(t)-\boldsymbol{x}(t-\tau(t))-\int_{t-\tau(t)}^{t}\dot{\boldsymbol{x}}(s)\mathrm{d}s\right]=0 \tag{2.17}$$

$$2\boldsymbol{\zeta}^{\mathrm{T}}(t)\boldsymbol{Y}\left[\boldsymbol{x}(t-\tau(t))-\boldsymbol{x}(t-\tau)-\int_{t-\tau}^{t-\tau(t)}\dot{\boldsymbol{x}}(s)\mathrm{d}s\right]=0 \tag{2.18}$$

$$2\boldsymbol{\zeta}^{\mathrm{T}}(t)\boldsymbol{Z}\left[\boldsymbol{x}(t)-\boldsymbol{x}(t-h)-\int_{t-h}^{t}\dot{\boldsymbol{x}}(s)\mathrm{d}s\right]=0 \tag{2.19}$$

当第 i 个子系统被激活时，沿系统(2.1)的解轨迹计算泛函(2.16)的时间导数，并将(2.17)式～(2.19)式这三个恒等式的左端项加入到泛函(2.16)的求导过程中，整理后得

$$\begin{aligned}
\dot{V}(t)\leqslant&\left[\boldsymbol{A}_i\boldsymbol{x}(t)+\boldsymbol{B}_i\boldsymbol{x}(t-\tau(t))+\boldsymbol{C}_i\dot{\boldsymbol{x}}(t-h)\right]^{\mathrm{T}}\boldsymbol{P}\boldsymbol{x}(t)\\
&+\boldsymbol{x}^{\mathrm{T}}(t)\boldsymbol{P}\left[\boldsymbol{A}_i\boldsymbol{x}(t)+\boldsymbol{B}_i\boldsymbol{x}(t-\tau(t))+\boldsymbol{C}_i\dot{\boldsymbol{x}}(t-h)\right]\\
&+\boldsymbol{x}^{\mathrm{T}}(t)\boldsymbol{Q}_1\boldsymbol{x}(t)-(1-\hat{\tau})\boldsymbol{x}^{\mathrm{T}}(t-\tau(t))\boldsymbol{Q}_1\boldsymbol{x}(t-\tau(t))\\
&+\dot{\boldsymbol{x}}^{\mathrm{T}}(t)\boldsymbol{R}_1\dot{\boldsymbol{x}}(t)-\dot{\boldsymbol{x}}^{\mathrm{T}}(t-h)\boldsymbol{R}_1\dot{\boldsymbol{x}}(t-h)\\
&+\tau\dot{\boldsymbol{x}}^{\mathrm{T}}(t)\boldsymbol{Q}_2\dot{\boldsymbol{x}}(t)-\int_{t-\tau(t)}^{t}\dot{\boldsymbol{x}}^{\mathrm{T}}(s)\boldsymbol{Q}_2\dot{\boldsymbol{x}}(s)\mathrm{d}s-\int_{t-\tau}^{t-\tau(t)}\dot{\boldsymbol{x}}^{\mathrm{T}}(s)\boldsymbol{Q}_2\dot{\boldsymbol{x}}(s)\mathrm{d}s\\
&+h\dot{\boldsymbol{x}}^{\mathrm{T}}(t)\boldsymbol{R}_2\dot{\boldsymbol{x}}(t)-\int_{t-h}^{t}\dot{\boldsymbol{x}}^{\mathrm{T}}(s)\boldsymbol{R}_2\dot{\boldsymbol{x}}(s)\mathrm{d}s\\
&+2\boldsymbol{\zeta}^{\mathrm{T}}(t)\boldsymbol{X}\left[\boldsymbol{x}(t)-\boldsymbol{x}(t-\tau(t))-\int_{t-\tau(t)}^{t}\dot{\boldsymbol{x}}(s)\mathrm{d}s\right]\\
&+2\boldsymbol{\zeta}^{\mathrm{T}}(t)\boldsymbol{Y}\left[\boldsymbol{x}(t-\tau(t))-\boldsymbol{x}(t-\tau)-\int_{t-\tau}^{t-\tau(t)}\dot{\boldsymbol{x}}(s)\mathrm{d}s\right]\\
&+2\boldsymbol{\zeta}^{\mathrm{T}}(t)\boldsymbol{Z}\left[\boldsymbol{x}(t)-\boldsymbol{x}(t-h)-\int_{t-h}^{t}\dot{\boldsymbol{x}}(s)\mathrm{d}s\right]\\
<&\ \boldsymbol{\zeta}^{\mathrm{T}}(t)\left[\breve{\boldsymbol{\varphi}}_i+\boldsymbol{\zeta}_i^{\mathrm{T}}\boldsymbol{S}\boldsymbol{\zeta}_i+\tau\boldsymbol{X}\boldsymbol{Q}_2^{-1}\boldsymbol{X}^{\mathrm{T}}+\tau\boldsymbol{Y}\boldsymbol{Q}_2^{-1}\boldsymbol{Y}^{\mathrm{T}}+h\boldsymbol{Z}\boldsymbol{R}_2^{-1}\boldsymbol{Z}^{\mathrm{T}}\right]\boldsymbol{\zeta}(t)\\
&-\int_{t-\tau(t)}^{t}\left[\boldsymbol{\zeta}^{\mathrm{T}}(t)\boldsymbol{X}+\dot{\boldsymbol{x}}^{\mathrm{T}}(s)\boldsymbol{Q}_2\right]\boldsymbol{Q}_2^{-1}\left[\boldsymbol{X}^{\mathrm{T}}\boldsymbol{\zeta}(t)+\boldsymbol{Q}_2\dot{\boldsymbol{x}}(s)\right]\mathrm{d}s\\
&-\int_{t-\tau}^{t-\tau(t)}\left[\boldsymbol{\zeta}^{\mathrm{T}}(t)\boldsymbol{Y}+\dot{\boldsymbol{x}}^{\mathrm{T}}(s)\boldsymbol{Q}_2\right]\boldsymbol{Q}_2^{-1}\left[\boldsymbol{Y}^{\mathrm{T}}\boldsymbol{\zeta}(t)+\boldsymbol{Q}_2\dot{\boldsymbol{x}}(s)\right]\mathrm{d}s\\
&-\int_{t-h}^{t}\left[\boldsymbol{\zeta}^{\mathrm{T}}(t)\boldsymbol{Z}+\dot{\boldsymbol{x}}^{\mathrm{T}}(s)\boldsymbol{R}_2\right]\boldsymbol{R}_2^{-1}\left[\boldsymbol{Z}^{\mathrm{T}}\boldsymbol{\zeta}(t)+\boldsymbol{R}_2\dot{\boldsymbol{x}}(s)\right]\mathrm{d}s
\end{aligned}\tag{2.20}$$

其中 $\boldsymbol{\zeta}_i^{\mathrm{T}}=[\boldsymbol{A}_i\quad\boldsymbol{B}_i\quad\boldsymbol{0}\quad\boldsymbol{C}_i\quad\boldsymbol{0}]^{\mathrm{T}}$. 由 $\boldsymbol{Q}_2>0,\boldsymbol{R}_2>0$ 易知，不等式(2.20)右端的最后三项都小于零. 因此，当 $\boldsymbol{\zeta}^{\mathrm{T}}(t)\in\bigcup_{i=1}^{m}\Omega_i$ 时，我们有

$$\begin{aligned}
\dot{V}(t)<&\sum_{i=1}^{m}\alpha_i\left\{\boldsymbol{\zeta}^{\mathrm{T}}(t)(\breve{\boldsymbol{\varphi}}_i+\boldsymbol{\zeta}_i^{\mathrm{T}}\boldsymbol{S}\boldsymbol{\zeta}_i+\tau\boldsymbol{X}\boldsymbol{Q}_2^{-1}\boldsymbol{X}^{\mathrm{T}}+\tau\boldsymbol{Y}\boldsymbol{Q}_2^{-1}\boldsymbol{Y}^{\mathrm{T}}+h\boldsymbol{Z}\boldsymbol{R}_2^{-1}\boldsymbol{Z}^{\mathrm{T}})\boldsymbol{\zeta}(t)\right\}\\
=&\sum_{i=1}^{m}\left(\alpha_i\left[\boldsymbol{\zeta}^{\mathrm{T}}(t)\quad\boldsymbol{0}\right]\begin{bmatrix}\boldsymbol{\Pi}_i & \boldsymbol{0}\\ \boldsymbol{0} & \widehat{\boldsymbol{\varphi}}_i\end{bmatrix}\begin{bmatrix}\boldsymbol{\zeta}(t)\\ \boldsymbol{0}\end{bmatrix}\right)
\end{aligned}\tag{2.21}$$

令$\begin{bmatrix}\boldsymbol{\zeta}(t)\\ \mathbf{0}\end{bmatrix}=\begin{bmatrix}\boldsymbol{I} & \mathbf{0}\\ \widehat{\boldsymbol{\varphi}}_i^{-1}\hat{\boldsymbol{\varphi}}_i^{\mathrm{T}} & \boldsymbol{I}\end{bmatrix}\boldsymbol{y}(t)$. 显然，对$\forall i\in \boldsymbol{M}$，矩阵$\begin{bmatrix}\boldsymbol{I} & \mathbf{0}\\ \widehat{\boldsymbol{\varphi}}_i^{-1}\hat{\boldsymbol{\varphi}}_i^{\mathrm{T}} & \boldsymbol{I}\end{bmatrix}^{\mathrm{T}}$都是可逆的，且$\begin{bmatrix}\boldsymbol{\zeta}(t)\\ \mathbf{0}\end{bmatrix}\neq\mathbf{0}$当且仅当$\boldsymbol{y}(t)\neq\mathbf{0}$，则

$$\begin{aligned}\dot V(t)&<\sum_{i=1}^{m}\alpha_i\boldsymbol{y}^{\mathrm{T}}(t)\begin{bmatrix}\boldsymbol{I} & \hat{\boldsymbol{\varphi}}_i\widehat{\boldsymbol{\varphi}}_i^{-1}\\ \mathbf{0} & \boldsymbol{I}\end{bmatrix}\begin{bmatrix}\boldsymbol{\Pi}_i & \mathbf{0}\\ \mathbf{0} & \widehat{\boldsymbol{\varphi}}_i\end{bmatrix}\begin{bmatrix}\boldsymbol{I} & \mathbf{0}\\ \widehat{\boldsymbol{\varphi}}_i^{-1}\boldsymbol{\varphi}_i^{\mathrm{T}} & \boldsymbol{I}\end{bmatrix}\boldsymbol{y}(t)\\ &=\sum_{i=1}^{m}\alpha_i\boldsymbol{y}^{\mathrm{T}}(t)\begin{bmatrix}\boldsymbol{I} & \hat{\boldsymbol{\varphi}}_i\widehat{\boldsymbol{\varphi}}_i^{-1}\\ \mathbf{0} & \boldsymbol{I}\end{bmatrix}\begin{bmatrix}\breve{\boldsymbol{\varphi}}_i-\hat{\boldsymbol{\varphi}}_i\widehat{\boldsymbol{\varphi}}_i^{-1}\hat{\boldsymbol{\varphi}}_i^{\mathrm{T}} & \mathbf{0}\\ \mathbf{0} & \widehat{\boldsymbol{\varphi}}_i\end{bmatrix}\begin{bmatrix}\boldsymbol{I} & \mathbf{0}\\ \widehat{\boldsymbol{\varphi}}_i^{-1}\hat{\boldsymbol{\varphi}}_i^{\mathrm{T}} & \boldsymbol{I}\end{bmatrix}\boldsymbol{y}(t)\\ &=\sum_{i=1}^{m}\alpha_i\boldsymbol{y}^{\mathrm{T}}(t)\begin{bmatrix}\breve{\boldsymbol{\varphi}}_i & \hat{\boldsymbol{\varphi}}_i\\ \hat{\boldsymbol{\varphi}}_i^{\mathrm{T}} & \widehat{\boldsymbol{\varphi}}_i\end{bmatrix}\boldsymbol{y}(t)=\boldsymbol{y}^{\mathrm{T}}(t)\boldsymbol{\varphi}\boldsymbol{y}(t)\end{aligned}\tag{2.22}$$

因此，若$\boldsymbol{\varphi}<0$，则$\dot V(t)<0$，即系统(2.1)渐近稳定. 定理得证.

注 2.1 采用凸组合技巧及状态空间分割方法分析切换系统稳定性时，不需要假设系统的任一个单独子系统稳定.

注 2.2 对于非时滞切换系统而言，采用状态空间分割方法只需考虑系统的当前状态. 但对于切换时滞系统，尤其是切换中立时滞系统，滞后状态对系统状态轨迹的影响不可忽略. 如果在设计切换规则时只考虑系统当前状态，势必会影响系统整体的性能指标. 本章采用的凸组合技巧及状态空间分割方法充分考虑系统当前状态与滞后状态信息，在$\mathbb{R}^{5n}$空间中划分切换域，为系统(2.1)的切换规则的设计提供了更为合理的设计思想.

注 2.3 针对具有离散时变时滞的切换中立时滞系统，为保证获得的系统稳定性判别条件有解，现有文献常常需要假设系统时变时滞导数上界小于 1. 本章利用 Newton-Leibniz 公式，引入自由权矩阵，使获得的系统稳定性判别准则在没有假设系统变时滞导数上界小于 1 的前提下依然可解，且获得的稳定性判别准则为离散时滞上界相关、中立时滞相关、离散时滞导数上界相关，因此，在一定程度上降低了已有结果的保守性.

注 2.4 如果令$h=0$，则定理 2.1 中结论可退化为对应具有离散时变时滞的切换时滞系统的稳定性判别准则；如果令$h=\tau(t)=0$，则定理 2.1 中结论可退化为对应的非时滞切换线性系统的稳定性判别准则. 因此，本章定理的结论更具有一般性.

2.5 数值例子

本节将通过一个数值例子来验证本章所提方法的有效性.

例 2.1 考虑如下具有两个子系统的切换中立时滞系统:

$$\dot{\boldsymbol{x}}(t) - \boldsymbol{C}_{\sigma(t)}\dot{\boldsymbol{x}}(t-h) = \boldsymbol{A}_{\sigma(t)}\boldsymbol{x}(t) + \boldsymbol{B}_{\sigma(t)}\boldsymbol{x}(t-\tau(t)) \tag{2.23}$$

其中 $\boldsymbol{M}=\{1,2\}$,且系统参数为

$$\boldsymbol{A}_1 = \begin{bmatrix} -5 & 0 \\ 0 & 1 \end{bmatrix},\quad \boldsymbol{B}_1 = \begin{bmatrix} -1.6 & 0.4 \\ 0 & -1 \end{bmatrix},\quad \boldsymbol{C}_1 = \begin{bmatrix} -0.5 & 0 \\ 0 & -0.1 \end{bmatrix}$$

$$\boldsymbol{A}_2 = \begin{bmatrix} 1 & 2 \\ 1 & -2 \end{bmatrix},\quad \boldsymbol{B}_2 = \begin{bmatrix} 1 & 0.6 \\ 0 & 0.8 \end{bmatrix},\quad \boldsymbol{C}_2 = \begin{bmatrix} -0.5 & 0 \\ 0 & -0.1 \end{bmatrix}$$

$$\tau(t) = 0.2\sin t + 0.2,\quad h = 1$$

选取 $\boldsymbol{x}(0)=[3\quad -2]^{\mathrm{T}}$. 系统(2.23)的两个子系统的状态轨迹分别如图 2.3 和图 2.4 所示.

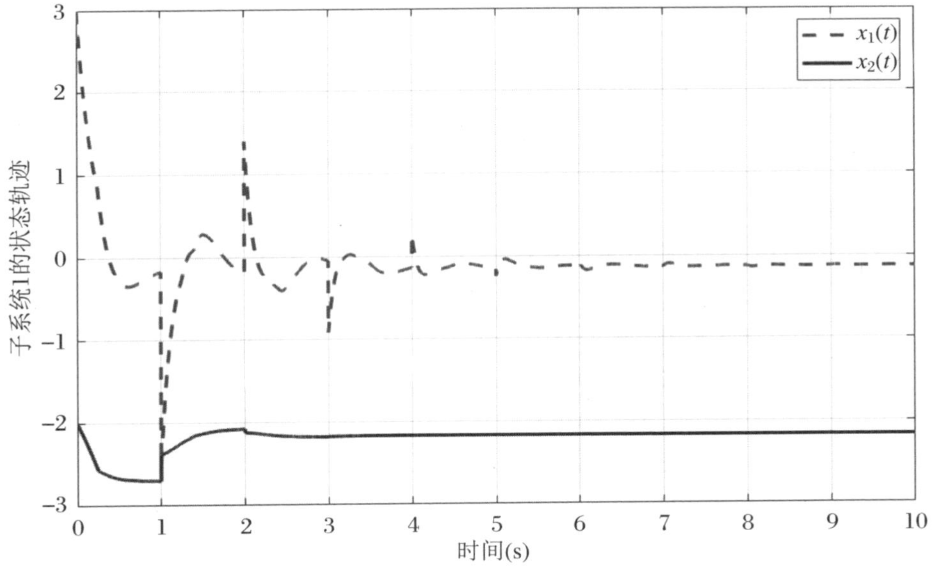

图 2.3　子系统 1 的状态响应

由图 2.3 和图 2.4 易知系统(2.23)的两个子系统都是不稳定的. 取 $\alpha_1=\alpha_2=0.5$,易得

$$\bar{A} = \alpha_1 A_1 + \alpha_2 A_2 = \begin{bmatrix} -2 & 1 \\ 0.5 & -0.5 \end{bmatrix}, \quad \bar{B} = \alpha_1 B_1 + \alpha_2 B_2 = \begin{bmatrix} -0.3 & 0.5 \\ 0 & -0.1 \end{bmatrix}$$

$$\bar{C} = \alpha_1 C_1 + \alpha_2 C_2 = \begin{bmatrix} -0.5 & 0 \\ 0 & -0.1 \end{bmatrix}$$

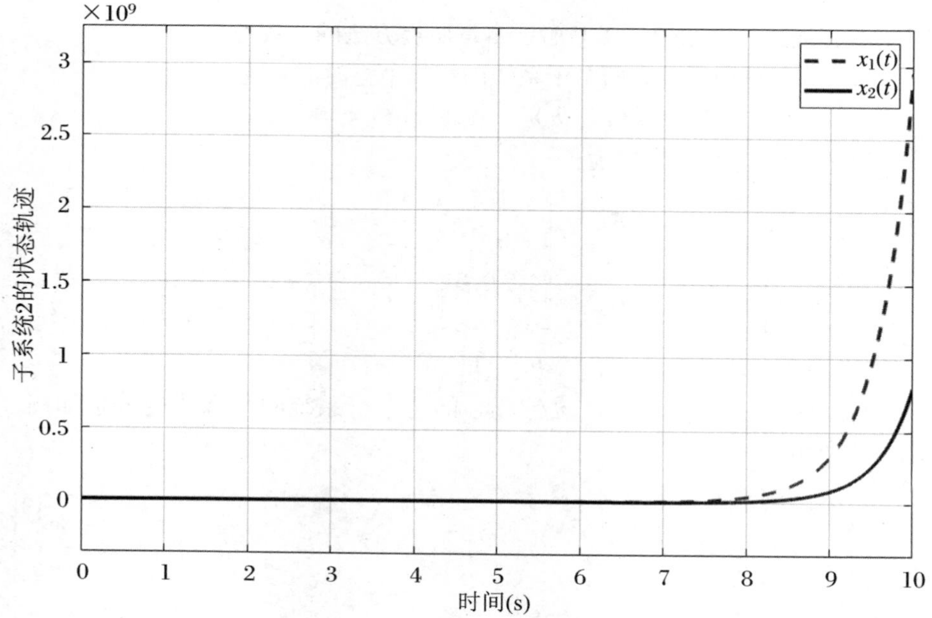

图 2.4　子系统 2 的状态响应

由系统参数及条件(2.2)易知，$d=1$，$\hat{\tau}=0.2$. 解不等式(2.7)，得可行解

$$P = \begin{bmatrix} 2.8272 & -0.8233 \\ -0.8233 & 5.0611 \end{bmatrix}, \quad R_1 = \begin{bmatrix} 0.8305 & 0.3224 \\ 0.3224 & 1.6567 \end{bmatrix}$$

$$R_2 = \begin{bmatrix} 0.5387 & 0.2415 \\ 0.2415 & 1.7992 \end{bmatrix}, \quad Q_1 = \begin{bmatrix} 2.1895 & -0.9466 \\ -0.9466 & 2.0716 \end{bmatrix}$$

$$Q_2 = \begin{bmatrix} 1.3571 & 0.4068 \\ 0.4068 & 3.3066 \end{bmatrix}, \quad X_1 = \begin{bmatrix} 0.1292 & -1.0254 \\ -0.5389 & 0.0648 \end{bmatrix}$$

$$X_2 = \begin{bmatrix} 0.2115 & 0.0779 \\ -0.0770 & 0.3684 \end{bmatrix}, \quad X_3 = \begin{bmatrix} 0.2807 & 0.0439 \\ -0.0284 & 0.4111 \end{bmatrix}$$

$$X_4 = \begin{bmatrix} -0.0153 & -0.0184 \\ 0.0278 & 0.1604 \end{bmatrix}, \quad X_5 = \begin{bmatrix} -0.1458 & -0.0611 \\ -0.1327 & -0.3458 \end{bmatrix}$$

$$Y_1 = \begin{bmatrix} -0.0022 & -0.2894 \\ -0.1360 & 0.0150 \end{bmatrix}, \quad Y_2 = \begin{bmatrix} 0.0660 & -0.1684 \\ -0.1481 & 0.0451 \end{bmatrix}$$

$$\boldsymbol{Y}_3=\begin{bmatrix}0.7372 & 0.0057\\ -0.0569 & 0.8435\end{bmatrix},\quad \boldsymbol{Y}_4=\begin{bmatrix}-0.1109 & 0.1814\\ 0.0050 & 0.0684\end{bmatrix}$$

$$\boldsymbol{Y}_5=\begin{bmatrix}-0.0587 & -0.0355\\ -0.0699 & -0.1498\end{bmatrix},\quad \boldsymbol{Z}_1=\begin{bmatrix}-0.0097 & -0.3013\\ -0.1061 & 0.0173\end{bmatrix}$$

$$\boldsymbol{Z}_2=\begin{bmatrix}-0.0383 & -0.0714\\ -0.0551 & -0.0709\end{bmatrix},\quad \boldsymbol{Z}_3=\begin{bmatrix}-0.0431 & -0.0349\\ -0.0424 & -0.1050\end{bmatrix}$$

$$\boldsymbol{Z}_4=\begin{bmatrix}-0.0240 & 0.1060\\ 0.0081 & 0.0592\end{bmatrix},\quad \boldsymbol{Z}_5=\begin{bmatrix}0.3472 & 0.0508\\ 0.0343 & 0.6636\end{bmatrix}$$

将获得的矩阵可行解代入(2.9)式，得

$$\boldsymbol{\Pi}_1=\begin{bmatrix}
22.1686 & -3.3208 & 10.8381 & 2.3180 & 0.2667 & 0.1462 & 3.3008 & 0.4500 & 0.2207 & 0.1290\\
-3.3208 & 17.2580 & 0.5323 & -9.5916 & 0.0761 & 0.3209 & 0.1531 & -0.7636 & 0.0483 & 0.3329\\
10.8381 & 0.5323 & 2.8757 & 0.3751 & 0.4309 & 0.1233 & 1.4238 & 0.0917 & 0.0942 & 0.1038\\
2.3180 & -9.5916 & 0.3751 & 2.2346 & 0.0718 & 0.4274 & 0.1869 & 0.3618 & 0.0529 & 0.2352\\
0.2667 & 0.0761 & 0.4309 & 0.0718 & -1.2814 & 0.0153 & 0.0807 & -0.0054 & 0.0507 & 0.0750\\
0.1462 & 0.3209 & 0.1233 & 0.4274 & 0.0153 & -1.5629 & -0.1610 & -0.0570 & 0.0553 & 0.1913\\
3.3008 & 0.1531 & 1.4238 & 0.1869 & 0.0807 & -0.1610 & -0.3338 & -0.2814 & 0.0034 & -0.0628\\
0.4500 & -0.7636 & 0.0917 & 0.3618 & -0.0054 & -0.0570 & -0.2814 & -1.6032 & -0.0081 & -0.0455\\
0.2207 & 0.0483 & 0.0942 & 0.0529 & 0.0507 & 0.0553 & 0.0034 & -0.0081 & -0.4568 & -0.0953\\
0.1290 & 0.3329 & 0.1038 & 0.2352 & 0.0750 & 0.1913 & -0.0628 & -0.0455 & -0.0953 & -1.0560
\end{bmatrix}$$

$$\boldsymbol{\Pi}_2=\begin{bmatrix}
14.7902 & 2.8255 & 5.5309 & 7.5796 & 0.2667 & 0.1462 & -2.7988 & -0.4639 & 0.2207 & 0.1290\\
2.8255 & -0.2318 & 1.9252 & -1.2187 & 0.0761 & 0.3209 & -0.6689 & 0.5246 & 0.0483 & 0.3329\\
5.5309 & 1.9252 & -0.1071 & 2.1647 & 0.4309 & 0.1233 & -1.0619 & -0.0972 & 0.0942 & 0.1038\\
7.5796 & -1.2187 & 2.1647 & 2.1758 & 0.0718 & 0.4274 & -0.6583 & -0.5128 & 0.0529 & 0.2352\\
0.2667 & 0.0761 & 0.4309 & 0.0718 & -1.2814 & 0.0153 & 0.0807 & -0.0054 & 0.0507 & 0.0750\\
0.1462 & 0.3209 & 0.1233 & 0.4274 & 0.0153 & -1.5629 & -0.1610 & -0.0570 & 0.0553 & 0.1913\\
-2.7988 & -0.6689 & -1.0619 & 0.6583 & 0.0807 & -0.1610 & -0.3338 & -0.2814 & 0.0034 & -0.0628\\
-0.4639 & 0.5246 & -0.0972 & -0.5128 & -0.0054 & -0.0570 & -0.2814 & -1.6032 & -0.0081 & -0.0455\\
0.2207 & 0.0483 & 0.0942 & 0.0529 & 0.0507 & 0.0553 & 0.0034 & -0.0081 & -0.4568 & -0.0953\\
0.1290 & 0.3329 & 0.1038 & 0.2352 & 0.0750 & 0.1913 & -0.0628 & -0.0455 & -0.0953 & -1.0560
\end{bmatrix}$$

则

$$\boldsymbol{Q}=-0.5\boldsymbol{\Pi}_1-0.5\boldsymbol{\Pi}_2$$

$$
= \begin{bmatrix}
-18.4794 & 0.2477 & -8.1845 & -4.9488 & -0.2667 & -0.1462 & -0.2510 & 0.0070 & -0.2207 & -0.1290 \\
0.2477 & -8.5131 & -1.2288 & 5.4051 & -0.0761 & -0.3209 & 0.2579 & 0.1195 & -0.0483 & -0.3329 \\
-8.1845 & -1.2288 & -1.3843 & -1.2699 & -0.4309 & -0.1233 & -0.1810 & 0.0028 & -0.0942 & -0.1038 \\
-4.9488 & 5.4031 & -1.2669 & -2.2052 & -0.0718 & -0.4274 & 0.2357 & 0.0755 & -0.0529 & -0.2352 \\
-0.2667 & -0.0761 & -0.4309 & -0.0718 & 1.2814 & -0.0153 & -0.0807 & 0.0054 & -0.0507 & -0.0750 \\
-0.1462 & -0.3209 & -0.1233 & -0.4274 & -0.0153 & 1.5629 & 0.1610 & 0.0570 & -0.0553 & -0.1913 \\
-0.2510 & 0.2579 & -0.1810 & 0.2357 & -0.0807 & 0.1610 & 0.3338 & 0.2814 & -0.0034 & 0.0628 \\
0.0070 & 0.1195 & 0.0028 & 0.0755 & 0.0054 & 0.0570 & 0.2814 & 1.6032 & 0.0081 & 0.0455 \\
-0.2207 & -0.0483 & -0.0942 & -0.0529 & -0.0507 & -0.0553 & -0.0034 & 0.0081 & 0.4568 & 0.0953 \\
-0.1290 & -0.3329 & -0.1038 & -0.2352 & -0.0750 & -0.1913 & 0.0628 & 0.0455 & 0.0953 & 1.0560
\end{bmatrix}
$$

取

$$
\Omega_i = \left\{ \boldsymbol{\zeta}(t) \in \mathbb{R}^{10} \mid \boldsymbol{\zeta}^{\mathrm{T}}(t)\boldsymbol{\Pi}_i\boldsymbol{\zeta}(t) < -\frac{1}{\xi}\boldsymbol{\zeta}^{\mathrm{T}}(t)\boldsymbol{Q}\boldsymbol{\zeta}(t) \right\} \quad (i = 1,2) \tag{2.24}
$$

基于(2.24)式,设计如下切换规则:

$$
\sigma(t) = \begin{cases} 1, & 若(\boldsymbol{\zeta}(t) \in \Omega_1 且 \sigma(t^-) = 1) 或(\boldsymbol{\zeta}(t) \notin \Omega_2 且 \sigma(t^-) = 2) \\ 2, & 若(\boldsymbol{\zeta}(t) \in \Omega_2 且 \sigma(t^-) = 2) 或(\boldsymbol{\zeta}(t) \notin \Omega_1 且 \sigma(t^-) = 1) \end{cases} \tag{2.25}
$$

对 ξ 选取不同的值,在切换规则(2.25)作用下,所对应的系统状态响应如图2.5~图2.8所示.

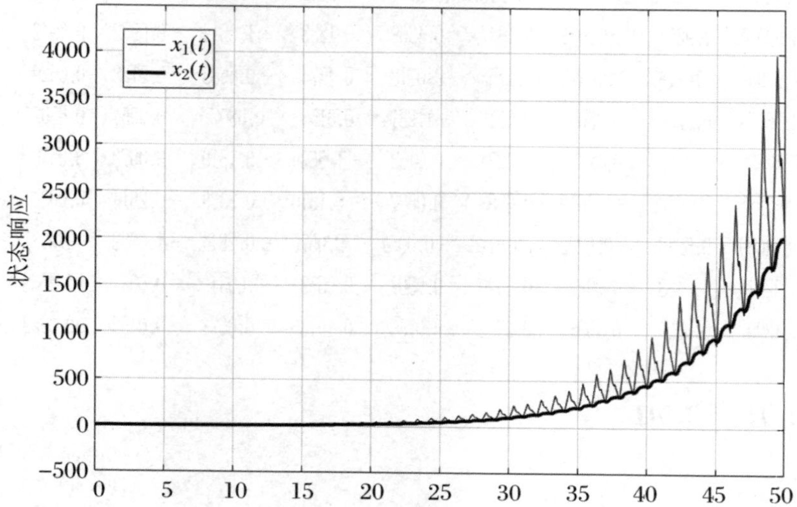

图 2.5　系统状态响应($\xi=1.342$)

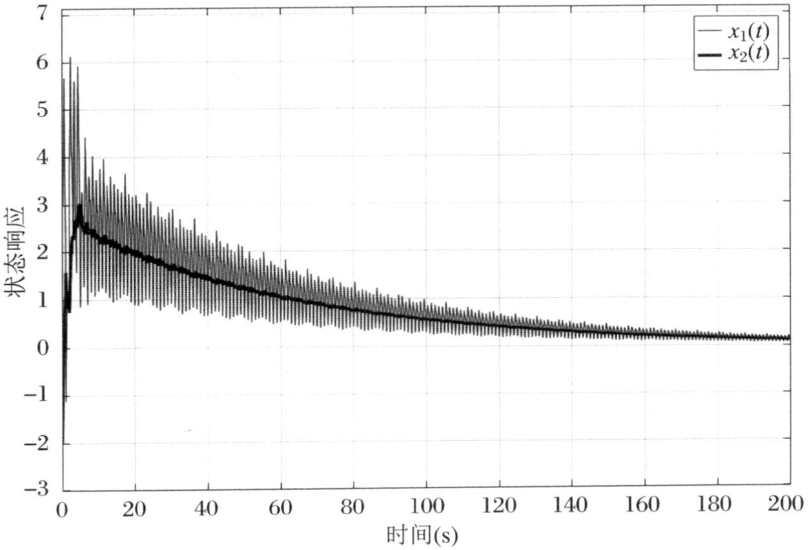

图 2.6　系统状态响应($\xi=1.343$)

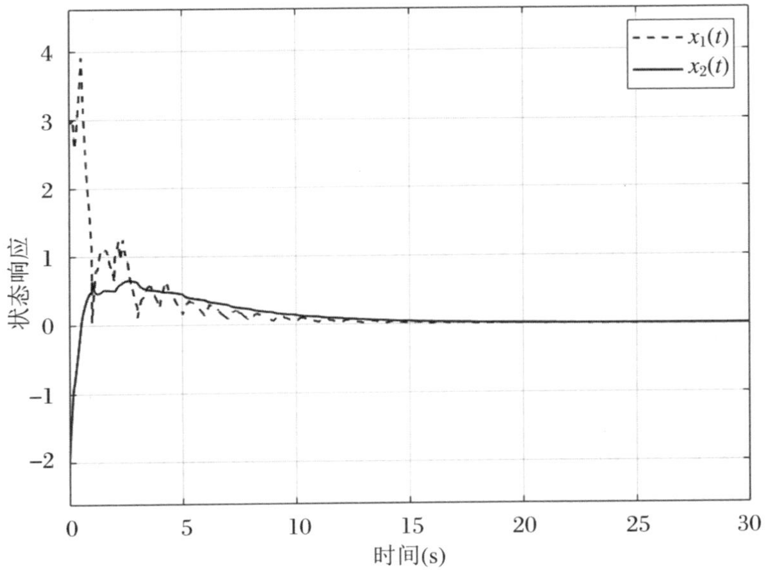

图 2.7　系统状态响应($\xi=1.5$)

从仿真效果可以看出,当选取 $\xi<1.343$ 时,系统状态轨迹是发散的. 当 $\xi\geqslant 1.343$时,系统状态轨迹收敛,并随着 ξ 值的增加,系统的收敛速度明显加快.

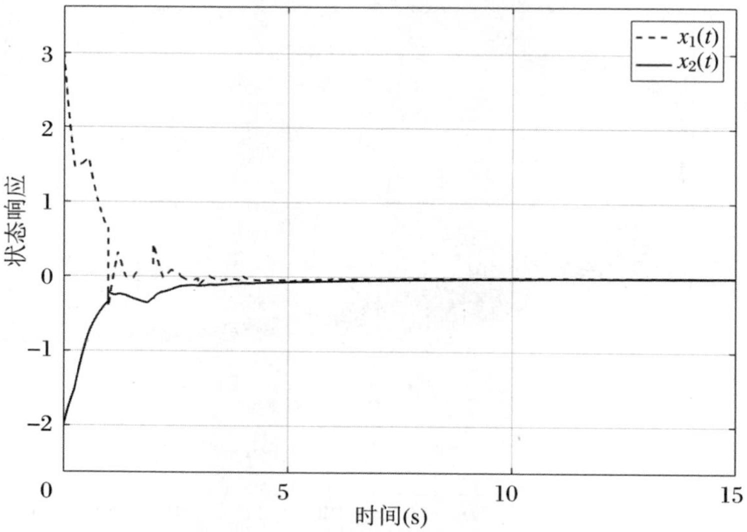

图 2.8　系统状态响应($\xi=15$)

本 章 小 结

本章研究了一类具有离散时变时滞切换中立时滞系统的切换设计镇定问题.在切换规则的设计过程中,我们充分考虑了系统滞后状态的信息,对扩维空间进行区域分割,依据分割区域,设计了状态依赖的滞后型切换规则.同时,采用凸组合技巧及单 Lyapunov-Krasovskii 泛函分析方法,利用 Newton-Leibniz 公式,引入自由权矩阵,获得了系统时滞相关的稳定性判别准则.在本章所设计的切换规则作用下,所获得的系统稳定性判别准则不需要假设系统任一子系统稳定.此外,本章所考虑的切换中立时滞系统具有不同的中立时滞与离散时滞,在寻求系统稳定性判据条件时,由于引入了自由权矩阵,放宽了变时滞导数上界小于 1 的条件约束,所获得的稳定性判别条件具有较小保守性.

第 3 章　切换中立时滞系统切换镇定设计
——多 Lyapunov-Krasovskii 泛函方法

3.1 引　　言

在第 2 章中,我们针对具有离散时变时滞的切换中立时滞系统,利用状态空间分割的方法,设计了状态依赖的滞后型切换规则,并利用凸组合技巧与单 Lyapunov-Krasovskii 泛函方法,对系统稳定性进行了分析,以线性矩阵不等式的形式给出了系统渐近稳定的时滞相关判别准则.对于切换系统而言,单 Lyapunov 函数方法是针对切换系统的所有子系统构建同一个 Lyapunov 函数,这在构建 Lyapunov 函数时显然具有一定程度的保守性.多 Lyapunov 函数方法是针对切换系统的特性而提出的一种类 Lyapunov 函数方法,可针对切换系统的子系统构建不同的 Lyapunov 函数,因此,该方法在 Lyapunov 函数的选取与构建上具有更大空间.

在切换系统理论中,由 Branicky 提出的多 Lyapunov 函数方法[54]主要是分析所构建的 Lyapunov 函数是否满足下列两个条件约束:

(Ⅰ)激活子系统在激活时间段内所对应的 Lyapunov 函数单调递减;

(Ⅱ)同一子系统所对应的 Lyapunov 函数在下一时刻激活时的起点或终点要比上一时刻有所下降.

通过满足这两个下降性条件约束整体的能量函数呈现衰减趋势,以此来获得保证系统稳定的充分条件.由于多 Lyapunov 函数方法充分考虑到了切换系统多个子系统切换的特性,因此,较单 Lyapunov 函数方法具有较小的保守性.在切换系统领域,多 Lyapunov 函数分析方法受到人们的普遍关注.2008 年,Zhao 在 Branicky 提出的多 Lyapunov 函数方法基础之上,定义了一类拓广的多 Lyapunov 函数[38].该方法突破了 Branicky 提出的多 Lyapunov 函数方法的两个下降性条件约束,允许被激活子系统在激活时间段内所对应的 Lyapunov 函数上升,且允许同一子系统在下一时刻激活时的起点或终点比上一时刻有所上升. 因此,拓广的多 Lyapunov 函数方法在设计上具有更广阔的空间.

在第 2 章的研究基础之上,本章将进一步针对具有离散变时滞的切换中立时滞系统,讨论如何利用多 Lyapunov-Krasovskii 泛函方法及改进的多 Lyapunov-Krasovskii 泛函方法设计状态依赖的切换规则,并分析在所设计的切换规则作用下系统的稳定性.

3.2 系统描述

考虑如下具有离散时变时滞的切换中立时滞系统:

$$\begin{cases}\dot{\boldsymbol{x}}(t) - \boldsymbol{C}_{\sigma(t)}\dot{\boldsymbol{x}}(t-h) = \boldsymbol{A}_{\sigma(t)}\boldsymbol{x}(t) + \boldsymbol{B}_{\sigma(t)}\boldsymbol{x}(t-\tau(t)), & t > t_0 \\ \boldsymbol{x}_{t_0} = \boldsymbol{x}(t_0+\theta) = \boldsymbol{\varphi}(\theta), & \theta \in [-d, 0]\end{cases} \tag{3.1}$$

其中 $\boldsymbol{x}(t) \in \mathbb{R}^n$ 是系统状态向量;$h>0$ 表示中立常时滞;$\tau(t)$为关于时间 t 的连续函数,表示离散时变时滞,且满足以下条件:

$$0 < \tau(t) \leqslant \tau, \quad \dot{\tau}(t) \leqslant \hat{\tau} \tag{3.2}$$

其中 $\tau, \hat{\tau}$ 均为常量;$\boldsymbol{\varphi}(\theta)$是定义在区间$[-d,0]$上的连续初始向量函数,$d = \max\{h, \tau\}$,$t_0$ 为初始时间;$\sigma(t):[0,+\infty) \to \boldsymbol{M} = \{1,2,\cdots,m\}$是切换信号,其中 m 表示系统(3.1)中所包含子系统的个数;矩阵 $\boldsymbol{A}_i, \boldsymbol{B}_i, \boldsymbol{C}_i$ 是具有合适维数的常值矩阵,矩阵 $\boldsymbol{C}_i$ 满足 $\|\boldsymbol{C}_i\| < 1$ 且 $\boldsymbol{C}_i \neq \boldsymbol{0}$,其中 $i \in \boldsymbol{M}$. 对应于切换信号 $\sigma(t)$,存在如下切换序列:

$$\{\boldsymbol{x}_{t_0}; (i_0, t_0), (i_1, t_1), \cdots, (i_k, t_k), \cdots \mid i_k \in \boldsymbol{M}, k \in \mathbb{N}\} \tag{3.3}$$

其中(i_k, t_k)表示当 $t \in [t_k, t_{k+1})$时,第 i_k 个子系统被激活.

3.3 稳定性分析

本节将利用多 Lyapunov-Krasovskii 泛函方法及拓广的多 Lyapunov-Krasovskii 泛函方法分析系统(3.1)在所设计切换规则作用下的稳定性.

3.3.1 多 Lyapunov-Krasovskii 泛函方法

下列定理给出本小节的主要结果.

定理 3.1　给定标量 $\alpha_{ij}<0,\beta_{ij}>0,h>0,\tau>0,\hat{\tau}$，如果存在具有合适维数的矩阵 $\boldsymbol{P}_i>0,\boldsymbol{P}_j>0,\boldsymbol{R}_1>0,\boldsymbol{R}_2>0,\boldsymbol{Q}_1>0,\boldsymbol{Q}_2>0,\boldsymbol{N}_{ij}<0(i,j\in M,i\neq j),\boldsymbol{X}_k,\boldsymbol{Y}_k,\boldsymbol{Z}_k$ $(k=1,2,3,4,5)$，满足

$$\bar{\boldsymbol{\varphi}}_i=\begin{bmatrix} \bar{\boldsymbol{\varphi}}_{i,11} & \bar{\boldsymbol{\varphi}}_{i,12} & \bar{\boldsymbol{\varphi}}_{i,13} & \bar{\boldsymbol{\varphi}}_{i,14} & \boldsymbol{X}_5^{\mathrm{T}}-\boldsymbol{Z}_1+\boldsymbol{Z}_5^{\mathrm{T}} & \boldsymbol{A}_i^{\mathrm{T}}\boldsymbol{S} & \tau\boldsymbol{X}_1 & \tau\boldsymbol{Y}_1 & h\boldsymbol{Z}_1 \\ * & \bar{\boldsymbol{\varphi}}_{i,22} & \bar{\boldsymbol{\varphi}}_{i,23} & \bar{\boldsymbol{\varphi}}_{i,24} & \boldsymbol{Y}_5^{\mathrm{T}}-\boldsymbol{X}_5^{\mathrm{T}}-\boldsymbol{Z}_2 & \boldsymbol{B}_i^{\mathrm{T}}\boldsymbol{S} & \tau\boldsymbol{X}_2 & \tau\boldsymbol{Y}_2 & h\boldsymbol{Z}_2 \\ * & * & \bar{\boldsymbol{\varphi}}_{i,33} & -\boldsymbol{Y}_4^{\mathrm{T}} & -\boldsymbol{Z}_3-\boldsymbol{Y}_5^{\mathrm{T}} & \boldsymbol{0} & \tau\boldsymbol{X}_3 & \tau\boldsymbol{Y}_3 & h\boldsymbol{Z}_3 \\ * & * & * & -\boldsymbol{R}_1 & -\boldsymbol{Z}_4 & \boldsymbol{C}_i^{\mathrm{T}}\boldsymbol{S} & \tau\boldsymbol{X}_4 & \tau\boldsymbol{Y}_4 & h\boldsymbol{Z}_4 \\ * & * & * & * & -\boldsymbol{Z}_5-\boldsymbol{Z}_5^{\mathrm{T}} & \boldsymbol{0} & \tau\boldsymbol{X}_5 & \tau\boldsymbol{Y}_5 & h\boldsymbol{Z}_5 \\ * & * & * & * & * & -\boldsymbol{S} & \boldsymbol{0} & \boldsymbol{0} & \boldsymbol{0} \\ * & * & * & * & * & * & -\tau\boldsymbol{Q}_2 & \boldsymbol{0} & \boldsymbol{0} \\ * & * & * & * & * & * & * & -\tau\boldsymbol{Q}_2 & \boldsymbol{0} \\ * & * & * & * & * & * & * & * & -h\boldsymbol{R}_2 \end{bmatrix}<0 \tag{3.4}$$

其中

$$\bar{\boldsymbol{\varphi}}_{i,11}=\boldsymbol{P}_i\boldsymbol{A}_i+\boldsymbol{A}_i^{\mathrm{T}}\boldsymbol{P}_i+\boldsymbol{Q}_1+\boldsymbol{X}_1+\boldsymbol{X}_1^{\mathrm{T}}+\boldsymbol{Z}_1+\boldsymbol{Z}_1^{\mathrm{T}}+\sum_{j=1}^{m}\alpha_{ij}(\boldsymbol{P}_i-\boldsymbol{P}_j+\beta_{ij}\boldsymbol{N}_{ij})$$

$$\bar{\boldsymbol{\varphi}}_{i,12}=\boldsymbol{P}_i\boldsymbol{B}_i-\boldsymbol{X}_1+\boldsymbol{X}_2^{\mathrm{T}}+\boldsymbol{Y}_1+\boldsymbol{Z}_2^{\mathrm{T}}$$

$$\bar{\boldsymbol{\varphi}}_{i,22}=-(1-\hat{\tau})\boldsymbol{Q}_1-\boldsymbol{X}_2-\boldsymbol{X}_2^{\mathrm{T}}+\boldsymbol{Y}_2+\boldsymbol{Y}_2^{\mathrm{T}}$$

$$\bar{\boldsymbol{\varphi}}_{i,13}=\boldsymbol{X}_3^{\mathrm{T}}+\boldsymbol{Z}_3^{\mathrm{T}}-\boldsymbol{Y}_1$$

$$\bar{\boldsymbol{\varphi}}_{i,23}=\boldsymbol{Y}_3^{\mathrm{T}}-\boldsymbol{X}_3^{\mathrm{T}}-\boldsymbol{Y}_2$$

$$\bar{\boldsymbol{\varphi}}_{i,14}=\boldsymbol{P}_i\boldsymbol{C}_i+\boldsymbol{X}_4^{\mathrm{T}}+\boldsymbol{Z}_4^{\mathrm{T}}$$

$$\bar{\boldsymbol{\varphi}}_{i,24}=-\boldsymbol{X}_4^{\mathrm{T}}+\boldsymbol{Y}_4^{\mathrm{T}}$$

$$\bar{\boldsymbol{\varphi}}_{i,33}=-\boldsymbol{Y}_3-\boldsymbol{Y}_3^{\mathrm{T}}$$

$$\boldsymbol{S}=\boldsymbol{R}_1+h\boldsymbol{R}_2+\tau\boldsymbol{Q}_2$$

取

$$\Omega_i=\{\boldsymbol{x}\in\mathbb{R}^n\backslash\{\boldsymbol{0}\}\mid\boldsymbol{x}^{\mathrm{T}}(\boldsymbol{P}_i-\boldsymbol{P}_j+\beta_{ij}\boldsymbol{N}_{ij})\boldsymbol{x}<0,i,j\in M,i\neq j\}\tag{3.5}$$

基于定义的分割区域(3.5)，设计如下切换规则：

$$\begin{cases} t=0, & \sigma(t)=\min\arg\{\Omega_i\mid\boldsymbol{x}(t)\in\Omega_i\} \\ t>0, & \sigma(t)=\begin{cases} i, & \text{若 }\boldsymbol{x}(t)\in\Omega_i\text{ 且}\sigma(t^-)=i \\ \min\arg\{\Omega_j\mid\boldsymbol{x}(t)\in\Omega_j\}, & \text{若 }\boldsymbol{x}(t)\notin\Omega_i\text{ 且}\sigma(t^-)=i \end{cases} \end{cases}\tag{3.6}$$

则系统(3.1)在切换规则(3.6)作用下是渐近稳定的.

证明　易知，由(3.5)式定义的区域 Ω_i 构成了 $\mathbb{R}^n$ 空间的一个分割，即

$$\bigcup_{i=1}^{m} \Omega_i = \mathbb{R}^n \backslash \{\mathbf{0}\} \tag{3.7}$$

事实上，若(3.7)式不成立，则一定存在一个非零向量 $\boldsymbol{x}$ 满足 $\boldsymbol{x} \in \mathbb{R}^n$ 且 $\boldsymbol{x} \notin \bigcup_{i=1}^{m} \Omega_i$. 此时，存在一个整数 p 及一个序列 $i_1, \cdots, i_p, i_k \neq i_{k+1} (k=1, \cdots, p), i_{p+1} = i_1$ 满足

$$\boldsymbol{x}^{\mathrm{T}}(\boldsymbol{P}_{i_k} - \boldsymbol{P}_{i_{k+1}} + \beta_{i_k i_{k+1}} \boldsymbol{N}_{i_k i_{k+1}})\boldsymbol{x} \geqslant 0 \tag{3.8}$$

将(3.8)式中的 i_k 按序列 $i_1, i_2, \cdots, i_p$ 求和，得

$$\sum_{k=1}^{p} \boldsymbol{x}^{\mathrm{T}}(\boldsymbol{P}_{i_k} - \boldsymbol{P}_{i_{k+1}} + \beta_{i_k i_{k+1}} \boldsymbol{N}_{i_k i_{k+1}})\boldsymbol{x} = \sum_{k=1}^{p} \boldsymbol{x}^{\mathrm{T}} \beta_{i_k i_{k+1}} \boldsymbol{N}_{i_k i_{k+1}} \boldsymbol{x} \geqslant 0 \tag{3.9}$$

由于 $\boldsymbol{N}_{i_k i_{k+1}} < 0$ 且 $\beta_{i_k i_{k+1}} > 0$，则(3.9)式不可能满足. 因此，由反证法知(3.7)式必成立.

由切换规则(3.6)知，当 $t=0$ 时，如果选取的初值 $\boldsymbol{x}(0)$ 属于唯一一个分割区域 Ω_i，则令 $\sigma(0)=i$；如果选取的初值 $\boldsymbol{x}(0)$ 属于多个分割区域的交集，则令 $\sigma(0) = \min \arg\{\Omega_i, \cdots, \Omega_j \mid \boldsymbol{x}(0) \in \{\Omega_i \cap \cdots \cap \Omega_j\}\}$；当 $t>0$ 时，如果 $\sigma(t^-)=i$，且 $\boldsymbol{x}(t) \in \Omega_i$，则令 $\sigma(t)=i$；如果 $\sigma(t^-)=i$，但 $\boldsymbol{x}(t) \notin \Omega_i$，即系统状态 $\boldsymbol{x}(t)$ 离开区域 Ω_i，则令 $\sigma(t) = \min \arg\{\Omega_j \mid \boldsymbol{x}(t) \in \Omega_j\}$. 同样地，如果 $\sigma(t^-)=j$，但 $\boldsymbol{x}(t) \notin \Omega_j$，即系统的状态 $\boldsymbol{x}(t)$ 离开区域 Ω_j，则令 $\sigma(t) = \min \arg\{\Omega_i \mid \boldsymbol{x}(t) \in \Omega_i\}$. 由此，可以保证切换信号的唯一性.

由(3.5)式易知，对 $\forall \alpha_{ij} < 0$，有

$$\sum_{j=1}^{m} \alpha_{ij} \boldsymbol{x}^{\mathrm{T}}(\boldsymbol{P}_i - \boldsymbol{P}_j + \beta_{ij}\boldsymbol{N}_{ij})\boldsymbol{x} > 0, \quad \boldsymbol{x} \neq 0 \tag{3.10}$$

对子系统 i，选取如下 Lyapunov-Krasovskii 泛函：

$$\begin{aligned} V_i(t) = {} & \boldsymbol{x}^{\mathrm{T}}(t)\boldsymbol{P}_i\boldsymbol{x}(t) + \int_{t-\tau(t)}^{t} \boldsymbol{x}^{\mathrm{T}}(s)\boldsymbol{Q}_1\boldsymbol{x}(s)\mathrm{d}s + \int_{t-h}^{t} \dot{\boldsymbol{x}}^{\mathrm{T}}(s)\boldsymbol{R}_1 \dot{\boldsymbol{x}}(s)\mathrm{d}s \\ & + \int_{-\tau}^{0}\int_{t+\theta}^{t} \dot{\boldsymbol{x}}^{\mathrm{T}}(s)\boldsymbol{Q}_2 \dot{\boldsymbol{x}}(s)\mathrm{d}s\mathrm{d}\theta + \int_{-h}^{0}\int_{t+\theta}^{t} \dot{\boldsymbol{x}}^{\mathrm{T}}(s)\boldsymbol{R}_2 \dot{\boldsymbol{x}}(s)\mathrm{d}s\mathrm{d}\theta \end{aligned} \tag{3.11}$$

当子系统 i 被激活时，沿系统(3.1)的解轨迹对泛函(3.11)求取时间导数，得

$$\begin{aligned} \dot{V}_i(t) < {} & 2\boldsymbol{x}^{\mathrm{T}}(t)\boldsymbol{P}_i[\boldsymbol{A}_i\boldsymbol{x}(t) + \boldsymbol{B}_i\boldsymbol{x}(t-\tau(t)) + \boldsymbol{C}_i \dot{\boldsymbol{x}}(t-h)] + \boldsymbol{x}^{\mathrm{T}}(t)\boldsymbol{Q}_1\boldsymbol{x}(t) \\ & - (1-\hat{\tau})\boldsymbol{x}^{\mathrm{T}}(t-\tau(t))\boldsymbol{Q}_1\boldsymbol{x}(t-\tau(t)) + \dot{\boldsymbol{x}}^{\mathrm{T}}(t)\boldsymbol{R}_1 \dot{\boldsymbol{x}}(t) \\ & - \dot{\boldsymbol{x}}^{\mathrm{T}}(t-h)\boldsymbol{R}_1 \dot{\boldsymbol{x}}(t-h) + \tau \dot{\boldsymbol{x}}^{\mathrm{T}}(t)\boldsymbol{Q}_2 \dot{\boldsymbol{x}}(t) \\ & - \int_{t-\tau(t)}^{t} \dot{\boldsymbol{x}}^{\mathrm{T}}(s)\boldsymbol{Q}_2 \dot{\boldsymbol{x}}(s)\mathrm{d}s - \int_{t-\tau}^{t-\tau(t)} \dot{\boldsymbol{x}}^{\mathrm{T}}(s)\boldsymbol{Q}_2 \dot{\boldsymbol{x}}(s)\mathrm{d}s \\ & + h\dot{\boldsymbol{x}}^{\mathrm{T}}(t)\boldsymbol{R}_2 \dot{\boldsymbol{x}}(t) - \int_{t-h}^{t} \dot{\boldsymbol{x}}^{\mathrm{T}}(s)\boldsymbol{R}_2 \dot{\boldsymbol{x}}(s)\mathrm{d}s \end{aligned} \tag{3.12}$$

由 Newton-Leibniz 公式可知，对任意具有合适维数的矩阵

$$\boldsymbol{X}=\begin{bmatrix}\boldsymbol{X}_1\\\boldsymbol{X}_2\\\boldsymbol{X}_3\\\boldsymbol{X}_4\\\boldsymbol{X}_5\end{bmatrix},\quad \boldsymbol{Y}=\begin{bmatrix}\boldsymbol{Y}_1\\\boldsymbol{Y}_2\\\boldsymbol{Y}_3\\\boldsymbol{Y}_4\\\boldsymbol{Y}_5\end{bmatrix},\quad \boldsymbol{Z}=\begin{bmatrix}\boldsymbol{Z}_1\\\boldsymbol{Z}_2\\\boldsymbol{Z}_3\\\boldsymbol{Z}_4\\\boldsymbol{Z}_5\end{bmatrix}$$

下列等式恒成立：

$$2\boldsymbol{\zeta}^{\mathrm{T}}(t)\boldsymbol{X}\left[\boldsymbol{x}(t)-\boldsymbol{x}(t-\tau(t))-\int_{t-\tau(t)}^{t}\dot{\boldsymbol{x}}(s)\mathrm{d}s\right]=0 \tag{3.13}$$

$$2\boldsymbol{\zeta}^{\mathrm{T}}(t)\boldsymbol{Y}\left[\boldsymbol{x}(t-\tau(t))-\boldsymbol{x}(t-\tau)-\int_{t-\tau}^{t-\tau(t)}\dot{\boldsymbol{x}}(s)\mathrm{d}s\right]=0 \tag{3.14}$$

$$2\boldsymbol{\zeta}^{\mathrm{T}}(t)\boldsymbol{Z}\left[\boldsymbol{x}(t)-\boldsymbol{x}(t-h)-\int_{t-h}^{t}\dot{\boldsymbol{x}}(s)\mathrm{d}s\right]=0 \tag{3.15}$$

其中

$$\boldsymbol{\zeta}^{\mathrm{T}}(t)=\left[\boldsymbol{x}^{\mathrm{T}}(t)\quad \boldsymbol{x}^{\mathrm{T}}(t-\tau(t))\quad \boldsymbol{x}^{\mathrm{T}}(t-\tau)\quad \dot{\boldsymbol{x}}^{\mathrm{T}}(t-h)\quad \boldsymbol{x}^{\mathrm{T}}(t-h)\right]$$

将(3.13)～(3.15)等式的左端项加入到不等式(3.12)的右端，整理后得

$$\begin{aligned}
\dot{V}_i(t)<{}&2\boldsymbol{x}^{\mathrm{T}}(t)\boldsymbol{P}_i[\boldsymbol{A}_i\boldsymbol{x}(t)+\boldsymbol{B}_i\boldsymbol{x}(t-\tau(t))+\boldsymbol{C}_i\dot{\boldsymbol{x}}(t-h)]+\boldsymbol{x}^{\mathrm{T}}(t)\boldsymbol{Q}_1\boldsymbol{x}(t)\\
&-(1-\hat{\tau})\boldsymbol{x}^{\mathrm{T}}(t-\tau(t))\boldsymbol{Q}_1\boldsymbol{x}(t-\tau(t))+\dot{\boldsymbol{x}}^{\mathrm{T}}(t)\boldsymbol{R}_1\dot{\boldsymbol{x}}(t)\\
&-\dot{\boldsymbol{x}}^{\mathrm{T}}(t-h)\boldsymbol{R}_1\dot{\boldsymbol{x}}(t-h)+\tau\dot{\boldsymbol{x}}^{\mathrm{T}}(t)\boldsymbol{Q}_2\dot{\boldsymbol{x}}(t)\\
&-\int_{t-\tau(t)}^{t}\dot{\boldsymbol{x}}^{\mathrm{T}}(s)\boldsymbol{Q}_2\dot{\boldsymbol{x}}(s)\mathrm{d}s-\int_{t-\tau}^{t-\tau(t)}\dot{\boldsymbol{x}}^{\mathrm{T}}(s)\boldsymbol{Q}_2\dot{\boldsymbol{x}}(s)\mathrm{d}s\\
&+h\dot{\boldsymbol{x}}^{\mathrm{T}}(t)\boldsymbol{R}_2\dot{\boldsymbol{x}}(t)-\int_{t-h}^{t}\dot{\boldsymbol{x}}^{\mathrm{T}}(s)\boldsymbol{R}_2\dot{\boldsymbol{x}}(s)\mathrm{d}s\\
&+2\boldsymbol{\zeta}^{\mathrm{T}}(t)\boldsymbol{X}\left[\boldsymbol{x}(t)-\boldsymbol{x}(t-\tau(t))-\int_{t-\tau(t)}^{t}\dot{\boldsymbol{x}}(s)\mathrm{d}s\right]\\
&+2\boldsymbol{\zeta}^{\mathrm{T}}(t)\boldsymbol{Y}\left[\boldsymbol{x}(t-\tau(t))-\boldsymbol{x}(t-\tau)-\int_{t-\tau}^{t-\tau(t)}\dot{\boldsymbol{x}}(s)\mathrm{d}s\right]\\
&+2\boldsymbol{\zeta}^{\mathrm{T}}(t)\boldsymbol{Z}\left[\boldsymbol{x}(t)-\boldsymbol{x}(t-h)-\int_{t-h}^{t}\dot{\boldsymbol{x}}(s)\mathrm{d}s\right]\\
<{}&\boldsymbol{\zeta}^{\mathrm{T}}(t)(\tilde{\boldsymbol{\varphi}}_i+\boldsymbol{\zeta}_i^{\mathrm{T}}\boldsymbol{S}\boldsymbol{\zeta}_i+\tau\boldsymbol{X}\boldsymbol{Q}_2^{-1}\boldsymbol{X}^{\mathrm{T}}+\tau\boldsymbol{Y}\boldsymbol{Q}_2^{-1}\boldsymbol{Y}^{\mathrm{T}}+h\boldsymbol{Z}\boldsymbol{R}_2^{-1}\boldsymbol{Z}^{\mathrm{T}})\boldsymbol{\zeta}(t)\\
&-\int_{t-\tau(t)}^{t}[\boldsymbol{\zeta}^{\mathrm{T}}(t)\boldsymbol{X}+\dot{\boldsymbol{x}}^{\mathrm{T}}(s)\boldsymbol{Q}_2]\boldsymbol{Q}_2^{-1}[\boldsymbol{X}^{\mathrm{T}}\boldsymbol{\zeta}(t)+\boldsymbol{Q}_2\dot{\boldsymbol{x}}(s)]\mathrm{d}s\\
&-\int_{t-\tau}^{t-\tau(t)}[\boldsymbol{\zeta}^{\mathrm{T}}(t)\boldsymbol{Y}+\dot{\boldsymbol{x}}^{\mathrm{T}}(s)\boldsymbol{Q}_2]\boldsymbol{Q}_2^{-1}[\boldsymbol{Y}^{\mathrm{T}}\boldsymbol{\zeta}(t)+\boldsymbol{Q}_2\dot{\boldsymbol{x}}(s)]\mathrm{d}s\\
&-\int_{t-h}^{t}[\boldsymbol{\zeta}^{\mathrm{T}}(t)\boldsymbol{Z}+\dot{\boldsymbol{x}}^{\mathrm{T}}(s)\boldsymbol{R}_2]\boldsymbol{R}_2^{-1}[\boldsymbol{Z}^{\mathrm{T}}\boldsymbol{\zeta}(t)+\boldsymbol{R}_2\dot{\boldsymbol{x}}(s)]\mathrm{d}s
\end{aligned} \tag{3.16}$$

其中

$$\tilde{\boldsymbol{\varphi}}_i = \begin{bmatrix} \tilde{\boldsymbol{\varphi}}_{i,11} & P_iB_i - X_1 + X_2^{\mathrm{T}} + Y_1 + Z_2^{\mathrm{T}} & X_3^{\mathrm{T}} + Z_3^{\mathrm{T}} - Y_1 & P_iC_i + X_4^{\mathrm{T}} + Z_4^{\mathrm{T}} & X_5^{\mathrm{T}} - Z_1 + Z_5^{\mathrm{T}} \\ * & -(1-\hat{\tau})Q_1 - X_2 - X_2^{\mathrm{T}} + Y_2 + Y_2^{\mathrm{T}} & Y_3^{\mathrm{T}} - X_3^{\mathrm{T}} - Y_2 & -X_4^{\mathrm{T}} + Y_4^{\mathrm{T}} & Y_5^{\mathrm{T}} - X_5^{\mathrm{T}} - Z_2 \\ * & * & -Y_3 - Y_3^{\mathrm{T}} & -Y_4^{\mathrm{T}} & -Z_3 - Y_5^{\mathrm{T}} \\ * & * & * & -R_1 & -Z_4 \\ * & * & * & * & -Z_5 - Z_5^{\mathrm{T}} \end{bmatrix}$$

$$\tilde{\boldsymbol{\varphi}}_{i,11} = \boldsymbol{P}_i\boldsymbol{A}_i + \boldsymbol{A}_i^{\mathrm{T}}\boldsymbol{P}_i + \boldsymbol{Q}_1 + \boldsymbol{X}_1^{\mathrm{T}} + \boldsymbol{X}_1 + \boldsymbol{Z}_1^{\mathrm{T}} + \boldsymbol{Z}_1$$

$$\boldsymbol{\zeta}_i = [\boldsymbol{A}_i \quad \boldsymbol{B}_i \quad \boldsymbol{0} \quad \boldsymbol{C}_i \quad \boldsymbol{0}]$$

由于 $\boldsymbol{R}_2>0,\boldsymbol{Q}_2>0$,易知不等式(3.16)右端的后三个积分项均小于零.由引理 1.1 知,不等式

$$\boldsymbol{\zeta}^{\mathrm{T}}(t)(\tilde{\boldsymbol{\varphi}}_i + \boldsymbol{\zeta}_i^{\mathrm{T}}\boldsymbol{S}\boldsymbol{\zeta}_i + \tau\boldsymbol{X}\boldsymbol{Q}_2^{-1}\boldsymbol{X}^{\mathrm{T}} + \tau\boldsymbol{Y}\boldsymbol{Q}_2^{-1}\boldsymbol{Y}^{\mathrm{T}} + h\boldsymbol{Z}\boldsymbol{R}_2^{-1}\boldsymbol{Z}^{\mathrm{T}})\boldsymbol{\zeta}(t) < 0 \tag{3.17}$$

等价于不等式

$$\begin{bmatrix} \hat{\bar{\boldsymbol{\varphi}}}_{i,11} & \bar{\boldsymbol{\varphi}}_{i,12} & \bar{\boldsymbol{\varphi}}_{i,13} & \bar{\boldsymbol{\varphi}}_{i,14} & \boldsymbol{X}_5^{\mathrm{T}} - \boldsymbol{Z}_1 + \boldsymbol{Z}_5^{\mathrm{T}} & \boldsymbol{A}_i^{\mathrm{T}}\boldsymbol{S} & \tau\boldsymbol{X}_1 & \tau\boldsymbol{Y}_1 & h\boldsymbol{Z}_1 \\ * & \bar{\boldsymbol{\varphi}}_{i,22} & \bar{\boldsymbol{\varphi}}_{i,23} & \bar{\boldsymbol{\varphi}}_{i,24} & \boldsymbol{Y}_5^{\mathrm{T}} - \boldsymbol{X}_5^{\mathrm{T}} - \boldsymbol{Z}_2 & \boldsymbol{B}_i^{\mathrm{T}}\boldsymbol{S} & \tau\boldsymbol{X}_2 & \tau\boldsymbol{Y}_2 & h\boldsymbol{Z}_2 \\ * & * & \bar{\boldsymbol{\varphi}}_{i,33} & -\boldsymbol{Y}_4^{\mathrm{T}} & -\boldsymbol{Z}_3 - \boldsymbol{Y}_5^{\mathrm{T}} & \boldsymbol{0} & \tau\boldsymbol{X}_3 & \tau\boldsymbol{Y}_3 & h\boldsymbol{Z}_3 \\ * & * & * & -\boldsymbol{R}_1 & -\boldsymbol{Z}_4 & \boldsymbol{C}_i^{\mathrm{T}}\boldsymbol{S} & \tau\boldsymbol{X}_4 & \tau\boldsymbol{Y}_4 & h\boldsymbol{Z}_4 \\ * & * & * & * & -\boldsymbol{Z}_5 - \boldsymbol{Z}_5^{\mathrm{T}} & \boldsymbol{0} & \tau\boldsymbol{X}_5 & \tau\boldsymbol{Y}_5 & h\boldsymbol{Z}_5 \\ * & * & * & * & * & -\boldsymbol{S} & \boldsymbol{0} & \boldsymbol{0} & \boldsymbol{0} \\ * & * & * & * & * & * & -\tau\boldsymbol{Q}_2 & \boldsymbol{0} & \boldsymbol{0} \\ * & * & * & * & * & * & * & -\tau\boldsymbol{Q}_2 & \boldsymbol{0} \\ * & * & * & * & * & * & * & * & -h\boldsymbol{R}_2 \end{bmatrix} < 0 \tag{3.18}$$

其中

$$\hat{\bar{\boldsymbol{\varphi}}}_{i,11} = \boldsymbol{P}_i\boldsymbol{A}_i + \boldsymbol{A}_i^{\mathrm{T}}\boldsymbol{P}_i + \boldsymbol{Q}_1 + \boldsymbol{X}_1 + \boldsymbol{X}_1^{\mathrm{T}} + \boldsymbol{Z}_1 + \boldsymbol{Z}_1^{\mathrm{T}}$$

由(3.10)式及引理 1.2 易知,若不等式(3.4)成立,则不等式(3.18)必成立.因此,若不等式(3.4)成立,则 $\dot{V}_i(t)<0$ 成立,这意味着每个 $V_i(t)$ 在被激活区间都是严格递减的.此外,由切换规则(3.6)知,如果 $\sigma(t^-)=i$,且 $\boldsymbol{x}(t)\in\Omega_i$ 时,$\boldsymbol{x}(t)$ 将继续保持在 Ω_i 区域内;当$\sigma(t^-)=i$,但 $\boldsymbol{x}(t)\notin\Omega_i$ 时,$\boldsymbol{x}(t)$将离开 Ω_i 区域,即

$$\boldsymbol{x}^{\mathrm{T}}(t)(\boldsymbol{P}_i - \boldsymbol{P}_j + \beta_{ij}\boldsymbol{N}_{ij})\boldsymbol{x}(t) \geqslant 0 \tag{3.19}$$

因此

$$\boldsymbol{x}^{\mathrm{T}}(t)\boldsymbol{P}_i\boldsymbol{x}(t) \geqslant \boldsymbol{x}^{\mathrm{T}}(t)(\boldsymbol{P}_j - \beta_{ij}\boldsymbol{N}_{ij})\boldsymbol{x}(t) > \boldsymbol{x}^{\mathrm{T}}(t)\boldsymbol{P}_j\boldsymbol{x}(t) \tag{3.20}$$

(3.20)式表明在任意切换时刻 t,当系统由子系统 i 切换到子系统 j 时,总有 $V_j(t)\leqslant V_i(t)$成立,此处 $i,j\in M$ 具有任意性.这表明任意相邻被激活的 Lyapunov-Krasovskii 泛函在切换点处总是下降的. 综上所述，整体 Lyapunov-Krasovskii 泛函的下降性得到保证. 由多 Lyapunov-Krasovskii 泛函方法可知，系统(3.1)在切换规则(3.6)作用下是渐近稳定的.

注 3.1　若令分割区域(3.5)中 $\boldsymbol{N}_{ij}=0$，则所设计的切换规则(3.6)即退化为最小切换策略. 采用传统的多 Lyapunov 函数方法通常将状态空间 $\mathbb{R}^n$ 分割成 m 个区域：

$$\bar{\Omega}_i = \{\boldsymbol{x}\in\mathbb{R}^n\backslash\{\boldsymbol{0}\} \mid \boldsymbol{x}^{\mathrm{T}}(\boldsymbol{P}_i-\boldsymbol{P}_j)\boldsymbol{x}\leqslant 0, i,j\in \boldsymbol{M}, i\neq j\} \tag{3.21}$$

当 $\boldsymbol{x}(t)\in\bar{\Omega}_i$ 时，取 $\sigma=i$，切换发生在切换面 $S:\{\boldsymbol{x}:\boldsymbol{x}^{\mathrm{T}}\boldsymbol{P}_i\boldsymbol{x}=\boldsymbol{x}^{\mathrm{T}}\boldsymbol{P}_j\boldsymbol{x}\}$上. 这种切换规则的设计不能避免系统在切换面上发生抖颤及滑模现象. 本节在考虑状态空间分割时，引入新的变量 $\boldsymbol{N}_{ij}$，使原切换面 $\boldsymbol{x}^{\mathrm{T}}(t)\boldsymbol{P}_i\boldsymbol{x}(t)=\boldsymbol{x}^{\mathrm{T}}(t)\boldsymbol{P}_j\boldsymbol{x}(t)$被带状区域所覆盖，该带状区域的两个边界分别为 $\boldsymbol{x}^{\mathrm{T}}(t)(\boldsymbol{P}_i-\boldsymbol{P}_j+\beta_{ij}\boldsymbol{N}_{ij})\boldsymbol{x}(t)=0$ 与 $\boldsymbol{x}^{\mathrm{T}}(t)(\boldsymbol{P}_j-\boldsymbol{P}_i+\beta_{ji}\boldsymbol{N}_{ji})\boldsymbol{x}(t)=0$. 状态轨迹只有通过该带状区域，并到达其边界时才会发生切换，因此，基于分割区域(3.5)所设计的切换规则(3.6)可有效避免在原切换面上发生抖颤及滑模现象.

3.3.2　改进的多 Lyapunov-Krasovskii 泛函方法

本节将借鉴文献[38]所提出的拓广的 Lyapunov 函数方法，提出改进的多 Lyapunov-Krasovskii 泛函方法，并利用该方法分析系统(3.1)在所设计的切换规则作用下的系统稳定性.

首先，通过下列定理给出本小节的主要结果.

定理 3.2　对于给定标量 $\alpha_{ij}<0, h>0, \tau>0, \hat{\tau}$，如果存在具有合适维数的矩阵 $\boldsymbol{P}_i>0, \boldsymbol{P}_j>0, \boldsymbol{R}_1>0, \boldsymbol{Q}_1>0, \boldsymbol{R}_2>0, \boldsymbol{Q}_2>0, \boldsymbol{X}_1, \boldsymbol{Y}_1, \boldsymbol{Z}_1, \boldsymbol{X}_2, \boldsymbol{Y}_2, \boldsymbol{Z}_2, \boldsymbol{N}_{ij}, \boldsymbol{N}_{ik}, \boldsymbol{N}_{jk}(i,j,k\in M), \boldsymbol{N}_1, \boldsymbol{N}_2, \boldsymbol{N}_3, \boldsymbol{N}_4$ 满足

$$\begin{bmatrix}
\bar{\boldsymbol{\varphi}}_{i,11} & -\boldsymbol{Y}_1 & \boldsymbol{\varphi}_{i,13} & -\boldsymbol{Z}_1+\boldsymbol{Z}_2^{\mathrm{T}} & \boldsymbol{P}_i\boldsymbol{C}_i & \boldsymbol{A}_i^{\mathrm{T}}\boldsymbol{S} & \tau\boldsymbol{X}_1 & \tau\boldsymbol{Y}_1 & h\boldsymbol{Z}_1 \\
* & -\boldsymbol{Y}_2-\boldsymbol{Y}_2^{\mathrm{T}} & \boldsymbol{Y}_2 & \boldsymbol{0} & \boldsymbol{0} & \boldsymbol{0} & \boldsymbol{0} & \tau\boldsymbol{Y}_2 & \boldsymbol{0} \\
* & * & \boldsymbol{\varphi}_{i,33} & \boldsymbol{0} & \boldsymbol{0} & \boldsymbol{B}_i^{\mathrm{T}}\boldsymbol{S} & \tau\boldsymbol{X}_2 & \boldsymbol{0} & \boldsymbol{0} \\
* & * & * & -\boldsymbol{Z}_2-\boldsymbol{Z}_2^{\mathrm{T}} & \boldsymbol{0} & \boldsymbol{0} & \boldsymbol{0} & \boldsymbol{0} & h\boldsymbol{Z}_2 \\
* & * & * & * & -\boldsymbol{R}_1 & \boldsymbol{C}_i^{\mathrm{T}}\boldsymbol{S} & \boldsymbol{0} & \boldsymbol{0} & \boldsymbol{0} \\
* & * & * & * & * & -\boldsymbol{S} & \boldsymbol{0} & \boldsymbol{0} & \boldsymbol{0} \\
* & * & * & * & * & * & -\tau\boldsymbol{Q}_2 & \boldsymbol{0} & \boldsymbol{0} \\
* & * & * & * & * & * & * & -\tau\boldsymbol{Q}_2 & \boldsymbol{0} \\
* & * & * & * & * & * & * & * & -h\boldsymbol{R}_2
\end{bmatrix} < 0 \tag{3.22}$$

$$\begin{bmatrix} N_1A_i + A_i^{\mathrm{T}}N_1^{\mathrm{T}} & A_i^{\mathrm{T}}N_2^{\mathrm{T}} + N_1B_i & A_i^{\mathrm{T}}N_3^{\mathrm{T}} + N_1C_i & A_i^{\mathrm{T}}N_4^{\mathrm{T}} - N_1 + N_{ij} \\ * & N_2B_i + B_i^{\mathrm{T}}N_2^{\mathrm{T}} & B_i^{\mathrm{T}}N_3^{\mathrm{T}} + N_2C_i & -N_2 + B_i^{\mathrm{T}}N_4^{\mathrm{T}} \\ * & * & N_3C_i^{\mathrm{T}} + C_i^{\mathrm{T}}N_3^{\mathrm{T}} & -N_3 + C_i^{\mathrm{T}}N_4^{\mathrm{T}} \\ * & * & * & -N_4 - N_4^{\mathrm{T}} \end{bmatrix} < 0 \tag{3.23}$$

$$N_{ij} + N_{jk} - N_{ik} \leqslant 0 \tag{3.24}$$

$$N_{ij} + N_{jk} \leqslant 0 \tag{3.25}$$

其中

$$\bar{\varphi}_{i,11} = P_iA_i + A_i^{\mathrm{T}}P_i + Q_1 + X_1 + X_1^{\mathrm{T}} + Z_1 + Z_1^{\mathrm{T}} + \sum_{j=1}^{m}\alpha_{ij}(P_i - P_j + N_{ij})$$

$$\varphi_{i,13} = P_iB_i - X_1 + X_2^{\mathrm{T}} + Y_1$$

$$\varphi_{i,33} = -(1-\hat{\tau})Q_1 - X_2 - X_2^{\mathrm{T}}$$

$$S = R_1 + hR_2 + \tau Q_2$$

令

$$\Omega_i = \{x \in \mathbb{R}^n \backslash \{0\} \mid x^{\mathrm{T}}(P_i - P_j + N_{ij})x \leqslant 0\} \tag{3.26}$$

$$\Omega_{ij} = \{x \in \mathbb{R}^n \backslash \{0\} \mid x^{\mathrm{T}}(P_i - P_j + N_{ij})x = 0\} \tag{3.27}$$

基于划分区域(3.26)及区域边界(3.27),设计如下切换规则:

$$\begin{cases} t=0, & \sigma(t) = \min\arg\{\Omega_i,\cdots,\Omega_j \mid x(t) \in \{\Omega_i \cap \cdots \cap \Omega_j\}\} \\ t>0, & \sigma(t) = \begin{cases} i, & \text{若 } x(t) \in \Omega_i \text{ 且 } \sigma(t^-) = i \\ \min\arg\{\Omega_j \mid \Omega_i \cap \Omega_j = \Omega_{ij}\}, & \text{若 } x(t) \in \Omega_{ij} \text{ 且 } \sigma(t^-) = i \end{cases} \end{cases} \tag{3.28}$$

则系统(3.1)在切换规则(3.28)作用下是渐近稳定的.

证明 如果不等式(3.24)与不等式(3.25)同时成立,则对 $\forall i_1,\cdots,i_p \in M$,有

$$N_{i_1i_2} + N_{i_2i_3} + \cdots + N_{i_{p-1}i_p} + N_{i_pi_1} \leqslant 0 \tag{3.29}$$

对 $\forall i,j \in M, i \neq j$,考虑定义的分割 Ω_i 及 Ω_{ij},显然 Ω_{ij} 是 Ω_i 的边界,且

$$\bigcup_{i=1}^{m}\Omega_i = \mathbb{R}^n \backslash \{0\} \tag{3.30}$$

事实上,若(3.30)式不成立,则一定存在非零向量 x 满足 $x \in \mathbb{R}^n$ 但 $x \notin \bigcup_{i=1}^{m}\Omega_i$,即存在一个整数 p 及一个序列 $i_1,\cdots,i_p, i_k \neq i_{k+1}(k=1,\cdots,p), i_{p+1}=i_1$ 满足

$$x^{\mathrm{T}}(P_{i_k} - P_{i_{k+1}} + N_{i_ki_{k+1}})x > 0 \tag{3.31}$$

将(3.31)式中的 i_k 按序列 $i_1,\cdots,i_p$ 求和,得

$$\sum_{k=1}^{p} x^{\mathrm{T}}(P_{i_k} - P_{i_{k+1}} + N_{i_ki_{k+1}})x = \sum_{k=1}^{p} x^{\mathrm{T}}N_{i_ki_{k+1}}x > 0$$

这与(3.29)式矛盾.因此,这样的向量 x 不存在,即表明(3.30)式成立.

对于切换规则(3.28),当 $t=0$ 时,如果选取的初值 $\boldsymbol{x}(0)$ 属于唯一一个分割区域 Ω_i,则令 $\sigma(0)=i$;如果选取的初值 $\boldsymbol{x}(0)$ 属于多个分割区域的交集,则令 $\sigma(0)=\min\arg\{\Omega_i,\cdots,\Omega_j \mid \boldsymbol{x}(0)\in\{\Omega_i\cap\cdots\cap\Omega_j\}\}$;当 $t>0$ 时,如果 $\sigma(t^-)=i$,且 $\boldsymbol{x}(t)\in\Omega_i$,则 $\boldsymbol{x}(t)$ 将继续保持在 Ω_i;如果 $\sigma(t^-)=i$,但 $\boldsymbol{x}(t)\in\Omega_{ij}$,表明 $\boldsymbol{x}^{\mathrm{T}}(t)(\boldsymbol{P}_i-\boldsymbol{P}_j+\boldsymbol{N}_{ij})\boldsymbol{x}(t)=0$. 因此,对 $\forall k\in\boldsymbol{M}$,我们有

$$\begin{aligned}\boldsymbol{x}^{\mathrm{T}}(t)(\boldsymbol{P}_j-\boldsymbol{P}_k+\boldsymbol{N}_{jk})\boldsymbol{x}(t)&=\boldsymbol{x}^{\mathrm{T}}(t)(\boldsymbol{P}_i+\boldsymbol{N}_{ij}-\boldsymbol{P}_k+\boldsymbol{N}_{jk})\boldsymbol{x}(t)\\&\leqslant\boldsymbol{x}^{\mathrm{T}}(t)(\boldsymbol{P}_i-\boldsymbol{P}_k+\boldsymbol{N}_{ik})\boldsymbol{x}(t)\leqslant 0\end{aligned}\tag{3.32}$$

此时,令 $\sigma(t)=\min\arg\{\Omega_j \mid \Omega_i\cap\Omega_j=\Omega_{ij}\}$,这样可保证切换信号的唯一性.

对子系统 i,选取如下 Lyapunov-Krasovskii 泛函:

$$\begin{aligned}V_i(t)&=\boldsymbol{x}^{\mathrm{T}}(t)\boldsymbol{P}_i\boldsymbol{x}(t)+\int_{t-\tau(t)}^{t}\boldsymbol{x}^{\mathrm{T}}(s)\boldsymbol{Q}_1\boldsymbol{x}(s)\mathrm{d}s+\int_{t-h}^{t}\dot{\boldsymbol{x}}^{\mathrm{T}}(s)\boldsymbol{R}_1\dot{\boldsymbol{x}}(s)\mathrm{d}s\\&\quad+\int_{-\tau}^{0}\int_{t+\theta}^{t}\dot{\boldsymbol{x}}^{\mathrm{T}}(s)\boldsymbol{Q}_2\dot{\boldsymbol{x}}(s)\mathrm{d}s\mathrm{d}\theta+\int_{-h}^{0}\int_{t+\theta}^{t}\dot{\boldsymbol{x}}^{\mathrm{T}}(s)\boldsymbol{R}_2\dot{\boldsymbol{x}}(s)\mathrm{d}s\mathrm{d}\theta\end{aligned}\tag{3.33}$$

当子系统 i 被激活时,沿着系统(3.1)的解轨迹对泛函(3.33)求时间导数,得

$$\begin{aligned}\dot{V}_i(t)<&2\boldsymbol{x}^{\mathrm{T}}(t)\boldsymbol{P}_i[\boldsymbol{A}_i\boldsymbol{x}(t)+\boldsymbol{B}_i\boldsymbol{x}(t-\tau(t))+\boldsymbol{C}_i\dot{\boldsymbol{x}}(t-h)]+\boldsymbol{x}^{\mathrm{T}}(t)\boldsymbol{Q}_1\boldsymbol{x}(t)\\&-(1-\hat{\tau})\boldsymbol{x}^{\mathrm{T}}(t-\tau(t))\boldsymbol{Q}_1\boldsymbol{x}(t-\tau(t))+\dot{\boldsymbol{x}}^{\mathrm{T}}(t)\boldsymbol{R}_1\dot{\boldsymbol{x}}(t)\\&-\dot{\boldsymbol{x}}^{\mathrm{T}}(t-h)\boldsymbol{R}_1\dot{\boldsymbol{x}}(t-h)+\tau\dot{\boldsymbol{x}}^{\mathrm{T}}(t)\boldsymbol{Q}_2\dot{\boldsymbol{x}}(t)\\&-\int_{t-\tau(t)}^{t}\dot{\boldsymbol{x}}^{\mathrm{T}}(s)\boldsymbol{Q}_2\dot{\boldsymbol{x}}(s)\mathrm{d}s-\int_{t-\tau}^{t-\tau(t)}\dot{\boldsymbol{x}}^{\mathrm{T}}(s)\boldsymbol{Q}_2\dot{\boldsymbol{x}}(s)\mathrm{d}s\\&+h\dot{\boldsymbol{x}}^{\mathrm{T}}(t)\boldsymbol{R}_2\dot{\boldsymbol{x}}(t)-\int_{t-h}^{t}\dot{\boldsymbol{x}}^{\mathrm{T}}(s)\boldsymbol{R}_2\dot{\boldsymbol{x}}(s)\mathrm{d}s\end{aligned}\tag{3.34}$$

由 Newton-Leibniz 公式知,对任意具有合适维数的矩阵 $\boldsymbol{X}_1,\boldsymbol{Y}_1,\boldsymbol{Z}_1,\boldsymbol{X}_2,\boldsymbol{Y}_2,\boldsymbol{Z}_2$,下列等式恒成立:

$$\begin{aligned}&2[\boldsymbol{x}^{\mathrm{T}}(t)\boldsymbol{X}_1+\boldsymbol{x}^{\mathrm{T}}(t-\tau(t))\boldsymbol{X}_2]\times\left[\boldsymbol{x}(t)-\boldsymbol{x}(t-\tau(t))-\int_{t-\tau(t)}^{t}\dot{\boldsymbol{x}}(s)\mathrm{d}s\right]\\&\quad=0\end{aligned}\tag{3.35}$$

$$\begin{aligned}&2[\boldsymbol{x}^{\mathrm{T}}(t)\boldsymbol{Y}_1+\boldsymbol{x}^{\mathrm{T}}(t-\tau)\boldsymbol{Y}_2]\times\left[\boldsymbol{x}(t-\tau(t))-\boldsymbol{x}(t-\tau)-\int_{t-\tau}^{t-\tau(t)}\dot{\boldsymbol{x}}(s)\mathrm{d}s\right]\\&\quad=0\end{aligned}\tag{3.36}$$

$$\begin{aligned}&2[\boldsymbol{x}^{\mathrm{T}}(t)\boldsymbol{Z}_1+\boldsymbol{x}^{\mathrm{T}}(t-h)\boldsymbol{Z}_2]\times\left[\boldsymbol{x}(t)-\boldsymbol{x}(t-h)-\int_{t-h}^{t}\dot{\boldsymbol{x}}(s)\mathrm{d}s\right]\\&\quad=0\end{aligned}\tag{3.37}$$

将(3.35)式～(3.37)式的左端项加入到(3.34)式的右端,整理后得

$$\begin{aligned}\dot{V}_i(t)<&2\boldsymbol{x}^{\mathrm{T}}(t)\boldsymbol{P}_i[\boldsymbol{A}_i\boldsymbol{x}(t)+\boldsymbol{B}_i\boldsymbol{x}(t-\tau(t))+\boldsymbol{C}_i\dot{\boldsymbol{x}}(t-h)]+\boldsymbol{x}^{\mathrm{T}}(t)\boldsymbol{Q}_1\boldsymbol{x}(t)\\&-(1-\hat{\tau})\boldsymbol{x}^{\mathrm{T}}(t-\tau(t))\boldsymbol{Q}_1\boldsymbol{x}(t-\tau(t))+\dot{\boldsymbol{x}}^{\mathrm{T}}(t)\boldsymbol{R}_1\dot{\boldsymbol{x}}(t)\\&-\dot{\boldsymbol{x}}^{\mathrm{T}}(t-h)\boldsymbol{R}_1\dot{\boldsymbol{x}}(t-h)+\tau\dot{\boldsymbol{x}}^{\mathrm{T}}(t)\boldsymbol{Q}_2\dot{\boldsymbol{x}}(t)\end{aligned}$$

$$
\begin{aligned}
&-\int_{t-\tau(t)}^{t}\dot{\boldsymbol{x}}^{\mathrm{T}}(s)\boldsymbol{Q}_2\dot{\boldsymbol{x}}(s)\mathrm{d}s-\int_{t-\tau}^{t-\tau(t)}\dot{\boldsymbol{x}}^{\mathrm{T}}(s)\boldsymbol{Q}_2\dot{\boldsymbol{x}}(s)\mathrm{d}s\\
&+h\dot{\boldsymbol{x}}^{\mathrm{T}}(t)\boldsymbol{R}_2\dot{\boldsymbol{x}}(t)-\int_{t-h}^{t}\dot{\boldsymbol{x}}^{\mathrm{T}}(s)\boldsymbol{R}_2\dot{\boldsymbol{x}}(s)\mathrm{d}s\\
&+2[\boldsymbol{x}^{\mathrm{T}}(t)\boldsymbol{X}_1+\boldsymbol{x}^{\mathrm{T}}(t-\tau(t))\boldsymbol{X}_2]\times\left[\boldsymbol{x}(t)-\boldsymbol{x}(t-\tau(t))-\int_{t-\tau(t)}^{t}\dot{\boldsymbol{x}}(s)\mathrm{d}s\right]\\
&+2[\boldsymbol{x}^{\mathrm{T}}(t)\boldsymbol{Y}_1+\boldsymbol{x}^{\mathrm{T}}(t-\tau)\boldsymbol{Y}_2]\times\left[\boldsymbol{x}(t-\tau(t))-\boldsymbol{x}(t-\tau)-\int_{t-\tau}^{t-\tau(t)}\dot{\boldsymbol{x}}(s)\mathrm{d}s\right]\\
&+2[\boldsymbol{x}^{\mathrm{T}}(t)\boldsymbol{Z}_1+\boldsymbol{x}^{\mathrm{T}}(t-h)\boldsymbol{Z}_2]\times\left[\boldsymbol{x}(t)-\boldsymbol{x}(t-h)-\int_{t-h}^{t}\dot{\boldsymbol{x}}(s)\mathrm{d}s\right]\\
<&\ \boldsymbol{\zeta}^{\mathrm{T}}(t)(\boldsymbol{\varphi}_i+\boldsymbol{\zeta}_i^{\mathrm{T}}\boldsymbol{S}\boldsymbol{\zeta}_i+\tau\boldsymbol{X}\boldsymbol{Q}_2^{-1}\boldsymbol{X}^{\mathrm{T}}+\tau\boldsymbol{Y}\boldsymbol{Q}_2^{-1}\boldsymbol{Y}^{\mathrm{T}}+h\boldsymbol{Z}\boldsymbol{R}_2^{-1}\boldsymbol{Z}^{\mathrm{T}})\boldsymbol{\zeta}(t)\\
&-\int_{t-\tau(t)}^{t}[\boldsymbol{\zeta}^{\mathrm{T}}(t)\boldsymbol{X}+\dot{\boldsymbol{x}}^{\mathrm{T}}(s)\boldsymbol{Q}_2]\boldsymbol{Q}_2^{-1}[\boldsymbol{X}^{\mathrm{T}}\boldsymbol{\zeta}(t)+\boldsymbol{Q}_2\dot{\boldsymbol{x}}(s)]\mathrm{d}s\\
&-\int_{t-\tau}^{t-\tau(t)}[\boldsymbol{\zeta}^{\mathrm{T}}(t)\boldsymbol{Y}+\dot{\boldsymbol{x}}^{\mathrm{T}}(s)\boldsymbol{Q}_2]\boldsymbol{Q}_2^{-1}[\boldsymbol{Y}^{\mathrm{T}}\boldsymbol{\zeta}(t)+\boldsymbol{Q}_2\dot{\boldsymbol{x}}(s)]\mathrm{d}s\\
&-\int_{t-h}^{t}[\boldsymbol{\zeta}^{\mathrm{T}}(t)\boldsymbol{Z}+\dot{\boldsymbol{x}}^{\mathrm{T}}(s)\boldsymbol{R}_2]\boldsymbol{R}_2^{-1}[\boldsymbol{Z}^{\mathrm{T}}\boldsymbol{\zeta}(t)+\boldsymbol{R}_2\dot{\boldsymbol{x}}(s)]\mathrm{d}s
\end{aligned}\tag{3.38}
$$

其中

$$\boldsymbol{\zeta}^{\mathrm{T}}(t)=[\boldsymbol{x}^{\mathrm{T}}(t)\quad \boldsymbol{x}^{\mathrm{T}}(t-\tau)\quad \boldsymbol{x}^{\mathrm{T}}(t-\tau(t))\quad \boldsymbol{x}^{\mathrm{T}}(t-h)\quad \dot{\boldsymbol{x}}^{\mathrm{T}}(t-h)]$$

$$\boldsymbol{\varphi}_i=\begin{bmatrix}\boldsymbol{\varphi}_{i,11} & -\boldsymbol{Y}_1 & \boldsymbol{P}_i\boldsymbol{B}_i-\boldsymbol{X}_1+\boldsymbol{X}_2^{\mathrm{T}}+\boldsymbol{Y}_1 & -\boldsymbol{Z}_1+\boldsymbol{Z}_2^{\mathrm{T}} & \boldsymbol{P}_i\boldsymbol{C}_i\\ * & -\boldsymbol{Y}_2-\boldsymbol{Y}_2^{\mathrm{T}} & \boldsymbol{Y}_2 & \boldsymbol{0} & \boldsymbol{0}\\ * & * & -(1-\hat{\tau})\boldsymbol{Q}_1-\boldsymbol{X}_2-\boldsymbol{X}_2^{\mathrm{T}} & \boldsymbol{0} & \boldsymbol{0}\\ * & * & * & -\boldsymbol{Z}_2-\boldsymbol{Z}_2^{\mathrm{T}} & \boldsymbol{0}\\ * & * & * & * & -\boldsymbol{R}_1\end{bmatrix}$$

$$\boldsymbol{\varphi}_{i,11}=\boldsymbol{P}_i\boldsymbol{A}_i+\boldsymbol{A}_i^{\mathrm{T}}\boldsymbol{P}_i+\boldsymbol{Q}_1+\boldsymbol{X}_1^{\mathrm{T}}+\boldsymbol{X}_1+\boldsymbol{Z}_1^{\mathrm{T}}+\boldsymbol{Z}_1$$

$$\boldsymbol{\zeta}_i=[\boldsymbol{A}_i\quad \boldsymbol{0}\quad \boldsymbol{B}_i\quad \boldsymbol{0}\quad \boldsymbol{C}_i]$$

$$\boldsymbol{X}=[\boldsymbol{X}_1^{\mathrm{T}}\quad \boldsymbol{0}\quad \boldsymbol{X}_2^{\mathrm{T}}\quad \boldsymbol{0}\quad \boldsymbol{0}]^{\mathrm{T}}$$

$$\boldsymbol{Y}=[\boldsymbol{Y}_1^{\mathrm{T}}\quad \boldsymbol{Y}_2^{\mathrm{T}}\quad \boldsymbol{0}\quad \boldsymbol{0}\quad \boldsymbol{0}]^{\mathrm{T}}$$

$$\boldsymbol{Z}=[\boldsymbol{Z}_1^{\mathrm{T}}\quad \boldsymbol{0}\quad \boldsymbol{0}\quad \boldsymbol{Z}_2^{\mathrm{T}}\quad \boldsymbol{0}]^{\mathrm{T}}$$

由于 $\boldsymbol{R}_2>0$ 且 $\boldsymbol{Q}_2>0$,易知不等式(3.38)右端的最后三个积分项都小于零.由引理 1.1 知,不等式

$$\boldsymbol{\varphi}_i+\boldsymbol{\zeta}_i^{\mathrm{T}}\boldsymbol{S}\boldsymbol{\zeta}_i+\tau\boldsymbol{X}\boldsymbol{Q}_2^{-1}\boldsymbol{X}^{\mathrm{T}}+\tau\boldsymbol{Y}\boldsymbol{Q}_2^{-1}\boldsymbol{Y}^{\mathrm{T}}+h\boldsymbol{Z}\boldsymbol{R}_2^{-1}\boldsymbol{Z}^{\mathrm{T}}<0$$

等价于不等式

$$\begin{bmatrix} \boldsymbol{\varphi}_{i,11} & -\boldsymbol{Y}_1 & \boldsymbol{\varphi}_{i,13} & -\boldsymbol{Z}_1+\boldsymbol{Z}_2^{\mathrm{T}} & \boldsymbol{P}_i\boldsymbol{C}_i & \boldsymbol{A}_i^{\mathrm{T}}\boldsymbol{S} & \tau\boldsymbol{X}_1 & \tau\boldsymbol{Y}_1 & h\boldsymbol{Z}_1 \\ * & -\boldsymbol{Y}_2-\boldsymbol{Y}_2^{\mathrm{T}} & \boldsymbol{Y}_2 & \boldsymbol{0} & \boldsymbol{0} & \boldsymbol{0} & \boldsymbol{0} & \tau\boldsymbol{Y}_2 & \boldsymbol{0} \\ * & * & \boldsymbol{\varphi}_{i,33} & \boldsymbol{0} & \boldsymbol{0} & \boldsymbol{B}_i^{\mathrm{T}}\boldsymbol{S} & \tau\boldsymbol{X}_2 & \boldsymbol{0} & \boldsymbol{0} \\ * & * & * & -\boldsymbol{Z}_2-\boldsymbol{Z}_2^{\mathrm{T}} & \boldsymbol{0} & \boldsymbol{0} & \boldsymbol{0} & \boldsymbol{0} & h\boldsymbol{Z}_2 \\ * & * & * & * & -\boldsymbol{R}_1 & \boldsymbol{C}_i^{\mathrm{T}}\boldsymbol{S} & \boldsymbol{0} & \boldsymbol{0} & \boldsymbol{0} \\ * & * & * & * & * & -\boldsymbol{S} & \boldsymbol{0} & \boldsymbol{0} & \boldsymbol{0} \\ * & * & * & * & * & * & -\tau\boldsymbol{Q}_2 & \boldsymbol{0} & \boldsymbol{0} \\ * & * & * & * & * & * & * & -\tau\boldsymbol{Q}_2 & \boldsymbol{0} \\ * & * & * & * & * & * & * & * & -h\boldsymbol{R}_2 \end{bmatrix} < 0 \tag{3.39}$$

由切换规则(3.28)及条件 $\alpha_{ij}<0$ 易知

$$\sum_{j=1}^{m}\alpha_{ij}\boldsymbol{x}^{\mathrm{T}}(\boldsymbol{P}_i-\boldsymbol{P}_j+\boldsymbol{N}_{ij})\boldsymbol{x}\geqslant 0$$

显然,如果不等式(3.22)成立,则不等式(3.39)成立,即 $\dot{V}_i(t)<0$. 这表明每个 $V_i(t)$ 在被激活区间都是严格下降的.

令 $V_{ij}(t)=\boldsymbol{x}^{\mathrm{T}}(t)\boldsymbol{N}_{ij}\boldsymbol{x}(t)$,由系统(3.1)知,对任意具有合适维数的矩阵 $\boldsymbol{N}_1$, $\boldsymbol{N}_2$, $\boldsymbol{N}_3$, $\boldsymbol{N}_4$,下列等式恒成立:

$$\begin{aligned} &2[\boldsymbol{x}^{\mathrm{T}}(t)\boldsymbol{N}_1+\boldsymbol{x}^{\mathrm{T}}(t-\tau(t))\boldsymbol{N}_2+\dot{\boldsymbol{x}}^{\mathrm{T}}(t-h)\boldsymbol{N}_3+\dot{\boldsymbol{x}}^{\mathrm{T}}(t)\boldsymbol{N}_4] \\ &\quad\times[\boldsymbol{A}_i\boldsymbol{x}(t)+\boldsymbol{B}_i\boldsymbol{x}(t-\tau(t))+\boldsymbol{C}_i\dot{\boldsymbol{x}}(t-h)-\dot{\boldsymbol{x}}(t)]=0 \end{aligned} \tag{3.40}$$

沿着系统(3.1)的解轨迹对 $V_{ij}(t)$ 求导,并将(3.40)式的左端项加入到求导过程中,有

$$\begin{aligned} \dot{V}_{ij}(t) =\ & 2\dot{\boldsymbol{x}}^{\mathrm{T}}(t)\boldsymbol{N}_{ij}\boldsymbol{x}(t) \\ &+2[\boldsymbol{x}^{\mathrm{T}}(t)\boldsymbol{N}_1+\boldsymbol{x}^{\mathrm{T}}(t-\tau(t))\boldsymbol{N}_2+\dot{\boldsymbol{x}}^{\mathrm{T}}(t-h)\boldsymbol{N}_3+\dot{\boldsymbol{x}}^{\mathrm{T}}(t)\boldsymbol{N}_4] \\ &\times[\boldsymbol{A}_i\boldsymbol{x}(t)+\boldsymbol{B}_i\boldsymbol{x}(t-\tau(t))+\boldsymbol{C}_i\dot{\boldsymbol{x}}(t-h)-\dot{\boldsymbol{x}}(t)] \\ =\ & 2\dot{\boldsymbol{x}}^{\mathrm{T}}(t)\boldsymbol{N}_{ij}\boldsymbol{x}(t)+2\boldsymbol{x}^{\mathrm{T}}(t)\boldsymbol{N}_1\boldsymbol{A}_i\boldsymbol{x}(t)+2\boldsymbol{x}^{\mathrm{T}}(t)\boldsymbol{N}_1\boldsymbol{B}_i\boldsymbol{x}(t-\tau(t)) \\ &+2\boldsymbol{x}^{\mathrm{T}}(t)\boldsymbol{N}_1\boldsymbol{C}_i\dot{\boldsymbol{x}}(t-h)-2x^{\mathrm{T}}(t)\boldsymbol{N}_1\dot{\boldsymbol{x}}(t)+2\boldsymbol{x}^{\mathrm{T}}(t-\tau(t))\boldsymbol{N}_2\boldsymbol{A}_i\boldsymbol{x}(t) \\ &+2\boldsymbol{x}^{\mathrm{T}}(t-\tau(t))\boldsymbol{N}_2\boldsymbol{B}_i\boldsymbol{x}(t-\tau(t))+2\boldsymbol{x}^{\mathrm{T}}(t-\tau(t))\boldsymbol{N}_2\boldsymbol{C}_i\dot{\boldsymbol{x}}(t-h) \\ &-2\boldsymbol{x}^{\mathrm{T}}(t-\tau(t))\boldsymbol{N}_2\dot{\boldsymbol{x}}(t)+2\dot{\boldsymbol{x}}^{\mathrm{T}}(t-h)\boldsymbol{N}_3\boldsymbol{A}_i\boldsymbol{x}(t) \\ &+2\dot{\boldsymbol{x}}^{\mathrm{T}}(t-h)\boldsymbol{N}_3\boldsymbol{B}_i\boldsymbol{x}(t-\tau(t))+2\dot{\boldsymbol{x}}^{\mathrm{T}}(t-h)\boldsymbol{N}_3\boldsymbol{C}_i\dot{\boldsymbol{x}}(t-h) \\ &-2\dot{\boldsymbol{x}}^{\mathrm{T}}(t-h)\boldsymbol{N}_3\dot{\boldsymbol{x}}(t)+2\dot{\boldsymbol{x}}^{\mathrm{T}}(t)\boldsymbol{N}_4\boldsymbol{A}_i\boldsymbol{x}(t) \\ &+2\dot{\boldsymbol{x}}^{\mathrm{T}}(t)\boldsymbol{N}_4\boldsymbol{B}_i\boldsymbol{x}(t-\tau(t))+2\dot{\boldsymbol{x}}^{\mathrm{T}}(t)\boldsymbol{N}_4\boldsymbol{C}_i\dot{\boldsymbol{x}}(t-h)-2\dot{\boldsymbol{x}}^{\mathrm{T}}(t)\boldsymbol{N}_4\dot{\boldsymbol{x}}(t) \\ =\ & \boldsymbol{\zeta}^{\mathrm{T}}\boldsymbol{\Gamma}_{ij}\boldsymbol{\zeta} \end{aligned}$$

其中

$$\boldsymbol{\zeta}^{\mathrm{T}} = [\boldsymbol{x}^{\mathrm{T}}(t) \quad \boldsymbol{x}^{\mathrm{T}}(t-\tau(t)) \quad \dot{\boldsymbol{x}}^{\mathrm{T}}(t-h) \quad \dot{\boldsymbol{x}}^{\mathrm{T}}(t)]$$

$$\boldsymbol{\Gamma}_{ij} = \begin{bmatrix} \boldsymbol{N}_1\boldsymbol{A}_i + \boldsymbol{A}_i^{\mathrm{T}}\boldsymbol{N}_1^{\mathrm{T}} & \boldsymbol{A}_i^{\mathrm{T}}\boldsymbol{N}_2^{\mathrm{T}} + \boldsymbol{N}_1\boldsymbol{B}_i & \boldsymbol{A}_i^{\mathrm{T}}\boldsymbol{N}_3^{\mathrm{T}} + \boldsymbol{N}_1\boldsymbol{C}_i & \boldsymbol{A}_i^{\mathrm{T}}\boldsymbol{N}_4^{\mathrm{T}} - \boldsymbol{N}_1 + \boldsymbol{N}_{ij} \\ * & \boldsymbol{N}_2\boldsymbol{B}_i + \boldsymbol{B}_i^{\mathrm{T}}\boldsymbol{N}_2^{\mathrm{T}} & \boldsymbol{B}_i^{\mathrm{T}}\boldsymbol{N}_3^{\mathrm{T}} + \boldsymbol{N}_2\boldsymbol{C}_i & -\boldsymbol{N}_2 + \boldsymbol{B}_i^{\mathrm{T}}\boldsymbol{N}_4^{\mathrm{T}} \\ * & * & \boldsymbol{N}_3\boldsymbol{C}_i + \boldsymbol{C}_i^{\mathrm{T}}\boldsymbol{N}_3^{\mathrm{T}} & -\boldsymbol{N}_3 + \boldsymbol{C}_i^{\mathrm{T}}\boldsymbol{N}_4^{\mathrm{T}} \\ * & * & * & -\boldsymbol{N}_4 - \boldsymbol{N}_4^{\mathrm{T}} \end{bmatrix}$$

因此,若(3.22)式成立,则对任意激活区间$[t_k, t_{k+1})$,$\boldsymbol{x}^{\mathrm{T}}(t)\boldsymbol{N}_{i_kj}\boldsymbol{x}(t)$沿着系统轨迹是严格递减的.对任意的$k\in\mathbb{N}$,$i_k\in M$,假设第$i_k$个子系统在区间$[t_k, t_{k+1})$上被激活,则由切换规则(3.28)可知,在每个切换时刻t_{k+1},有

$$\begin{aligned} V_{i_{k+1}}(t_{k+1}) - V_{i_k}(t_{k+1}) &= \boldsymbol{x}^{\mathrm{T}}(t_{k+1})(\boldsymbol{P}_{i_{k+1}} - \boldsymbol{P}_{i_k})\boldsymbol{x}(t_{k+1}) \\ &= \boldsymbol{x}^{\mathrm{T}}(t_{k+1})\boldsymbol{N}_{i_ki_{k+1}}\boldsymbol{x}(t_{k+1}) \end{aligned}$$

综合(3.24)式与(3.25)式,得

$$\begin{aligned} &[V_{i_{k+1}}(t_{k+1}) - V_{i_k}(t_{k+1})] + [V_{i_{k+2}}(t_{k+2}) - V_{i_{k+1}}(t_{k+2})] \\ &\quad + [V_{i_{k+3}}(t_{k+3}) - V_{i_{k+2}}(t_{k+3})] \\ &= \boldsymbol{x}^{\mathrm{T}}(t_{k+1})\boldsymbol{P}_{i_{k+1}}\boldsymbol{x}(t_{k+1}) - \boldsymbol{x}^{\mathrm{T}}(t_{k+1})\boldsymbol{P}_{i_k}\boldsymbol{x}(t_{k+1}) + \boldsymbol{x}^{\mathrm{T}}(t_{k+2})\boldsymbol{P}_{i_{k+2}}\boldsymbol{x}(t_{k+2}) \\ &\quad - \boldsymbol{x}^{\mathrm{T}}(t_{k+2})\boldsymbol{P}_{i_{k+1}}\boldsymbol{x}(t_{k+2}) + \boldsymbol{x}^{\mathrm{T}}(t_{k+3})\boldsymbol{P}_{i_{k+3}}\boldsymbol{x}(t_{k+3}) - \boldsymbol{x}^{\mathrm{T}}(t_{k+3})\boldsymbol{P}_{i_{k+2}}\boldsymbol{x}(t_{k+3}) \\ &= \boldsymbol{x}^{\mathrm{T}}(t_{k+1})\boldsymbol{N}_{i_ki_{k+1}}\boldsymbol{x}(t_{k+1}) + \boldsymbol{x}^{\mathrm{T}}(t_{k+2})\boldsymbol{N}_{i_{k+1}i_{k+2}}\boldsymbol{x}(t_{k+2}) + \boldsymbol{x}^{\mathrm{T}}(t_{k+3})\boldsymbol{N}_{i_{k+2}i_{k+3}}\boldsymbol{x}(t_{k+3}) \\ &\leqslant \boldsymbol{x}^{\mathrm{T}}(t_{k+1})\boldsymbol{N}_{i_ki_{k+1}}\boldsymbol{x}(t_{k+1}) + \boldsymbol{x}^{\mathrm{T}}(t_{k+1})\boldsymbol{N}_{i_{k+1}i_{k+2}}\boldsymbol{x}(t_{k+1}) + \boldsymbol{x}^{\mathrm{T}}(t_{k+2})\boldsymbol{N}_{i_{k+2}i_{k+3}}\boldsymbol{x}(t_{k+2}) \\ &\leqslant 0 \end{aligned}$$

以此类推,得

$$\sum_{p=0}^{k}[V_{i_{p+1}}(\boldsymbol{x}(t_{p+1})) - V_{i_p}(\boldsymbol{x}(t_{p+1}))] \leqslant 0 \tag{3.41}$$

注意到$V_{i_{p+1}}(\boldsymbol{x}(t_{p+1})) - V_{i_p}(\boldsymbol{x}(t_{p+1}))$,表示在任意切换点处 Lyapunov-Krasovskii 泛函的增量.(3.41)式表明 Lyapunov-Krasovskii 泛函允许在切换点处有所上升,但满足整体能量函数增量有界.由拓广的多 Lyapunov 函数方法知,系统(3.1)在切换规则(3.28)作用下是渐近稳定的.

注 3.2 本节在进行状态空间分割时,由于引入了新的变量$\boldsymbol{N}_{ij}$,使原切换面$\boldsymbol{x}^{\mathrm{T}}(t)\boldsymbol{P}_i\boldsymbol{x}(t) = \boldsymbol{x}^{\mathrm{T}}(t)\boldsymbol{P}_j\boldsymbol{x}(t)$被一个带状区域所覆盖.该带状区域的两个边界分别为$\boldsymbol{x}^{\mathrm{T}}(t)(\boldsymbol{P}_i - \boldsymbol{P}_j + \boldsymbol{N}_{ij})\boldsymbol{x}(t) = 0$与$\boldsymbol{x}^{\mathrm{T}}(t)(\boldsymbol{P}_j - \boldsymbol{P}_i + \boldsymbol{N}_{ji})\boldsymbol{x}(t) = 0$.状态轨迹只有通过该带状区域并到达其边界时才会发生切换,因此,该切换规则的设计可有效避免在切换面上发生抖颤及滑模现象.

注 3.3 本节所采用的改进的 Lyapunov-Krasovskii 泛函方法去除了 3.3.1 节中$\boldsymbol{N}_{ij}<0$的条件假设,允许构造的 Lyapunov-Krasovskii 泛函在切换点处有所上升,

这为 Lyapunov-Krasovskii泛函的构造提供了更为广阔的设计空间.

3.4　数 值 例 子

本节将通过两个数值例子来验证本章所提方法的有效性.

例 3.1　考虑如下具有两个子系统的切换中立时滞系统:

$$\dot{\boldsymbol{x}}(t)-\boldsymbol{C}_{\sigma(t)}\dot{\boldsymbol{x}}(t-h)=\boldsymbol{A}_{\sigma(t)}\boldsymbol{x}(t)+\boldsymbol{B}_{\sigma(t)}\boldsymbol{x}(t-\tau(t)) \tag{3.42}$$

其中 $\boldsymbol{M}=\{1,2\}$,且系统参数为

$$\boldsymbol{A}_1=\begin{bmatrix}-5 & -0.5\\ 0 & -1\end{bmatrix},\quad \boldsymbol{B}_1=\begin{bmatrix}-0.4 & 0\\ 0 & -0.6\end{bmatrix},\quad \boldsymbol{C}_1=\begin{bmatrix}0.1 & 0.5\\ 0.1 & 0\end{bmatrix}$$

$$\boldsymbol{A}_2=\begin{bmatrix}-1 & 0\\ 1 & -5\end{bmatrix},\quad \boldsymbol{B}_2=\begin{bmatrix}-0.4 & 0\\ -1 & -0.3\end{bmatrix},\quad \boldsymbol{C}_2=\begin{bmatrix}0.1 & 0.5\\ 0.1 & 0\end{bmatrix}$$

$$\tau(t)=0.2\sin t+0.6,\quad h=1$$

选取初值 $\boldsymbol{x}(0)=[4\quad -2]^{\mathrm{T}}$. 系统(3.42)的两个单独子系统的状态轨迹分别如图 3.1 和图 3.2 所示.

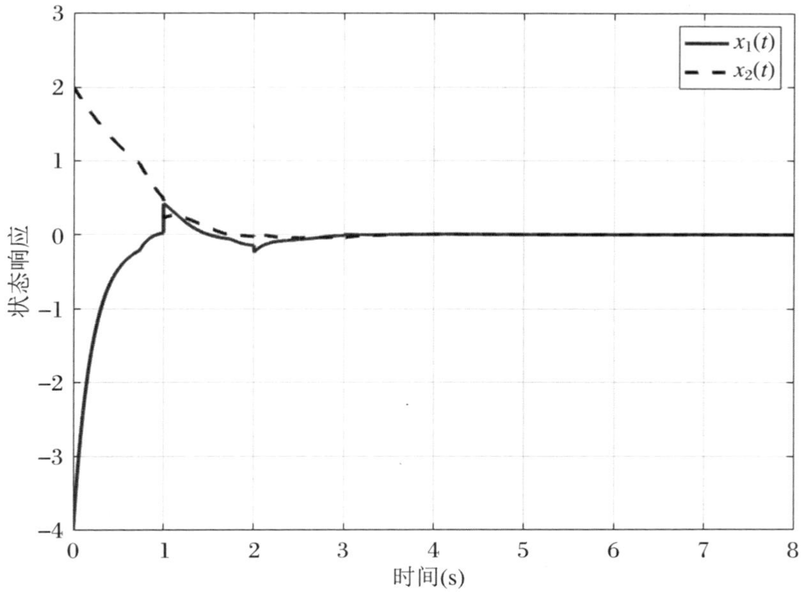

图 3.1　子系统 1 的状态轨迹

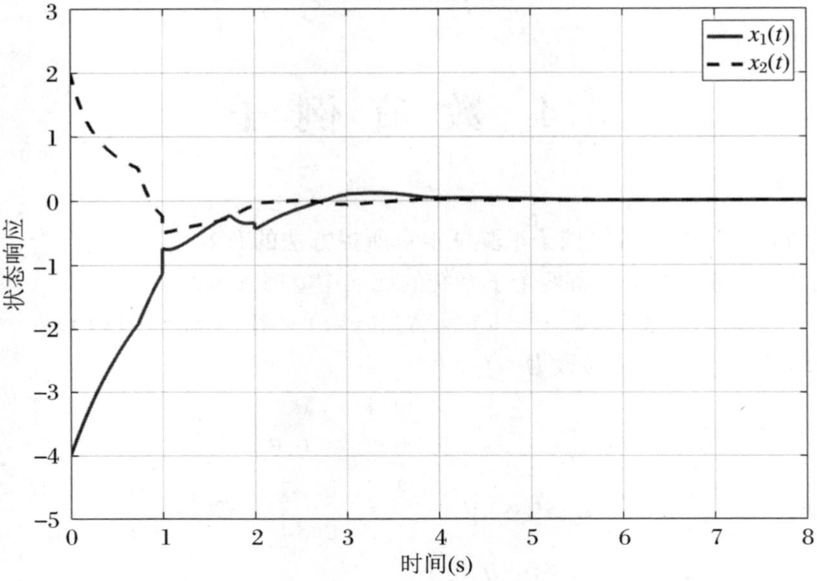

图 3.2　子系统 2 的状态响应

由系统参数易知 $d=1$，$\hat{\tau}=0.2$，令 $\alpha_{12}=\alpha_{21}=-1$，$\beta_{12}=\beta_{21}=0.2$，解线性矩阵不等式(3.4)，得可行解

$$\boldsymbol{P}_1=\begin{bmatrix}0.4595 & -0.0626\\ -0.0626 & 0.8927\end{bmatrix},\quad \boldsymbol{P}_2=\begin{bmatrix}0.6772 & -0.2944\\ -0.2944 & 0.9734\end{bmatrix}$$

$$\boldsymbol{R}_1=\begin{bmatrix}0.0662 & 0.0076\\ -0.0011 & 0.0085\end{bmatrix},\quad \boldsymbol{R}_2=\begin{bmatrix}0.0057 & -0.0011\\ -0.0011 & 0.0085\end{bmatrix}$$

$$\boldsymbol{Q}_1=\begin{bmatrix}0.5123 & -0.1108\\ -0.1108 & 0.6094\end{bmatrix},\quad \boldsymbol{Q}_2=\begin{bmatrix}0.0113 & -0.0016\\ -0.0016 & 0.0149\end{bmatrix}$$

$$\boldsymbol{N}_{12}=\begin{bmatrix}-0.1491 & 0.0274\\ 0.0274 & -0.0913\end{bmatrix},\quad \boldsymbol{N}_{21}=\begin{bmatrix}-0.0856 & 0.2135\\ 0.2135 & -0.6511\end{bmatrix}$$

$$\boldsymbol{X}_1=\begin{bmatrix}-0.0075 & -0.0029\\ -0.0016 & -0.0086\end{bmatrix},\quad \boldsymbol{X}_2=\begin{bmatrix}0.0091 & -0.0025\\ 0.0018 & 0.0112\end{bmatrix}$$

$$\boldsymbol{X}_3=10^{-3}\times\begin{bmatrix}0.3997 & -0.1474\\ -0.1296 & 0.6935\end{bmatrix},\quad \boldsymbol{X}_4=\begin{bmatrix}-0.0008 & -0.0021\\ -0.0033 & 0.0015\end{bmatrix}$$

$$\boldsymbol{X}_5=10^{-3}\times\begin{bmatrix}-0.2421 & 0.1051\\ 0.0991 & -0.5022\end{bmatrix},\quad \boldsymbol{Y}_1=\begin{bmatrix}0.0019 & -0.0029\\ -0.0067 & 0.0101\end{bmatrix}$$

$$\boldsymbol{Y}_2=\begin{bmatrix}-0.0063 & -0.0046\\ -0.0049 & -0.0013\end{bmatrix},\quad \boldsymbol{Y}_3=\begin{bmatrix}0.0122 & -0.0017\\ -0.0017 & 0.0162\end{bmatrix}$$

$$\boldsymbol{Y}_4=\begin{bmatrix}0.0009 & 0.0007\\ 0.0017 & -0.0018\end{bmatrix},\quad \boldsymbol{Y}_5=10^{-4}\times\begin{bmatrix}-0.0178 & -0.1981\\ -0.0583 & 0.4887\end{bmatrix}$$

$$\boldsymbol{Z}_1=\begin{bmatrix}-0.0030 & -0.0038\\ -0.0032 & 0.0018\end{bmatrix},\quad \boldsymbol{Z}_2=\begin{bmatrix}0.0015 & -0.0046\\ -0.0022 & 0.0066\end{bmatrix}$$

$$\boldsymbol{Z}_3=10^{-4}\times\begin{bmatrix}-0.0353 & 0.0523\\ -0.0683 & 0.3036\end{bmatrix},\quad \boldsymbol{Z}_4=\begin{bmatrix}0.0001 & -0.0010\\ -0.0009 & -0.0002\end{bmatrix}$$

$$\boldsymbol{Z}_5=\begin{bmatrix}0.0076 & -0.0016\\ -0.0016 & 0.0116\end{bmatrix}$$

基于(3.28)以及上述得到的矩阵解，设计如下切换规则：

$$\sigma(t)=\begin{cases}1, & 若(\boldsymbol{x}(t)\in\Omega_1\ 且\ \sigma(t^-)=1)\ 或(\boldsymbol{x}(t)\notin\Omega_2\ 且\ \sigma(t^-)=2)\\ 2, & 若(\boldsymbol{x}(t)\in\Omega_2\ 且\ \sigma(t^-)=1)\ 或(\boldsymbol{x}(t)\notin\Omega_1\ 且\ \sigma(t^-)=1)\end{cases}\tag{3.43}$$

其中

$$\Omega_1=\left\{\boldsymbol{x}(t)\in\mathbb{R}^2\backslash\{\boldsymbol{0}\}\ \middle|\ \boldsymbol{x}^{\mathrm{T}}(t)\begin{bmatrix}-0.5159 & 0.2867\\ 0.2867 & -0.2632\end{bmatrix}\boldsymbol{x}(t)<0\right\}$$

$$\Omega_2=\left\{\boldsymbol{x}(t)\in\mathbb{R}^2\backslash\{\boldsymbol{0}\}\ \middle|\ \boldsymbol{x}^{\mathrm{T}}(t)\begin{bmatrix}0.0465 & 0.1953\\ 0.1953 & -1.2215\end{bmatrix}\boldsymbol{x}(t)<0\right\}$$

由图 3.3 知，系统(3.42)在切换规则(3.43)作用下是渐近稳定的. 切换信号如图 3.4 所示.

本 章 小 结

本章针对具有离散时变时滞的切换中立时滞系统，利用状态空间分割方法，设计了状态依赖的滞后型切换律. 在所设计的切换律作用下，利用多 Lyapunov-Krasovskii 泛函方法，引入自由权矩阵，获得了系统时滞相关的稳定性判别准则. 同时，我们借鉴拓广的多 Lyapunov 函数方法，使用改进的多 Lyapunov-Krasovskii 泛函方法，获得了切换中立时滞系统时滞相关的稳定性判别准则. 两种方法下所获得的稳定性判别准则均以线性矩阵不等式的形式给出，可通过 MATLAB 软件中的 LMI 工具箱求解器求解. 本章所获得的稳定性判别准则，由于引入了自由权矩阵，去除了变时滞导数上界小于 1 的假设条件，具有相对较小的保守性.

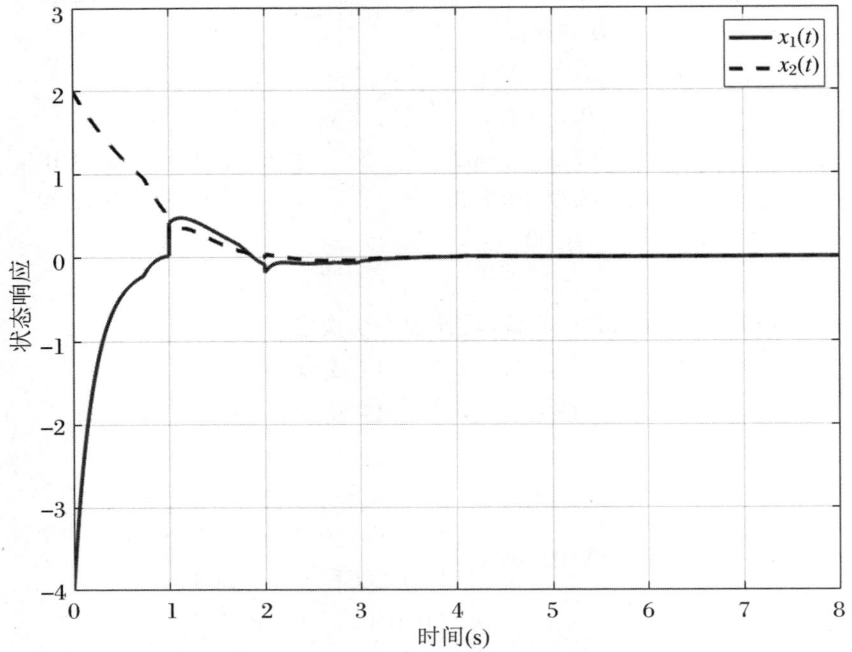

图 3.3　在切换规则(3.43)作用下系统(3.42)的状态轨迹

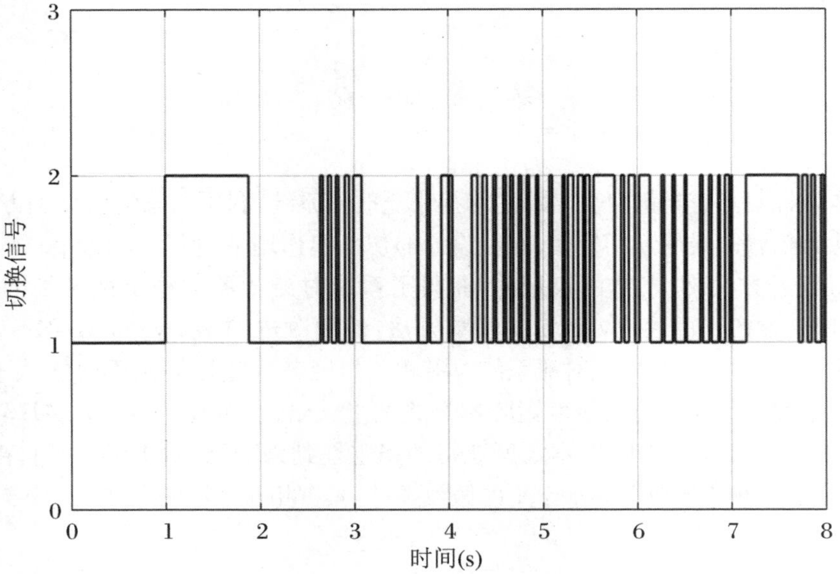

图 3.4　切换信号

第 4 章　基于状态观测器的切换中立时滞系统鲁棒镇定

4.1 引　　言

在第 2 章与第 3 章中，我们分别采用单 Lyapunov-Krasovskii 泛函方法及多 Lyapunov-Krasovskii 泛函方法讨论了如何设计状态依赖的滞后型切换规则镇定切换中立时滞系统.然而，在许多工程实践中，或者由于不易直接测量，或者由于量测设备在经济上和使用上的限制，常常无法直接获得被控系统的全部状态信息，从而使得状态反馈的物理实现遇到困难[146].但状态依赖型的切换规则兼具重要的理论与实际意义.因此，在系统状态不可直接获得的情况下，人们通常考虑设计输出反馈[147-148]或状态观测器[149-151]来实现系统的镇定.对于切换中立时滞系统而言，利用系统输出来设计切换规则，在设计技术上存在很大的挑战.此外，输出反映的是部分状态信息，在某些情形，并不能完全替代全状态信息进行反馈用以实现系统的性能指标.因此，研究基于观测器的切换中立时滞系统的镇定问题成为很实际的问题.

对于切换系统而言，利用观测器信息设计状态依赖型切换规则镇定切换系统早已有了相关的文献报道，如文献[152]针对一类切换线性系统，利用渐近凸组合技术，设计了一个基于观测器状态的反馈控制器获得了系统的二次稳定.文献[150]研究了一类切换线性系统基于状态观测器的镇定问题，其中观测器及控制器的切换规则与原系统的切换规则不一致.文献[151]在任意给定小于一个预先指定界的切换频率作用下，设计了基于观测器的切换控制获得了一类切换线性系统的渐近稳定性.文献[36]在平均驻留时间框架下，针对一类具有时变时滞及外部干扰的切换线性时滞系统设计了全阶状态观测器获得了系统有限时间稳定.本章主要讨论在被控系统状态不可直接获得的情况下，如何设计状态依赖的切换规则镇定切换中立时滞系统.首先，针对每个子系统，分别设计一个渐近的状态观测器，进而利用观测器状态来设计切换规则及反馈控制器镇定该系统.本章所设计的切换规则同时依赖于观测器的当前状态和滞后状态信息.在所设计的切换规则作用下,通过多 Lyapunov-Krasovskii 泛函方法,引入自由权矩阵,获得了系统渐近稳定的时滞相关判别准则.最后,将所得结果推广到具有时变结构不确定性的切换中立时滞系统.

4.2 系统描述

考虑如下常时滞切换中立时滞系统:

$$\begin{cases}\dot{\boldsymbol{x}}(t)-\boldsymbol{C}\dot{\boldsymbol{x}}(t-h)=\boldsymbol{A}_{\sigma(t)}\boldsymbol{x}(t)+\boldsymbol{B}_{\sigma(t)}\boldsymbol{x}(t-\tau)+\boldsymbol{D}_{\sigma(t)}\boldsymbol{u}(t), & t>t_0\\ \boldsymbol{y}(t)=\boldsymbol{E}_{\sigma(t)}\boldsymbol{x}(t)\\ \boldsymbol{x}_{t_0}=\boldsymbol{x}(t_0+\theta)=\boldsymbol{\varphi}(\theta) & \theta\in[-d,0]\end{cases} \tag{4.1}$$

其中 $\boldsymbol{x}(t)\in\mathbb{R}^n$ 是系统状态向量;$\boldsymbol{u}(t)\in\mathbb{R}^m$ 是控制输入;$\boldsymbol{y}(t)\in\mathbb{R}^p$ 是可控输出;$\sigma(t):[0,+\infty)\rightarrow\boldsymbol{M}=\{1,2,\cdots,m\}$是切换信号;$\{(\boldsymbol{A}_i,\boldsymbol{B}_i,\boldsymbol{C},\boldsymbol{D}_i,\boldsymbol{E}_i):i\in\boldsymbol{M}\}$是定义系统(4.1)子系统的一组常值矩阵对,且矩阵 $\boldsymbol{C}$ 的所有特征值都在单位圆内,假设矩阵对$(\boldsymbol{A}_i,\boldsymbol{E}_i)$是可观测的;$\tau$ 表示离散常时滞;h 表示中立常时滞;初始条件 $\boldsymbol{\varphi}(\theta)$表示定义在区间$[-d,0]$上的连续初始向量函数,其中 $d=\max\{h,\tau\}$.

本章旨在研究在系统状态不可直接获得的情况下,如何针对每个子系统设计状态观测器,进而基于所设计的观测器状态设计切换规则及反馈控制器镇定切换中立时滞系统(4.1).

首先,我们对第 i 个子系统设计如下状态观测器:

$$\dot{\hat{\boldsymbol{x}}}(t)-\boldsymbol{C}\dot{\hat{\boldsymbol{x}}}(t-h)=\boldsymbol{A}_i\hat{\boldsymbol{x}}_i(t)+\boldsymbol{B}_i\hat{\boldsymbol{x}}(t-\tau)+\boldsymbol{D}_i\boldsymbol{u}(t)+\boldsymbol{L}_i[\boldsymbol{y}(t)-\boldsymbol{E}_i\hat{\boldsymbol{x}}(t)] \tag{4.2}$$

其中 $\hat{\boldsymbol{x}}(t)$是观测器状态,$\boldsymbol{L}_i$ 为待设计的第 i 个子系统的观测器增益.令误差为 $\boldsymbol{e}(t)=\hat{\boldsymbol{x}}(t)-\boldsymbol{x}(t)$,则对每个子系统 i 都存在一个误差动态,且满足

$$\dot{\boldsymbol{e}}(t)-\boldsymbol{C}\dot{\boldsymbol{e}}(t-h)=(\boldsymbol{A}_i-\boldsymbol{L}_i\boldsymbol{E}_i)\boldsymbol{e}(t)+\boldsymbol{B}_i\boldsymbol{e}(t-\tau) \tag{4.3}$$

由构造的子系统观测器(4.2)可知,系统(4.1)存在一个切换观测器

$$\begin{aligned}&\dot{\hat{\boldsymbol{x}}}(t)-\boldsymbol{C}\dot{\hat{\boldsymbol{x}}}(t-h)\\&\quad=\boldsymbol{A}_{\sigma(t)}\hat{\boldsymbol{x}}(t)+\boldsymbol{B}_{\sigma(t)}\hat{\boldsymbol{x}}(t-\tau)+\boldsymbol{D}_{\sigma(t)}\boldsymbol{u}(t)+\boldsymbol{L}_{\sigma(t)}[\boldsymbol{y}(t)-\boldsymbol{E}_{\sigma(t)}\hat{\boldsymbol{x}}(t)]\end{aligned} \tag{4.4}$$

其中观测器(4.4)的切换信号与系统(4.1)的切换信号相同.

结合观测器(4.4),对系统(4.1)设计如下切换反馈控制器:

$$\begin{cases} \boldsymbol{u}(t)=\boldsymbol{K}_{\sigma(t)}\hat{\boldsymbol{x}}(t) \\ \dot{\hat{\boldsymbol{x}}}(t)-\boldsymbol{C}\dot{\hat{\boldsymbol{x}}}(t-h)=\boldsymbol{A}_{\sigma(t)}\hat{\boldsymbol{x}}(t)+\boldsymbol{B}_{\sigma(t)}\hat{\boldsymbol{x}}(t-\tau)+\boldsymbol{D}_{\sigma(t)}\boldsymbol{u}(t) \\ \qquad +\boldsymbol{L}_{\sigma(t)}[\boldsymbol{y}(t)-\boldsymbol{E}_{\sigma(t)}\hat{\boldsymbol{x}}(t)] \end{cases} \tag{4.5}$$

其中 $\boldsymbol{K}_i$ 是待设计的第 i 个子系统的控制增益.将切换反馈控制(4.5)代入系统(4.1)构成闭环系统:

$$\begin{cases} \dot{\boldsymbol{x}}(t)-\boldsymbol{C}\dot{\boldsymbol{x}}(t-h)=\boldsymbol{A}_{\sigma(t)}\boldsymbol{x}(t)+\boldsymbol{B}_{\sigma(t)}\boldsymbol{x}(t-\tau)+\boldsymbol{D}_{\sigma(t)}\boldsymbol{K}_{\sigma(t)}\hat{\boldsymbol{x}}(t) \\ \dot{\hat{\boldsymbol{x}}}(t)-\boldsymbol{C}\dot{\hat{\boldsymbol{x}}}(t-h)=\boldsymbol{A}_{\sigma(t)}\hat{\boldsymbol{x}}(t)+\boldsymbol{B}_{\sigma(t)}\hat{\boldsymbol{x}}(t-\tau)+\boldsymbol{D}_{\sigma(t)}\boldsymbol{K}_{\sigma(t)}\hat{\boldsymbol{x}}(t) \\ \qquad +\boldsymbol{L}_{\sigma(t)}[\boldsymbol{y}(t)-\boldsymbol{E}_{\sigma(t)}\hat{\boldsymbol{x}}(t)] \end{cases} \tag{4.6}$$

显然,系统(4.6)是渐近稳定的当且仅当增广系统

$$\begin{cases} \dot{\hat{\boldsymbol{x}}}(t)-\boldsymbol{C}\dot{\hat{\boldsymbol{x}}}(t-h) \\ \quad =(\boldsymbol{A}_{\sigma(t)}+\boldsymbol{D}_{\sigma(t)}\boldsymbol{K}_{\sigma(t)})\hat{\boldsymbol{x}}(t)+\boldsymbol{B}_{\sigma(t)}\hat{\boldsymbol{x}}(t-\tau)-\boldsymbol{L}_{\sigma(t)}\boldsymbol{E}_{\sigma(t)}\boldsymbol{e}(t) \\ \dot{\boldsymbol{e}}(t)-\boldsymbol{C}\dot{\boldsymbol{e}}(t-h)=(\boldsymbol{A}_{\sigma(t)}-\boldsymbol{L}_{\sigma(t)}\boldsymbol{E}_{\sigma(t)})\boldsymbol{e}(t)+\boldsymbol{B}_{\sigma(t)}\boldsymbol{e}(t-\tau) \end{cases} \tag{4.7}$$

是渐近稳定的.

注 4.1 若系统(4.7)渐近稳定,则易知 $\hat{\boldsymbol{x}}(t)$ 及 $\boldsymbol{e}(t)$ 随着 $t\to\infty$ 都渐趋近于零,这意味着 $\boldsymbol{x}(t)=\hat{\boldsymbol{x}}(t)-\boldsymbol{e}(t)$ 也渐趋近于零.

下面给出本章的一个重要引理.

引理 4.1 考虑系统(4.3),如果存在具有合适维数的矩阵 $\boldsymbol{P}_{Li}>0,\boldsymbol{Q}_{Li}>0,\boldsymbol{R}_{Li}>0,\boldsymbol{X}_{Li}(i\in\boldsymbol{M})$,满足不等式:

$$\begin{bmatrix} \boldsymbol{P}_{Li}\boldsymbol{A}_i-\boldsymbol{X}_{Li}\boldsymbol{E}_i+\boldsymbol{A}_i^{\mathrm{T}}\boldsymbol{P}_{Li}-\boldsymbol{E}_i^{\mathrm{T}}\boldsymbol{X}_{Li}^{\mathrm{T}}+\boldsymbol{C}^{\mathrm{T}}\boldsymbol{Q}_{Li}\boldsymbol{C}+\boldsymbol{R}_{Li} & \boldsymbol{P}_{Li}\boldsymbol{B}_i & \boldsymbol{E}_i^{\mathrm{T}}\boldsymbol{X}_{Li}^{\mathrm{T}}-\boldsymbol{A}_i^{\mathrm{T}}\boldsymbol{P}_{Li} \\ * & -\boldsymbol{R}_{Li} & -\boldsymbol{B}_i^{\mathrm{T}}\boldsymbol{P}_{Li} \\ * & * & -\boldsymbol{Q}_{Li} \end{bmatrix} <0 \tag{4.8}$$

则观测器(4.2)是第 i 个子系统的渐近观测器,且观测器增益为 $\boldsymbol{L}_i=\boldsymbol{P}_{Li}^{-1}\boldsymbol{X}_{Li}$.

证明 对第 i 个子系统,我们选取如下 Lyapunov-Krasovskii 泛函:

$$\begin{aligned} V_i(t)=&[\boldsymbol{e}(t)-\boldsymbol{C}\boldsymbol{e}(t-h)]^{\mathrm{T}}\boldsymbol{P}_{Li}[\boldsymbol{e}(t)-\boldsymbol{C}\boldsymbol{e}(t-h)] \\ &+\int_{t-h}^{t}[\boldsymbol{C}\boldsymbol{e}(s)]^{\mathrm{T}}\boldsymbol{Q}_{Li}[\boldsymbol{C}\boldsymbol{e}(s)]\mathrm{d}s+\int_{t-\tau}^{t}\boldsymbol{e}^{\mathrm{T}}(s)\boldsymbol{R}_{Li}\boldsymbol{e}(s)\mathrm{d}s \end{aligned} \tag{4.9}$$

沿着系统(4.3)的解轨迹对泛函(4.9)求取时间导数,得

$$\begin{aligned} \dot{V}_i(t)=&[\boldsymbol{e}(t)-\boldsymbol{C}\boldsymbol{e}(t-h)]^{\mathrm{T}}\boldsymbol{P}_{Li}[(\boldsymbol{A}_i-\boldsymbol{L}_i\boldsymbol{E}_i)\boldsymbol{e}(t)+\boldsymbol{B}_i\boldsymbol{e}(t-\tau)] \\ &+[(\boldsymbol{A}_i-\boldsymbol{L}_i\boldsymbol{E}_i)\boldsymbol{e}(t)+\boldsymbol{B}_i\boldsymbol{e}(t-\tau)]^{\mathrm{T}}\boldsymbol{P}_{Li}[\boldsymbol{e}(t)-\boldsymbol{C}\boldsymbol{e}(t-h)] \\ &+[\boldsymbol{C}\boldsymbol{e}(t)]^{\mathrm{T}}\boldsymbol{Q}_{Li}[\boldsymbol{C}\boldsymbol{e}(t)]-[\boldsymbol{C}\boldsymbol{e}(t-h)]^{\mathrm{T}}\boldsymbol{Q}_{Li}[\boldsymbol{C}\boldsymbol{e}(t-h)] \end{aligned}$$

$$
\begin{aligned}
&+ e^{\mathrm{T}}(t)R_{Li}e(t) - e^{\mathrm{T}}(t-\tau)R_{Li}e(t-\tau) \\
&= \begin{bmatrix} e(t) \\ e(t-\tau) \\ Ce(t-h) \end{bmatrix}^{\mathrm{T}} \boldsymbol{\Phi}_{Li} \begin{bmatrix} e(t) \\ e(t-\tau) \\ Ce(t-h) \end{bmatrix}
\end{aligned}
$$

其中

$$
\boldsymbol{\Phi}_{Li} = \begin{bmatrix} P_{Li}(A_i - L_iE_i) + (A_i - L_iE_i)^{\mathrm{T}}P_{Li} + C^{\mathrm{T}}Q_{Li}C + R_{Li} & P_{Li}B_i & -(A_i - L_iE_i)^{\mathrm{T}}P_{Li} \\ * & -R_{Li} & -B_i^{\mathrm{T}}P_{Li} \\ * & * & -Q_{Li} \end{bmatrix}
$$

令 $X_{Li} = P_{Li}L_i$. 若不等式(4.8)成立,则 $\dot{V}_i(t)<0$,这表明观测器(4.2)是第 i 个子系统的渐近观测器,且观测器增益为 $L_i = P_{Li}^{-1}X_{Li}$.

4.3 基于观测器的控制设计

本节将讨论如何设计一个基于观测器的切换规则及反馈控制器镇定系统(4.1).为了简化控制器的设计过程,首先将系统(4.7)转化为下列等价系统:

$$
\begin{cases}
\dot{\tilde{x}}(t) - C^{\mathrm{T}}\dot{\tilde{x}}(t-h) \\
\quad = (A_{\sigma(t)} + D_{\sigma(t)}K_{\sigma(t)})^{\mathrm{T}}\tilde{x}(t) + B_{\sigma(t)}^{\mathrm{T}}\tilde{x}(t-\tau) - (L_{\sigma(t)}E_{\sigma(t)})^{\mathrm{T}}\tilde{e}(t) \\
\dot{\tilde{e}}(t) - C^{\mathrm{T}}\dot{\tilde{e}}(t-h) = (A_{\sigma(t)} - L_{\sigma(t)}E_{\sigma(t)})^{\mathrm{T}}\tilde{e}(t) + B_{\sigma(t)}^{\mathrm{T}}\tilde{e}(t-\tau)
\end{cases}
\tag{4.10}
$$

下列定理给出了切换规则及反馈控制器的设计.

定理 4.1 给定标量 $\varepsilon_1>0,\varepsilon_2>0,h>0,\tau>0,\beta_{ij}>0(i,j\in M,i\neq j)$,如果存在矩阵 $P_i>0,P_j>0,P_e>0,R>0,R_e>0,H>0,H_e>0,M>0,X_{11}>0,X_{22}>0,X_{12}$满足

$$
\boldsymbol{\Phi}_i = \begin{bmatrix} \boldsymbol{\Phi}_{11,i} & P_iB_i^{\mathrm{T}} + \tau X_{12} & -(A_i + D_iK_i)P_i + \sum\limits_{j=1,j\neq i}^{m}\beta_{ij}(P_i - P_j) \\ * & -R + \tau X_{22} & -B_iP_i \\ * & * & -H + \varepsilon_2P_iP_i + \sum\limits_{j=1,j\neq i}^{m}\beta_{ij}(P_j - P_i) \end{bmatrix} < 0
\tag{4.11}
$$

$$
Y = \begin{bmatrix} X_{11} & X_{12} & 0 \\ * & X_{22} & 0 \\ * & * & M \end{bmatrix} \geqslant 0
\tag{4.12}
$$

$$\boldsymbol{\Psi}_i = \begin{bmatrix} \boldsymbol{\Psi}_{11,i} & \boldsymbol{P}_e\boldsymbol{B}_i^{\mathrm{T}} & -(\boldsymbol{A}_i - \boldsymbol{L}_i\boldsymbol{E}_i)\boldsymbol{P}_e \\ * & -\boldsymbol{R}_e & -\boldsymbol{B}_i\boldsymbol{P}_e \\ * & * & -\boldsymbol{H}_e \end{bmatrix} < 0 \tag{4.13}$$

其中

$$\begin{aligned}\boldsymbol{\Phi}_{11,i} = {} & \boldsymbol{P}_i(\boldsymbol{A}_i + \boldsymbol{D}_i\boldsymbol{K}_i)^{\mathrm{T}} + (\boldsymbol{A}_i + \boldsymbol{D}_i\boldsymbol{K}_i)\boldsymbol{P}_i + \varepsilon_1\boldsymbol{P}_i\boldsymbol{P}_i + \boldsymbol{CHC}^{\mathrm{T}} + \boldsymbol{R} \\ & + \tau(\boldsymbol{M} + \boldsymbol{X}_{11}) + \sum_{j=1,j\neq i}^{m}\beta_{ij}(\boldsymbol{P}_j - \boldsymbol{P}_i)\end{aligned}$$

$$\begin{aligned}\boldsymbol{\Psi}_{11,i} = {} & \boldsymbol{P}_e(\boldsymbol{A}_i - \boldsymbol{L}_i\boldsymbol{E}_i)^{\mathrm{T}} + (\boldsymbol{A}_i - \boldsymbol{L}_i\boldsymbol{E}_i)\boldsymbol{P}_e + \boldsymbol{CH}_e\boldsymbol{C}^{\mathrm{T}} + \boldsymbol{R}_e \\ & + (\varepsilon_1^{-1} + \varepsilon_2^{-1})\boldsymbol{L}_i\boldsymbol{E}_i\boldsymbol{E}_i^{\mathrm{T}}\boldsymbol{L}_i^{\mathrm{T}}\end{aligned}$$

令

$$\Omega_{ij} = \{\boldsymbol{\xi} \in \mathbb{R}^{3n} \mid \boldsymbol{\xi}^{\mathrm{T}}\boldsymbol{\Delta}_{ij}\boldsymbol{\xi} \geqslant 0, j \neq i, \forall\, i,j \in \boldsymbol{M}\} \tag{4.14}$$

其中

$$\boldsymbol{\Delta}_{ij} = \begin{bmatrix} \boldsymbol{P}_j - \boldsymbol{P}_i & \boldsymbol{0} & \boldsymbol{P}_i - \boldsymbol{P}_j \\ * & \boldsymbol{0} & \boldsymbol{0} \\ * & * & \boldsymbol{P}_j - \boldsymbol{P}_i \end{bmatrix} \tag{4.15}$$

基于构建的分割区域(4.14),设计如下切换规则:

$$\sigma(t) = i,\quad 当\ \boldsymbol{\xi}(t) = [\tilde{\boldsymbol{x}}^{\mathrm{T}}(t) \quad \tilde{\boldsymbol{x}}^{\mathrm{T}}(t-\tau) \quad (\boldsymbol{C}^{\mathrm{T}}\tilde{\boldsymbol{x}}(t-h))^{\mathrm{T}}]^{\mathrm{T}} \in \Omega_{ij} \tag{4.16}$$

则在切换规则(4.16)及控制器(4.5)作用下,系统(4.10)是渐近稳定的.

证明　由引理 1.2 及不等式(4.11),得

$$\bar{\boldsymbol{\Phi}}_i + \sum_{j=1,j\neq i}^{m}\beta_{ij}\boldsymbol{\Delta}_{ij} < 0 \tag{4.17}$$

其中

$$\bar{\boldsymbol{\Phi}}_i = \begin{bmatrix} \bar{\boldsymbol{\Phi}}_{11,i} & \boldsymbol{P}_i\boldsymbol{B}_i^{\mathrm{T}} + \tau\boldsymbol{X}_{12} & -(\boldsymbol{A}_i + \boldsymbol{D}_i\boldsymbol{K}_i)\boldsymbol{P}_i \\ * & -\boldsymbol{R} + \tau\boldsymbol{X}_{22} & -\boldsymbol{B}_i\boldsymbol{P}_i \\ * & * & -\boldsymbol{H} + \varepsilon_2\boldsymbol{P}_i\boldsymbol{P}_i \end{bmatrix}$$

$$\begin{aligned}\bar{\boldsymbol{\Phi}}_{11,i} = {} & \boldsymbol{P}_i(\boldsymbol{A}_i + \boldsymbol{D}_i\boldsymbol{K}_i)^{\mathrm{T}} + (\boldsymbol{A}_i + \boldsymbol{D}_i\boldsymbol{K}_i)\boldsymbol{P}_i + \varepsilon_1\boldsymbol{P}_i\boldsymbol{P}_i + \boldsymbol{CHC}^{\mathrm{T}} \\ & + \boldsymbol{R} + \tau(\boldsymbol{M} + \boldsymbol{X}_{11})\end{aligned}$$

对 $\forall\, x,y,z \in \mathbb{R}^n$ 及 $\beta_{ij} > 0$,由引理 1.2 及不等式(4.17)知,当

$$[\boldsymbol{x}^{\mathrm{T}} \quad \boldsymbol{y}^{\mathrm{T}} \quad \boldsymbol{z}^{\mathrm{T}}]\boldsymbol{\Delta}_{ij}[\boldsymbol{x}^{\mathrm{T}} \quad \boldsymbol{y}^{\mathrm{T}} \quad \boldsymbol{z}^{\mathrm{T}}]^{\mathrm{T}} \geqslant 0 \tag{4.18}$$

时,有

$$[\boldsymbol{x}^{\mathrm{T}} \quad \boldsymbol{y}^{\mathrm{T}} \quad \boldsymbol{z}^{\mathrm{T}}]\bar{\boldsymbol{\Phi}}_i[\boldsymbol{x}^{\mathrm{T}} \quad \boldsymbol{y}^{\mathrm{T}} \quad \boldsymbol{z}^{\mathrm{T}}]^{\mathrm{T}} < 0 \tag{4.19}$$

令

$$\Omega_{ij} = \{\boldsymbol{\eta} \in \mathbb{R}^{3n} \mid \boldsymbol{\eta}^{\mathrm{T}}\boldsymbol{\Delta}_{ij}\boldsymbol{\eta} \geqslant 0, j \neq i, \forall\, i,j \in \boldsymbol{M}\} \tag{4.20}$$

显然

$$\bigcup_{i=1}^{m}\Omega_{ij} = \mathbb{R}^{3n} \tag{4.21}$$

基于所设计的切换规则(4.16),当 $\boldsymbol{\xi}(t) \in \Omega_{ij}$ 时,有

$$\boldsymbol{\xi}^{\mathrm{T}}(t)\boldsymbol{\Delta}_{ij}\boldsymbol{\xi}(t)\geqslant 0 \tag{4.22}$$

即

$$[\tilde{\boldsymbol{x}}(t)-\boldsymbol{C}^{\mathrm{T}}\tilde{\boldsymbol{x}}(t-h)]^{\mathrm{T}}(\boldsymbol{P}_j-\boldsymbol{P}_i)[\tilde{\boldsymbol{x}}(t)-\boldsymbol{C}^{\mathrm{T}}\tilde{\boldsymbol{x}}(t-h)]\geqslant 0 \tag{4.23}$$

结合不等式(4.17),得

$$\boldsymbol{\xi}^{\mathrm{T}}(t)\bar{\boldsymbol{\Phi}}_i\boldsymbol{\xi}(t)<0 \tag{4.24}$$

对第 i 个子系统,我们选取如下 Lyapunov-Krasovskii 泛函:

$$\begin{aligned}V_i(t)=&[\tilde{\boldsymbol{x}}(t)-\boldsymbol{C}^{\mathrm{T}}\tilde{\boldsymbol{x}}(t-h)]^{\mathrm{T}}\boldsymbol{P}_i[\tilde{\boldsymbol{x}}(t)-\boldsymbol{C}^{\mathrm{T}}\tilde{\boldsymbol{x}}(t-h)]\\&+\int_{t-h}^{t}[\boldsymbol{C}^{\mathrm{T}}\tilde{\boldsymbol{x}}(s)]^{\mathrm{T}}\boldsymbol{H}[\boldsymbol{C}^{\mathrm{T}}\tilde{\boldsymbol{x}}(s)]\mathrm{d}s+\int_{t-\tau}^{t}\tilde{\boldsymbol{x}}^{\mathrm{T}}(s)\boldsymbol{R}\tilde{\boldsymbol{x}}(s)\mathrm{d}s\\&+\int_{-\tau}^{0}\int_{t+\theta}^{t}\tilde{\boldsymbol{x}}^{\mathrm{T}}(s)\boldsymbol{M}\tilde{\boldsymbol{x}}(s)\mathrm{d}s\mathrm{d}\theta\\&+[\tilde{\boldsymbol{e}}(t)-\boldsymbol{C}^{\mathrm{T}}\tilde{\boldsymbol{e}}(t-h)]^{\mathrm{T}}\boldsymbol{P}_e[\tilde{\boldsymbol{e}}(t)-\boldsymbol{C}^{\mathrm{T}}\tilde{\boldsymbol{e}}(t-h)]\\&+\int_{t-h}^{t}[\boldsymbol{C}^{\mathrm{T}}\tilde{\boldsymbol{e}}(s)]^{\mathrm{T}}\boldsymbol{H}_e[\boldsymbol{C}^{\mathrm{T}}\tilde{\boldsymbol{e}}(s)]\mathrm{d}s+\int_{t-\tau}^{t}\tilde{\boldsymbol{e}}^{\mathrm{T}}(s)\boldsymbol{R}_e\tilde{\boldsymbol{e}}(s)\mathrm{d}s\end{aligned} \tag{4.25}$$

此外,易知,对任意具有合适维数的矩阵

$$\boldsymbol{X}=\begin{bmatrix}\boldsymbol{X}_{11}&\boldsymbol{X}_{12}\\ *&\boldsymbol{X}_{22}\end{bmatrix}\geqslant 0 \tag{4.26}$$

下列等式恒成立:

$$\tau\boldsymbol{\eta}_1^{\mathrm{T}}(t)\boldsymbol{X}\boldsymbol{\eta}_1(t)-\int_{t-\tau}^{t}\boldsymbol{\eta}_1^{\mathrm{T}}(t)\boldsymbol{X}\boldsymbol{\eta}_1(t)\mathrm{d}s=0 \tag{4.27}$$

其中

$$\boldsymbol{\eta}_1(t)=[\tilde{\boldsymbol{x}}^{\mathrm{T}}(t)\quad\tilde{\boldsymbol{x}}^{\mathrm{T}}(t-\tau)]$$

当 $\sigma(t)=i$ 时,第 i 个子系统被激活.此时,沿着系统(4.10)的解轨迹对泛函(4.25)求时间导数,同时将(4.27)式的左端项加入到 $V_i(t)$的求导过程中,并应用引理 1.4,整理后得

$$\begin{aligned}\dot{V}_i(t)\leqslant&\tilde{\boldsymbol{x}}^{\mathrm{T}}(t)(\boldsymbol{A}_i+\boldsymbol{D}_i\boldsymbol{K}_i)\boldsymbol{P}_i\tilde{\boldsymbol{x}}(t)+\tilde{\boldsymbol{x}}^{\mathrm{T}}(t-\tau)\boldsymbol{B}_i\boldsymbol{P}_i\tilde{\boldsymbol{x}}(t)\\&-\tilde{\boldsymbol{x}}^{\mathrm{T}}(t)(\boldsymbol{A}_i+\boldsymbol{D}_i\boldsymbol{K}_i)\boldsymbol{P}_i[\boldsymbol{C}^{\mathrm{T}}\tilde{\boldsymbol{x}}(t-h)]\\&-\tilde{\boldsymbol{x}}^{\mathrm{T}}(t-\tau)\boldsymbol{B}_i\boldsymbol{P}_i[\boldsymbol{C}^{\mathrm{T}}\tilde{\boldsymbol{x}}(t-h)]+\tilde{\boldsymbol{x}}^{\mathrm{T}}(t)\boldsymbol{P}_i(\boldsymbol{A}_i+\boldsymbol{D}_i\boldsymbol{K}_i)^{\mathrm{T}}\tilde{\boldsymbol{x}}(t)\\&+\tilde{\boldsymbol{x}}^{\mathrm{T}}(t)\boldsymbol{P}_i\boldsymbol{B}_i^{\mathrm{T}}\tilde{\boldsymbol{x}}(t-\tau)-[\boldsymbol{C}^{\mathrm{T}}\tilde{\boldsymbol{x}}(t-h)]^{\mathrm{T}}\boldsymbol{P}_i(\boldsymbol{A}_i+\boldsymbol{D}_i\boldsymbol{K}_i)^{\mathrm{T}}\tilde{\boldsymbol{x}}(t)\\&-[\boldsymbol{C}^{\mathrm{T}}\tilde{\boldsymbol{x}}(t-h)]^{\mathrm{T}}\boldsymbol{P}_i\boldsymbol{B}_i^{\mathrm{T}}\tilde{\boldsymbol{x}}(t-\tau)+\varepsilon_1\tilde{\boldsymbol{x}}^{\mathrm{T}}(t)\boldsymbol{P}_i\boldsymbol{P}_i\tilde{\boldsymbol{x}}(t)\\&+\varepsilon_1^{-1}\tilde{\boldsymbol{e}}^{\mathrm{T}}(t)\boldsymbol{L}_i\boldsymbol{E}_i\boldsymbol{E}_i^{\mathrm{T}}\boldsymbol{L}_i^{\mathrm{T}}\tilde{\boldsymbol{e}}(t)+\varepsilon_2[\boldsymbol{C}^{\mathrm{T}}\tilde{\boldsymbol{x}}(t-h)]^{\mathrm{T}}\boldsymbol{P}_i\boldsymbol{P}_i[\boldsymbol{C}^{\mathrm{T}}\tilde{\boldsymbol{x}}(t-h)]\\&+\varepsilon_2^{-1}\tilde{\boldsymbol{e}}^{\mathrm{T}}(t)\boldsymbol{L}_i\boldsymbol{E}_i\boldsymbol{E}_i^{\mathrm{T}}\boldsymbol{L}_i^{\mathrm{T}}\tilde{\boldsymbol{e}}(t)+\tilde{\boldsymbol{x}}^{\mathrm{T}}(t)\boldsymbol{C}\boldsymbol{H}\boldsymbol{C}^{\mathrm{T}}\tilde{\boldsymbol{x}}(t)\\&-[\boldsymbol{C}^{\mathrm{T}}\tilde{\boldsymbol{x}}(t-h)]^{\mathrm{T}}\boldsymbol{H}[\boldsymbol{C}^{\mathrm{T}}\tilde{\boldsymbol{x}}(t-h)]+\tilde{\boldsymbol{x}}^{\mathrm{T}}(t)\boldsymbol{R}\tilde{\boldsymbol{x}}(t)\\&-\tilde{\boldsymbol{x}}^{\mathrm{T}}(t-\tau)\boldsymbol{R}\tilde{\boldsymbol{x}}(t-\tau)+\tau\tilde{\boldsymbol{x}}^{\mathrm{T}}(t)\boldsymbol{M}\tilde{\boldsymbol{x}}(t)-\int_{t-\tau}^{t}\tilde{\boldsymbol{x}}^{\mathrm{T}}(s)\boldsymbol{M}\tilde{\boldsymbol{x}}(s)\mathrm{d}s\\&+\tau\boldsymbol{\eta}_1^{\mathrm{T}}(t)\boldsymbol{X}\boldsymbol{\eta}_1(t)-\int_{t-\tau}^{t}\boldsymbol{\eta}_1^{\mathrm{T}}(t)\boldsymbol{X}\boldsymbol{\eta}_1(t)\mathrm{d}s+\tilde{\boldsymbol{e}}^{\mathrm{T}}(t)(\boldsymbol{A}_i-\boldsymbol{L}_i\boldsymbol{E}_i)\boldsymbol{P}_e\tilde{\boldsymbol{e}}(t)\end{aligned}$$

$$
\begin{aligned}
&- \tilde{\boldsymbol{e}}^{\mathrm{T}}(t)(\boldsymbol{A}_i - \boldsymbol{L}_i\boldsymbol{E}_i)\boldsymbol{P}_e[\boldsymbol{C}^{\mathrm{T}}\tilde{\boldsymbol{e}}(t-h)] + \tilde{\boldsymbol{e}}^{\mathrm{T}}(t-\tau)\boldsymbol{B}_i\boldsymbol{P}_e\tilde{\boldsymbol{e}}(t)\\
&- \tilde{\boldsymbol{e}}^{\mathrm{T}}(t-\tau)\boldsymbol{B}_i\boldsymbol{P}_e[\boldsymbol{C}^{\mathrm{T}}\tilde{\boldsymbol{e}}(t-h)] + \tilde{\boldsymbol{e}}^{\mathrm{T}}(t)\boldsymbol{P}_e(\boldsymbol{A}_i - \boldsymbol{L}_i\boldsymbol{E}_i)^{\mathrm{T}}\tilde{\boldsymbol{e}}(t)\\
&+ \tilde{\boldsymbol{e}}^{\mathrm{T}}(t)\boldsymbol{P}_e\boldsymbol{B}_i^{\mathrm{T}}\tilde{\boldsymbol{e}}(t-\tau) - [\boldsymbol{C}^{\mathrm{T}}\tilde{\boldsymbol{e}}^{\mathrm{T}}(t-h)]^{\mathrm{T}}\boldsymbol{P}_e(\boldsymbol{A}_i - \boldsymbol{L}_i\boldsymbol{E}_i)^{\mathrm{T}}\tilde{\boldsymbol{e}}(t)\\
&- [\boldsymbol{C}^{\mathrm{T}}\tilde{\boldsymbol{e}}^{\mathrm{T}}(t-h)]^{\mathrm{T}}\boldsymbol{P}_e\boldsymbol{B}_i^{\mathrm{T}}\tilde{\boldsymbol{e}}(t-\tau) + \tilde{\boldsymbol{e}}^{\mathrm{T}}(t)\boldsymbol{C}\boldsymbol{H}_e\boldsymbol{C}^{\mathrm{T}}\tilde{\boldsymbol{e}}(t)\\
&- [\boldsymbol{C}^{\mathrm{T}}\tilde{\boldsymbol{e}}(t-h)]^{\mathrm{T}}\boldsymbol{H}_e[\boldsymbol{C}^{\mathrm{T}}\tilde{\boldsymbol{e}}(t-h)] + \tilde{\boldsymbol{e}}^{\mathrm{T}}(t)\boldsymbol{R}_e\tilde{\boldsymbol{e}}(t)\\
&- \tilde{\boldsymbol{e}}^{\mathrm{T}}(t-\tau)\boldsymbol{R}_e\tilde{\boldsymbol{e}}(t-\tau)\\
=\ & \boldsymbol{\xi}^{\mathrm{T}}\bar{\boldsymbol{\Phi}}_i\boldsymbol{\xi} - \int_{t-\tau}^{t}\boldsymbol{\eta}_2\boldsymbol{Y}\boldsymbol{\eta}_2^{\mathrm{T}}\mathrm{d}s + \boldsymbol{\eta}_3\boldsymbol{\Psi}_i\boldsymbol{\eta}_3^{\mathrm{T}}
\end{aligned}
$$

其中

$$
\begin{aligned}
\boldsymbol{\eta}_2 &= [\tilde{\boldsymbol{x}}^{\mathrm{T}}(t)\quad \tilde{\boldsymbol{x}}^{\mathrm{T}}(t-\tau)\quad \tilde{\boldsymbol{x}}^{\mathrm{T}}(s)]\\
\boldsymbol{\eta}_3 &= [\tilde{\boldsymbol{e}}^{\mathrm{T}}(t)\quad \tilde{\boldsymbol{e}}^{\mathrm{T}}(t-\tau)\quad (\boldsymbol{C}^{\mathrm{T}}\tilde{\boldsymbol{e}}(t-h))^{\mathrm{T}}]
\end{aligned}
$$

若 $\bar{\boldsymbol{\Phi}}_i<0$，$\boldsymbol{\Psi}_i<0$ 且 $\boldsymbol{Y}\geqslant 0$，则 $\dot{V}_i(t)<0$. 这表明每个 $V_i(t)$在激活区间都是严格递减的. 另外，由切换规则(4.16)可知，泛函 $V_\sigma(t)$在所有切换点处都是连续的. 这两个条件保证了 $V_\sigma(t)$沿着系统(4.10)的解是严格递减的，从而证明了系统(4.10)是渐近稳定的.

注意到不等式(4.11)不是线性矩阵不等式，因此无法通过 MATLAB 软件中的 LMI 工具箱求解器来求解. 我们令 $\boldsymbol{X}_{Ki}=\boldsymbol{K}_i\boldsymbol{P}_i$，应用引理 1.1，即可获得与(4.11)等价的线性矩阵不等式：

$$
\tilde{\boldsymbol{\Phi}}_i=\begin{bmatrix}
\tilde{\boldsymbol{\Phi}}_{11,i} & \boldsymbol{P}_i\boldsymbol{B}_i^{\mathrm{T}}+\tau\boldsymbol{X}_{12} & -\boldsymbol{A}_i\boldsymbol{P}_i-\boldsymbol{D}_i\boldsymbol{X}_{Ki}+\sum\limits_{j=1,j\neq i}^{m}\beta_{ij}(\boldsymbol{P}_i-\boldsymbol{P}_j) & \boldsymbol{P}_i & \boldsymbol{0}\\
* & -\boldsymbol{R}+\tau\boldsymbol{X}_{22} & -\boldsymbol{B}_i\boldsymbol{P}_i & \boldsymbol{0} & \boldsymbol{0}\\
* & * & -\boldsymbol{H}+\sum\limits_{j=1,j\neq i}^{m}\beta_{ij}(\boldsymbol{P}_j-\boldsymbol{P}_i) & \boldsymbol{0} & \boldsymbol{P}_i\\
* & * & * & -\varepsilon_1^{-1}\boldsymbol{I} & \boldsymbol{0}\\
* & * & * & * & -\varepsilon_2^{-1}\boldsymbol{I}
\end{bmatrix}
<0 \tag{4.28}
$$

其中

$$
\begin{aligned}
\tilde{\boldsymbol{\Phi}}_{11,i}=\ &(\boldsymbol{A}_i\boldsymbol{P}_i+\boldsymbol{D}_i\boldsymbol{X}_{Ki})^{\mathrm{T}}+\boldsymbol{A}_i\boldsymbol{P}_i+\boldsymbol{D}_i\boldsymbol{X}_{Ki}+\boldsymbol{C}\boldsymbol{H}\boldsymbol{C}^{\mathrm{T}}+\boldsymbol{R}+\tau(\boldsymbol{M}+\boldsymbol{X}_{11})\\
&+\sum_{j=1,j\neq i}^{m}\beta_{ij}(\boldsymbol{P}_j-\boldsymbol{P}_i)
\end{aligned}
$$

下列定理以线性矩阵不等式的形式给出了系统(4.1)渐近稳定的充分条件.

定理 4.2　对于系统(4.10)，如果存在矩阵 $\boldsymbol{P}_i>0$，$\boldsymbol{R}>0$，$\boldsymbol{R}_e>0$，$\boldsymbol{H}>0$，$\boldsymbol{H}_e>0$，$\boldsymbol{M}>0$，$\boldsymbol{X}_{11}>0$，$\boldsymbol{X}_{22}>0$，$\boldsymbol{X}_{12}$，$\boldsymbol{X}_{Ki}$及标量 $\varepsilon_1>0$，$\varepsilon_2>0$，$h>0$，$\tau>0$，$\beta_{ij}>0$（$i,j\in\boldsymbol{M}$，$i\neq j$），使得线性矩阵不等式(4.12)，(4.13)及(4.28)同时成立，则系统(4.10)

在切换规则(4.16)及控制器(4.5)作用下是渐近稳定的,即系统(4.1)是渐近稳定的,其中 $\boldsymbol{L}_i$ 由引理 4.1 给出且控制器增益为 $\boldsymbol{K}_i=\boldsymbol{X}_{Ki}\boldsymbol{P}_i^{-1}$.

注 4.2 若在切换时刻,状态到达多个分割区域交集的边界,我们选取 $\sigma(t)=\min\arg\{\Omega_i \mid \xi\in\Omega_{ij}\}$,保证切换规则(4.16)在系统的整个激活区间是唯一定义的.

注 4.3 在多 Lyapunov 函数方法的框架下,所研究的切换中立时滞系统(4.1)的任意一个子系统都可以不做稳定性前提要求.所设计的切换规则与反馈控制器的共同作用保证了系统(4.1)的渐近稳定性.

4.4 扩展到不确定切换中立时滞系统

考虑如下切换中立时滞系统:

$$\begin{cases}\dot{\boldsymbol{x}}(t)-\boldsymbol{C}\dot{\boldsymbol{x}}(t-h)=[\boldsymbol{A}_{\sigma(t)}+\Delta\boldsymbol{A}_{\sigma(t)}(t)]\boldsymbol{x}(t)\\ \qquad\qquad+[\boldsymbol{B}_{\sigma(t)}+\Delta\boldsymbol{B}_{\sigma(t)}(t)]\boldsymbol{x}(t-\tau)+\boldsymbol{D}_{\sigma(t)}\boldsymbol{u}(t), \quad t>t_0\\ \boldsymbol{y}(t)=\boldsymbol{E}_{\sigma(t)}\boldsymbol{x}(t)\\ \boldsymbol{x}_{t_0}=\boldsymbol{x}(t_0+\theta)=\boldsymbol{\varphi}(\theta), \qquad \theta\in[-d,0]\end{cases} \tag{4.29}$$

这里 $\Delta\boldsymbol{A}_i(t)$ 和 $\Delta\boldsymbol{B}_i(t)$ 是表示参数不确定的实值矩阵函数,满足

$$\Delta\boldsymbol{A}_i(t)=\widehat{\boldsymbol{D}}_i\widehat{\boldsymbol{F}}_i(t)\widehat{\boldsymbol{E}}_i, \quad \Delta\boldsymbol{B}_i(t)=\overline{\boldsymbol{D}}_i\overline{\boldsymbol{F}}_i(t)\overline{\boldsymbol{E}}_i \tag{4.30}$$

其中 $\widehat{\boldsymbol{D}}_i,\overline{\boldsymbol{D}}_i,\widehat{\boldsymbol{E}}_i,\overline{\boldsymbol{E}}_i$ 是已知的常值矩阵,$\widehat{\boldsymbol{F}}_i(t)$ 与 $\overline{\boldsymbol{F}}_i(t)$ 是未知时变矩阵且满足

$$\widehat{\boldsymbol{F}}_i^{\mathrm{T}}(t)\widehat{\boldsymbol{F}}_i(t)\leqslant\boldsymbol{I}, \quad \overline{\boldsymbol{F}}_i^{\mathrm{T}}(t)\overline{\boldsymbol{F}}_i(t)\leqslant\boldsymbol{I} \tag{4.31}$$

系统其他的结构参数同 4.2 节.

采取与系统(4.10)同样的控制策略,获得以下闭环系统:

$$\begin{cases}\dot{\boldsymbol{x}}(t)-\boldsymbol{C}\dot{\boldsymbol{x}}(t-h)=[\boldsymbol{A}_{\sigma(t)}+\Delta\boldsymbol{A}_{\sigma(t)}(t)]\boldsymbol{x}(t)\\ \qquad\qquad+[\boldsymbol{B}_{\sigma(t)}+\Delta\boldsymbol{B}_{\sigma(t)}(t)]\boldsymbol{x}(t-\tau)+\boldsymbol{D}_{\sigma(t)}\boldsymbol{K}_{\sigma(t)}\hat{\boldsymbol{x}}(t)\\ \dot{\hat{\boldsymbol{x}}}(t)-\boldsymbol{C}\dot{\hat{\boldsymbol{x}}}(t-h)=\boldsymbol{A}_{\sigma(t)}\hat{\boldsymbol{x}}(t)+\boldsymbol{B}_{\sigma(t)}\hat{\boldsymbol{x}}(t-\tau)\\ \qquad\qquad+\boldsymbol{D}_{\sigma(t)}\boldsymbol{K}_{\sigma(t)}\hat{\boldsymbol{x}}(t)+\boldsymbol{L}_{\sigma(t)}[\boldsymbol{y}(t)-\boldsymbol{E}_{\sigma(t)}\hat{\boldsymbol{x}}(t)]\end{cases} \tag{4.32}$$

令误差为 $\boldsymbol{e}(t)=\hat{\boldsymbol{x}}(t)-\boldsymbol{x}(t)$,则存在误差动态系统

$$\begin{aligned}\dot{\boldsymbol{e}}(t)-\boldsymbol{C}\dot{\boldsymbol{e}}(t-h)=&[\boldsymbol{A}_{\sigma(t)}+\Delta\boldsymbol{A}_{\sigma(t)}(t)-\boldsymbol{L}_{\sigma(t)}\boldsymbol{E}_{\sigma(t)}]\boldsymbol{e}(t)\\ &+[\boldsymbol{B}_{\sigma(t)}+\Delta\boldsymbol{B}_{\sigma(t)}(t)]\boldsymbol{e}(t-\tau)\end{aligned}$$

$$-\Delta A_{\sigma(t)}(t)\hat{x}(t)-\Delta B_{\sigma(t)}(t)\hat{x}(t-\tau) \tag{4.33}$$

显然,闭环系统(4.32)是渐近稳定的当且仅当增广系统

$$\begin{cases}\dot{\hat{x}}(t)-C\dot{\hat{x}}(t-h)=[A_{\sigma(t)}+D_{\sigma(t)}K_{\sigma(t)}]\hat{x}(t)+B_{\sigma(t)}\hat{x}(t-\tau)\\ \qquad -L_{\sigma(t)}E_{\sigma(t)}e(t)\\ \dot{e}(t)-C\dot{e}(t-h)=[A_{\sigma(t)}+\Delta A_{\sigma(t)}(t)-L_{\sigma(t)}E_{\sigma(t)}]e(t)\\ \qquad +[B_{\sigma(t)}+\Delta B_{\sigma(t)}(t)]e(t-\tau)-\Delta A_{\sigma(t)}(t)\hat{x}(t)\\ \qquad -\Delta B_{\sigma(t)}(t)\hat{x}(t-\tau)\end{cases} \tag{4.34}$$

是渐近稳定的.

为了便于给出控制器的设计,考虑下列与系统(4.34)等价的系统:

$$\begin{cases}\dot{\tilde{x}}(t)-C^{\mathrm{T}}\dot{\tilde{x}}(t-h)=[A_{\sigma(t)}+D_{\sigma(t)}K_{\sigma(t)}]^{\mathrm{T}}\tilde{x}(t)+B_{\sigma(t)}^{\mathrm{T}}\tilde{x}(t-h)\\ \qquad -(L_{\sigma(t)}E_{\sigma(t)})T\tilde{e}(t)\\ \dot{\tilde{e}}(t)-C^{\mathrm{T}}\dot{\tilde{e}}(t-h)=[A_{\sigma(t)}+\Delta A_{\sigma(t)}(t)-L_{\sigma(t)}E_{\sigma(t)}]^{\mathrm{T}}\tilde{e}(t)\\ \qquad +[B_{\sigma(t)}+\Delta B_{\sigma(t)}(t)]^{\mathrm{T}}\tilde{e}(t-\tau)\\ \qquad -\Delta A_{\sigma(t)}^{\mathrm{T}}(t)\tilde{x}(t)-\Delta B_{\sigma(t)}^{\mathrm{T}}(t)\tilde{x}(t-\tau)\end{cases} \tag{4.35}$$

下列定理给出了本节的主要结论.

定理 4.3　已知标量 $\varepsilon_k>0(k=1,\cdots,10)$,$h>0$,$\tau>0$,$\beta_{ij}>0(i,j\in M,j\neq i)$,如果存在具有合适维数的矩阵 $P_i>0$,$P_j>0$,$P_e>0$,$R>0$,$R_e>0$,$H>0$,$H_e>0$,$M>0$,$X_{11}>0$,$X_{22}>0$,X_{12} 满足

$$\hat{\Phi}_i=\begin{bmatrix}\hat{\Phi}_{11,i} & P_iB_i^{\mathrm{T}}+\tau X_{12} & -(A_i+D_iK_i)P_i+\sum_{j=1,j\neq i}^{m}\beta_{ij}(P_i-P_j)\\ * & \hat{\Phi}_{22,i} & -B_iP_i\\ * & * & -H+\varepsilon_2P_iP_i+\sum_{j=1,j\neq i}^{m}\beta_{ij}(P_j-P_i)\end{bmatrix}<0 \tag{4.36}$$

$$Y=\begin{bmatrix}X_{11} & X_{12} & 0\\ * & X_{22} & 0\\ * & * & M\end{bmatrix}\geqslant 0 \tag{4.37}$$

$$\hat{\Psi}_i=\begin{bmatrix}\hat{\Psi}_{11,i} & P_eB_i^{\mathrm{T}} & -(A_i-L_iE_i)P_e\\ * & -R_e+(\varepsilon_5+\varepsilon_6)\bar{D}_i\bar{D}_i^{\mathrm{T}}+(\varepsilon_9+\varepsilon_{10})\bar{E}_i\bar{E}_i^{\mathrm{T}} & -B_iP_e\\ * & * & \tilde{\Psi}_{33,i}\end{bmatrix}<0 \tag{4.38}$$

其中

$$\hat{\boldsymbol{\Phi}}_{11,i} = \boldsymbol{P}_i(\boldsymbol{A}_i + \boldsymbol{D}_i\boldsymbol{K}_i)^{\mathrm{T}} + (\boldsymbol{A}_i + \boldsymbol{D}_i\boldsymbol{K}_i)\boldsymbol{P}_i + \varepsilon_1\boldsymbol{P}_i\boldsymbol{P}_i + \boldsymbol{CHC}^{\mathrm{T}} + \boldsymbol{R} + \tau(\boldsymbol{M} + \boldsymbol{X}_{11}) + (\varepsilon_7 + \varepsilon_8)\widehat{\boldsymbol{E}}_i^{\mathrm{T}}\widehat{\boldsymbol{E}}_i + \sum_{j=1,j\neq i}^{m}\beta_{ij}(\boldsymbol{P}_j - \boldsymbol{P}_i)$$

$$\hat{\boldsymbol{\Phi}}_{22,i} = -\boldsymbol{R} + \tau\boldsymbol{X}_{22} + (\varepsilon_9 + \varepsilon_{10})\overline{\boldsymbol{E}}_i^{\mathrm{T}}\overline{\boldsymbol{E}}_i$$

$$\hat{\boldsymbol{\Psi}}_{11,i} = \boldsymbol{P}_e(\boldsymbol{A}_i - \boldsymbol{L}_i\boldsymbol{E}_i)^{\mathrm{T}} + (\boldsymbol{A}_i - \boldsymbol{L}_i\boldsymbol{E}_i)\boldsymbol{P}_e + \boldsymbol{CH}_e\boldsymbol{C}^{\mathrm{T}} + \boldsymbol{R}_e + (\varepsilon_3 + \varepsilon_4)\widehat{\boldsymbol{D}}_i\widehat{\boldsymbol{D}}_i^{\mathrm{T}} + \varepsilon_3^{-1}\boldsymbol{P}_e\widehat{\boldsymbol{E}}_i^{\mathrm{T}}\widehat{\boldsymbol{E}}_i\boldsymbol{P}_e + \varepsilon_5^{-1}\boldsymbol{P}_e\overline{\boldsymbol{E}}_i^{\mathrm{T}}\overline{\boldsymbol{E}}_i\boldsymbol{P}_e + \varepsilon_7^{-1}\boldsymbol{P}_e\widehat{\boldsymbol{D}}_i\widehat{\boldsymbol{D}}_i^{\mathrm{T}}\boldsymbol{P}_e + \varepsilon_9^{-1}\boldsymbol{P}_e\overline{\boldsymbol{D}}_i\overline{\boldsymbol{D}}_i^{\mathrm{T}}\boldsymbol{P}_e + (\varepsilon_1^{-1} + \varepsilon_2^{-1})\boldsymbol{L}_i\boldsymbol{E}_i(\boldsymbol{L}_i\boldsymbol{E}_i)^{\mathrm{T}}$$

$$\hat{\boldsymbol{\Psi}}_{33,i} = -\boldsymbol{H}_e + \varepsilon_4^{-1}\boldsymbol{P}_e\widehat{\boldsymbol{E}}_i^{\mathrm{T}}\widehat{\boldsymbol{E}}_i\boldsymbol{P}_e + \varepsilon_6^{-1}\boldsymbol{P}_e\overline{\boldsymbol{E}}_i^{\mathrm{T}}\overline{\boldsymbol{E}}_i\boldsymbol{P}_e + \varepsilon_8^{-1}\boldsymbol{P}_e\widehat{\boldsymbol{D}}_i\widehat{\boldsymbol{D}}_i^{\mathrm{T}}\boldsymbol{P}_e + \varepsilon_{10}^{-1}\boldsymbol{P}_e\overline{\boldsymbol{D}}_i\overline{\boldsymbol{D}}_i^{\mathrm{T}}\boldsymbol{P}_e$$

令

$$\Omega_{ij} = \{\boldsymbol{\xi} \in \mathbb{R}^{3n} \mid \boldsymbol{\xi}^{\mathrm{T}}\boldsymbol{\Delta}_{ij}\boldsymbol{\xi} \geqslant 0, j \neq i, \forall\, i, j \in M\} \tag{4.39}$$

其中

$$\boldsymbol{\Delta}_{ij} = \begin{bmatrix} \boldsymbol{P}_j - \boldsymbol{P}_i & \boldsymbol{0} & \boldsymbol{P}_i - \boldsymbol{P}_j \\ * & \boldsymbol{0} & \boldsymbol{0} \\ * & * & \boldsymbol{P}_j - \boldsymbol{P}_i \end{bmatrix} \tag{4.40}$$

设计切换律：

$$\sigma(t) = i,\quad \text{当 } \boldsymbol{\xi}(t) = [\tilde{\boldsymbol{x}}^{\mathrm{T}}(t) \quad \tilde{\boldsymbol{x}}^{\mathrm{T}}(t-\tau) \quad (\boldsymbol{C}^{\mathrm{T}}\tilde{\boldsymbol{x}}(t-h))^{\mathrm{T}}]^{\mathrm{T}} \in \Omega_{ij} \tag{4.41}$$

则在切换律(4.41)及控制器(4.5)的作用下，系统(4.35)是渐近稳定的.

证明 由(4.36)式知

$$\widehat{\boldsymbol{\Phi}}_i + \sum_{j=1,j\neq i}^{m}\beta_{ij}\boldsymbol{\Delta}_{ij} < 0 \tag{4.42}$$

其中

$$\widehat{\boldsymbol{\Phi}}_i = \begin{bmatrix} \widehat{\boldsymbol{\Phi}}_{11,i} & \boldsymbol{P}_i\boldsymbol{B}_i^{\mathrm{T}} + \tau\boldsymbol{X}_{12} & -(\boldsymbol{A}_i + \boldsymbol{D}_i\boldsymbol{K}_i)\boldsymbol{P}_i \\ * & -\boldsymbol{R} + \tau\boldsymbol{X}_{22} + (\varepsilon_9 + \varepsilon_{10})\overline{\boldsymbol{E}}_i^{\mathrm{T}}\overline{\boldsymbol{E}}_i & -\boldsymbol{B}_i\boldsymbol{P}_i \\ * & * & -\boldsymbol{H} + \varepsilon_2\boldsymbol{P}_i\boldsymbol{P}_i \end{bmatrix} < 0$$

$$\widehat{\boldsymbol{\Phi}}_{11,i} = \boldsymbol{P}_i(\boldsymbol{A}_i + \boldsymbol{D}_i\boldsymbol{K}_i)^{\mathrm{T}} + (\boldsymbol{A}_i + \boldsymbol{D}_i\boldsymbol{K}_i)\boldsymbol{P}_i + \varepsilon_1\boldsymbol{P}_i\boldsymbol{P}_i + \boldsymbol{CHC}^{\mathrm{T}} + \boldsymbol{R} + \tau(\boldsymbol{M} + \boldsymbol{X}_{11}) + (\varepsilon_7 + \varepsilon_8)\widehat{\boldsymbol{E}}_i^{\mathrm{T}}\widehat{\boldsymbol{E}}_i$$

对任意适维向量 $\boldsymbol{x}, \boldsymbol{y}, \boldsymbol{z} \in \mathbb{R}^n$ 及标量$\beta_{ij} > 0$，由引理 1.2 及不等式(4.42)知当

$$[\boldsymbol{x}^{\mathrm{T}} \quad \boldsymbol{y}^{\mathrm{T}} \quad \boldsymbol{z}^{\mathrm{T}}]\boldsymbol{\Delta}_{ij}[\boldsymbol{x}^{\mathrm{T}} \quad \boldsymbol{y}^{\mathrm{T}} \quad \boldsymbol{z}^{\mathrm{T}}]^{\mathrm{T}} \geqslant 0 \tag{4.43}$$

时，有

$$[\boldsymbol{x}^{\mathrm{T}} \quad \boldsymbol{y}^{\mathrm{T}} \quad \boldsymbol{z}^{\mathrm{T}}]\widehat{\boldsymbol{\Phi}}_i[\boldsymbol{x}^{\mathrm{T}} \quad \boldsymbol{y}^{\mathrm{T}} \quad \boldsymbol{z}^{\mathrm{T}}]^{\mathrm{T}} < 0 \tag{4.44}$$

令

$$\Omega_{ij} = \{\boldsymbol{\eta} \in \mathbb{R}^{3n} \mid \boldsymbol{\eta}^{\mathrm{T}}\boldsymbol{\Delta}_{\mathrm{ij}}\boldsymbol{\eta} \geqslant 0, j \neq i, \forall\, j \in M\} \tag{4.45}$$

显然

$$\bigcup_{i=1}^{m}\Omega_{ij} = \mathbb{R}^{3n} \tag{4.46}$$

设计切换规则(4.41)，当 $\boldsymbol{\xi}=[\tilde{\boldsymbol{x}}^{\mathrm{T}}(t)\quad \tilde{\boldsymbol{x}}^{\mathrm{T}}(t-\tau)\quad (\boldsymbol{C}^{\mathrm{T}}\tilde{\boldsymbol{x}}(t-h))^{\mathrm{T}}]^{\mathrm{T}}\in\Omega_{ij}$ 时，有

$$\boldsymbol{\xi}^{\mathrm{T}}\boldsymbol{\Delta}_{ij}\boldsymbol{\xi}\geqslant 0 \tag{4.47}$$

即

$$[\tilde{\boldsymbol{x}}(t)-\boldsymbol{C}^{\mathrm{T}}\tilde{\boldsymbol{x}}(t-h)]^{\mathrm{T}}(\boldsymbol{P}_j-\boldsymbol{P}_i)[\tilde{\boldsymbol{x}}(t)-\boldsymbol{C}^{\mathrm{T}}\tilde{\boldsymbol{x}}(t-h)]\geqslant 0 \tag{4.48}$$

由此，得

$$\boldsymbol{\xi}^{\mathrm{T}}\widehat{\boldsymbol{\Phi}}_i\boldsymbol{\xi}<0 \tag{4.49}$$

对子系统 i，我们选取如下 Lyapunov-Krasovskii 泛函：

$$\begin{aligned}
V_i(t)= {} & [\tilde{\boldsymbol{x}}(t)-\boldsymbol{C}^{\mathrm{T}}\tilde{\boldsymbol{x}}(t-h)]^{\mathrm{T}}\boldsymbol{P}_i[\tilde{\boldsymbol{x}}(t)-\boldsymbol{C}^{\mathrm{T}}\tilde{\boldsymbol{x}}(t-h)]\\
&+\int_{t-h}^{t}[\boldsymbol{C}^{\mathrm{T}}\tilde{\boldsymbol{x}}(s)]^{\mathrm{T}}H[\boldsymbol{C}^{\mathrm{T}}\tilde{\boldsymbol{x}}(s)]\mathrm{d}s\\
&+\int_{t-\tau}^{t}\tilde{\boldsymbol{x}}^{\mathrm{T}}(s)\boldsymbol{R}\tilde{\boldsymbol{x}}(s)\mathrm{d}s+\int_{-\tau}^{0}\int_{t+\theta}^{t}\tilde{\boldsymbol{x}}^{\mathrm{T}}(s)\boldsymbol{M}\tilde{\boldsymbol{x}}(s)\mathrm{d}s\mathrm{d}\theta\\
&+[\tilde{\boldsymbol{e}}(t)-\boldsymbol{C}^{\mathrm{T}}\tilde{\boldsymbol{e}}(t-h)]^{\mathrm{T}}\boldsymbol{P}_e[\tilde{\boldsymbol{e}}(t)-\boldsymbol{C}^{\mathrm{T}}\tilde{\boldsymbol{e}}(t-h)]\\
&+\int_{t-h}^{t}[\boldsymbol{C}^{\mathrm{T}}\tilde{\boldsymbol{e}}(s)]^{\mathrm{T}}\boldsymbol{H}_e[\boldsymbol{C}^{\mathrm{T}}\tilde{\boldsymbol{e}}(s)]\mathrm{d}s+\int_{t-\tau}^{t}\tilde{\boldsymbol{e}}^{\mathrm{T}}(s)\boldsymbol{R}_e\tilde{\boldsymbol{e}}(s)\mathrm{d}s
\end{aligned} \tag{4.50}$$

当 $\sigma(t)=i$ 时，第 i 个子系统被激活. 此时沿着系统(4.35)的解轨迹对泛函(4.50)求时间导数，结合引理 1.1 及不等式(4.27)，得

$$\begin{aligned}
\dot{V}_i(t)= {} & \dot{V}_{1i}(t)+\dot{V}_{2i}(t)\\
\leqslant {} & 2\tilde{\boldsymbol{x}}^{\mathrm{T}}(t)(\boldsymbol{A}_i+\boldsymbol{D}_i\boldsymbol{K}_i)\boldsymbol{P}_i\tilde{\boldsymbol{x}}(t)-2\tilde{\boldsymbol{x}}^{\mathrm{T}}(t)(\boldsymbol{A}_i+\boldsymbol{D}_i\boldsymbol{K}_i)\boldsymbol{P}_i(\boldsymbol{C}^{\mathrm{T}}\tilde{\boldsymbol{x}}(t-h))\\
&+2\tilde{\boldsymbol{x}}^{\mathrm{T}}(t-\tau)\boldsymbol{B}_i\boldsymbol{P}_i\tilde{\boldsymbol{x}}(t)-2\tilde{\boldsymbol{x}}^{\mathrm{T}}(t-\tau)\boldsymbol{B}_i\boldsymbol{P}_i(\boldsymbol{C}^{\mathrm{T}}\tilde{\boldsymbol{x}}(t-h))\\
&+\varepsilon_1\tilde{\boldsymbol{x}}^{\mathrm{T}}(t)\boldsymbol{P}_i\boldsymbol{P}_i\tilde{\boldsymbol{x}}(t)+\varepsilon_1^{-1}\tilde{\boldsymbol{e}}^{\mathrm{T}}(t)\boldsymbol{L}_i\boldsymbol{E}_i(\boldsymbol{L}_i\boldsymbol{E}_i)^{\mathrm{T}}\tilde{\boldsymbol{e}}(t)\\
&+\varepsilon_2(\boldsymbol{C}^{\mathrm{T}}\tilde{\boldsymbol{x}}(t-h))^{\mathrm{T}}\boldsymbol{P}_i\boldsymbol{P}_i(\boldsymbol{C}^{\mathrm{T}}\tilde{\boldsymbol{x}}(t-h))+\varepsilon_2^{-1}\tilde{\boldsymbol{e}}^{\mathrm{T}}(t)\boldsymbol{L}_i\boldsymbol{E}_i(\boldsymbol{L}_i\boldsymbol{E}_i)^{\mathrm{T}}\tilde{\boldsymbol{e}}(t)\\
&+\tilde{\boldsymbol{x}}^{\mathrm{T}}(t)\boldsymbol{CHC}^{\mathrm{T}}\tilde{\boldsymbol{x}}(t)-(\boldsymbol{C}^{\mathrm{T}}\tilde{\boldsymbol{x}}(t-h))^{\mathrm{T}}\boldsymbol{H}(\boldsymbol{C}^{\mathrm{T}}\tilde{\boldsymbol{x}}(t-h))\\
&+\tilde{\boldsymbol{x}}^{\mathrm{T}}(t)\boldsymbol{R}\tilde{\boldsymbol{x}}(t)-\tilde{\boldsymbol{x}}^{\mathrm{T}}(t-\tau)\boldsymbol{R}\tilde{\boldsymbol{x}}(t-\tau)+\tau\tilde{\boldsymbol{x}}^{\mathrm{T}}(t)\boldsymbol{M}\tilde{\boldsymbol{x}}(t)\\
&-\int_{t-\tau}^{t}\tilde{\boldsymbol{x}}^{\mathrm{T}}(s)\boldsymbol{M}\tilde{\boldsymbol{x}}(s)\mathrm{d}s+\tau\boldsymbol{\eta}_1^{\mathrm{T}}(t)\boldsymbol{X}\boldsymbol{\eta}_1(t)-\int_{t-\tau}^{t}\boldsymbol{\eta}_1^{\mathrm{T}}(t)\boldsymbol{X}\boldsymbol{\eta}_1(t)\mathrm{d}s\\
&+2\tilde{\boldsymbol{e}}^{\mathrm{T}}(t)(\boldsymbol{A}_i-\boldsymbol{L}_i\boldsymbol{E}_i)\boldsymbol{P}_e\tilde{\boldsymbol{e}}(t)-2\tilde{\boldsymbol{e}}^{\mathrm{T}}(t)(\boldsymbol{A}_i-\boldsymbol{L}_i\boldsymbol{E}_i)\boldsymbol{P}_e(\boldsymbol{C}^{\mathrm{T}}\tilde{\boldsymbol{e}}(t-h))\\
&+2\tilde{\boldsymbol{e}}^{\mathrm{T}}(t-\tau)\boldsymbol{B}_i\boldsymbol{P}_e\tilde{\boldsymbol{e}}(t)-2\tilde{\boldsymbol{e}}^{\mathrm{T}}(t-\tau)\boldsymbol{B}_i\boldsymbol{P}_e(\boldsymbol{C}^{\mathrm{T}}\tilde{\boldsymbol{e}}(t-h))\\
&+\varepsilon_3\tilde{\boldsymbol{e}}^{\mathrm{T}}(t)\widehat{\boldsymbol{D}}_i\widehat{\boldsymbol{D}}_i^{\mathrm{T}}\tilde{\boldsymbol{e}}(t)+\varepsilon_3^{-1}\tilde{\boldsymbol{e}}^{\mathrm{T}}(t)\boldsymbol{P}_e\widehat{\boldsymbol{E}}_i^{\mathrm{T}}\widehat{\boldsymbol{E}}_i\boldsymbol{P}_e\tilde{\boldsymbol{e}}(t)\\
&+\varepsilon_4\tilde{\boldsymbol{e}}^{\mathrm{T}}(t)\widehat{\boldsymbol{D}}_i\widehat{\boldsymbol{D}}_i^{\mathrm{T}}\tilde{\boldsymbol{e}}(t)+\varepsilon_4^{-1}(\boldsymbol{C}^{\mathrm{T}}\tilde{\boldsymbol{e}}(t-h))\boldsymbol{T}\boldsymbol{P}_e\widehat{\boldsymbol{E}}_i^{\mathrm{T}}\widehat{\boldsymbol{E}}_i\boldsymbol{P}_e(\boldsymbol{C}^{\mathrm{T}}\tilde{\boldsymbol{e}}(t-h))\\
&+\varepsilon_5\tilde{\boldsymbol{e}}^{\mathrm{T}}(t-\tau)\overline{\boldsymbol{D}}_i\overline{\boldsymbol{D}}_i^{\mathrm{T}}\tilde{\boldsymbol{e}}(t-\tau)+\varepsilon_5^{-1}\tilde{\boldsymbol{e}}^{\mathrm{T}}(t)\boldsymbol{P}_e\overline{\boldsymbol{E}}_i^{\mathrm{T}}\overline{\boldsymbol{E}}_i\boldsymbol{P}_e\tilde{\boldsymbol{e}}(t)\\
&+\varepsilon_6\tilde{\boldsymbol{e}}^{\mathrm{T}}(t-\tau)\overline{\boldsymbol{D}}_i\overline{\boldsymbol{D}}_i^{\mathrm{T}}\tilde{\boldsymbol{e}}(t-\tau)
\end{aligned}$$

$$
\begin{aligned}
&+\varepsilon_6^{-1}(\boldsymbol{C}^{\mathrm{T}}\tilde{\boldsymbol{e}}(t-h))\boldsymbol{T}\boldsymbol{P}_e\overline{\boldsymbol{E}}_i^{\mathrm{T}}\overline{\boldsymbol{E}}_i\boldsymbol{P}_e(\boldsymbol{C}^{\mathrm{T}}\tilde{\boldsymbol{e}}(t-h))\\
&+\varepsilon_7\tilde{\boldsymbol{x}}^{\mathrm{T}}(t)\widehat{\boldsymbol{E}}_i^{\mathrm{T}}\widehat{\boldsymbol{E}}_i\tilde{\boldsymbol{x}}(t)+\varepsilon_7^{-1}\tilde{\boldsymbol{e}}^{\mathrm{T}}(t)\boldsymbol{P}_e\widehat{\boldsymbol{D}}_i\widehat{\boldsymbol{D}}_i^{\mathrm{T}}\boldsymbol{P}_e\tilde{\boldsymbol{e}}(t)+\varepsilon_8\tilde{\boldsymbol{x}}^{\mathrm{T}}(t)\widehat{\boldsymbol{E}}_i^{\mathrm{T}}\widehat{\boldsymbol{E}}_i\tilde{\boldsymbol{x}}(t)\\
&+\varepsilon_8^{-1}(\boldsymbol{C}^{\mathrm{T}}\tilde{\boldsymbol{e}}(t-h))^{\mathrm{T}}\boldsymbol{P}_e\widehat{\boldsymbol{D}}_i\widehat{\boldsymbol{D}}_i^{\mathrm{T}}\boldsymbol{P}_e(\boldsymbol{C}^{\mathrm{T}}\tilde{\boldsymbol{e}}(t-h))+\varepsilon_9\tilde{\boldsymbol{x}}^{\mathrm{T}}(t-\tau)\overline{\boldsymbol{E}}_i^{\mathrm{T}}\overline{\boldsymbol{E}}_i\tilde{\boldsymbol{x}}(t-\tau)\\
&+\varepsilon_9^{-1}\tilde{\boldsymbol{e}}^{\mathrm{T}}(t)\boldsymbol{P}_e\overline{\boldsymbol{D}}_i\overline{\boldsymbol{D}}_i^{\mathrm{T}}\boldsymbol{P}_e\tilde{\boldsymbol{e}}(t)+\varepsilon_{10}\tilde{\boldsymbol{x}}^{\mathrm{T}}(t-\tau)\overline{\boldsymbol{E}}_i^{\mathrm{T}}\overline{\boldsymbol{E}}_i\tilde{\boldsymbol{x}}(t-\tau)\\
&+\varepsilon_{10}^{-1}(\boldsymbol{C}^{\mathrm{T}}\tilde{\boldsymbol{e}}(t-h))^{\mathrm{T}}\boldsymbol{P}_e\overline{\boldsymbol{D}}_i\overline{\boldsymbol{D}}_i^{\mathrm{T}}\boldsymbol{P}_e(\boldsymbol{C}^{\mathrm{T}}\tilde{\boldsymbol{e}}(t-h))^{\mathrm{T}}+\tilde{\boldsymbol{e}}^{\mathrm{T}}(t)\boldsymbol{C}\boldsymbol{H}_e\boldsymbol{C}^{\mathrm{T}}\tilde{\boldsymbol{e}}(t)\\
&-(\boldsymbol{C}^{\mathrm{T}}\tilde{\boldsymbol{e}}(t-h))^{\mathrm{T}}\boldsymbol{H}_e(\boldsymbol{C}^{\mathrm{T}}\tilde{\boldsymbol{e}}(t-h))+\tilde{\boldsymbol{e}}^{\mathrm{T}}(t)\boldsymbol{R}_e\tilde{\boldsymbol{e}}(t)\\
&-\tilde{\boldsymbol{e}}^{\mathrm{T}}(t-h)\boldsymbol{R}_e\tilde{\boldsymbol{e}}(t-h)\\
\leqslant\ &\boldsymbol{\xi}^{\mathrm{T}}\widehat{\boldsymbol{\Phi}}_i\boldsymbol{\xi}-\int_{t-\tau}^{t}\boldsymbol{\eta}_2\boldsymbol{Y}\boldsymbol{\eta}_2^{\mathrm{T}}\mathrm{d}s+\boldsymbol{\eta}_3\hat{\boldsymbol{\Psi}}_i\boldsymbol{\eta}_3^{\mathrm{T}}
\end{aligned}
$$

其中

$$
\begin{aligned}
\boldsymbol{\eta}_2&=[\tilde{\boldsymbol{x}}^{\mathrm{T}}(t)\quad \tilde{\boldsymbol{x}}^{\mathrm{T}}(t-\tau)\quad \tilde{\boldsymbol{x}}^{\mathrm{T}}(s)]\\
\boldsymbol{\eta}_3&=[\tilde{\boldsymbol{e}}^{\mathrm{T}}(t)\quad \tilde{\boldsymbol{e}}^{\mathrm{T}}(t-\tau)\quad (\boldsymbol{C}^{\mathrm{T}}\tilde{\boldsymbol{e}}(t-h))^{\mathrm{T}}]
\end{aligned}
$$

由切换律(4.41)知，泛函 $V_\sigma(t)$在所有切换点处都是连续的. 此外，如果 $\widehat{\boldsymbol{\Phi}}_i<0$，$\hat{\boldsymbol{\Psi}}_i<0$ 且$\boldsymbol{Y}\geqslant 0$，则 $\dot{V}_i(t)<0$，这表明每个 $V_i(t)$在其被激活区间都是严格递减的. 这两条结论表明$V_\sigma(t)$沿着系统(4.35)的解轨迹是严格递减的，从而系统(4.35)是渐近稳定的，即系统(4.29)是渐近稳定的.

由于定理 4.3 中的不等式(4.36)和(4.38)都不是线性矩阵不等式，无法通过 MATLAB 软件中的 LMI 工具箱求解器求解，因此，我们需要做一些变换将其转换为可解的线性矩阵不等式. 令 $\boldsymbol{X}_{Ki}=\boldsymbol{K}_i\boldsymbol{P}_i$，应用引理 1.1，可将不等式(4.36)和(4.38)转化为与之等价的线性矩阵不等式. 下列定理以线性矩阵不等式的形式给出了判别系统(4.29)渐近稳定的充分条件.

定理 4.4 考虑增广系统(4.35)，对任意给定的矩阵 $\boldsymbol{P}_e>0$，如果存在矩阵 $\boldsymbol{P}_i>0,\boldsymbol{P}_j>0,\boldsymbol{R}>0,\boldsymbol{R}_e>0,\boldsymbol{H}>0,\boldsymbol{H}_e>0,\boldsymbol{M}>0,\boldsymbol{X}_{11}>0,\boldsymbol{X}_{22}>0,\boldsymbol{X}_{12},\boldsymbol{X}_{Ki}$和标量 $\varepsilon_k>0(k=1,\cdots,10),h>0,\tau>0,\beta_{ij}>0(i,j\in M,j\neq i)$，满足

$$
\begin{bmatrix}
\breve{\boldsymbol{\Phi}}_{11,i} & \boldsymbol{P}_i\boldsymbol{B}_i^{\mathrm{T}}+\tau\boldsymbol{X}_{12} & \breve{\boldsymbol{\Phi}}_{13,i} & \boldsymbol{P}_i & \boldsymbol{0}\\
* & \breve{\boldsymbol{\Phi}}_{22,i} & -\boldsymbol{B}_i\boldsymbol{P}_i & \boldsymbol{0} & \boldsymbol{0}\\
* & * & \breve{\boldsymbol{\Phi}}_{33,i} & \boldsymbol{0} & \boldsymbol{P}_i\\
* & * & * & -\varepsilon_1^{-1}\boldsymbol{I} & \boldsymbol{0}\\
* & * & * & * & -\varepsilon_2^{-1}\boldsymbol{I}
\end{bmatrix}<0 \tag{4.51}
$$

$$
\boldsymbol{Y}=\begin{bmatrix}
\boldsymbol{X}_{11} & \boldsymbol{X}_{12} & \boldsymbol{0}\\
* & \boldsymbol{X}_{22} & \boldsymbol{0}\\
* & * & \boldsymbol{M}
\end{bmatrix}\geqslant 0 \tag{4.52}
$$

$$
\begin{bmatrix}
\breve{\Psi}_{11,i} & P_eB_i^{\mathrm{T}} & \breve{\Psi}_{13,i} & L_iE_i & L_iE_i & P_e\overline{\widehat{E}}_i^{\mathrm{T}} & P_eE_i^{\mathrm{T}} & P_e\overline{\widehat{D}}_i & P_e\bar{D}_i & 0 & 0 & 0 & 0 \\
* & \breve{\Psi}_{22,i} & -B_iP_e & 0 & 0 & 0 & 0 & 0 & 0 & 0 & 0 & 0 & 0 \\
* & * & -H_e & 0 & 0 & 0 & 0 & 0 & 0 & P_e\overline{\widehat{E}}_i^{\mathrm{T}} & P_eE_i^{\mathrm{T}} & P_e\overline{\widehat{D}}_i & P_e\bar{D}_i \\
* & * & * & -\varepsilon_1 I & 0 & 0 & 0 & 0 & 0 & 0 & 0 & 0 & 0 \\
* & * & * & * & -\varepsilon_2 I & 0 & 0 & 0 & 0 & 0 & 0 & 0 & 0 \\
* & * & * & * & * & -\varepsilon_3 I & 0 & 0 & 0 & 0 & 0 & 0 & 0 \\
* & * & * & * & * & * & -\varepsilon_5 I & 0 & 0 & 0 & 0 & 0 & 0 \\
* & * & * & * & * & * & * & -\varepsilon_7 I & 0 & 0 & 0 & 0 & 0 \\
* & * & * & * & * & * & * & * & -\varepsilon_9 I & 0 & 0 & 0 & 0 \\
* & * & * & * & * & * & * & * & * & -\varepsilon_4 I & 0 & 0 & 0 \\
* & * & * & * & * & * & * & * & * & * & -\varepsilon_6 I & 0 & 0 \\
* & * & * & * & * & * & * & * & * & * & * & -\varepsilon_8 I & 0 \\
* & * & * & * & * & * & * & * & * & * & * & * & -\varepsilon_{10} I
\end{bmatrix}
< 0 \tag{4.53}
$$

其中

$$
\breve{\boldsymbol{\Phi}}_{11,i} = (\boldsymbol{A}_i\boldsymbol{P}_i + \boldsymbol{D}_i\boldsymbol{X}_{Ki})^{\mathrm{T}} + (\boldsymbol{A}_i\boldsymbol{P}_i + \boldsymbol{D}_i\boldsymbol{X}_{Ki}) + \boldsymbol{CHC}^{\mathrm{T}} + \boldsymbol{R} + \tau(\boldsymbol{M} + \boldsymbol{X}_{11}) + (\varepsilon_7 + \varepsilon_8)\widehat{\boldsymbol{E}}_i^{\mathrm{T}}\widehat{\boldsymbol{E}}_i + \sum_{j=1,j\neq i}^{m}\beta_{ij}(\boldsymbol{P}_j - \boldsymbol{P}_i)
$$

$$
\breve{\boldsymbol{\Phi}}_{22,i} = \tau\boldsymbol{X}_{22} - \boldsymbol{R} + (\varepsilon_9 + \varepsilon_{10})\bar{\boldsymbol{E}}_i^{\mathrm{T}}\bar{\boldsymbol{E}}_i
$$

$$
\breve{\boldsymbol{\Phi}}_{13,i} = -\boldsymbol{A}_i\boldsymbol{P}_i - \boldsymbol{D}_i\boldsymbol{X}_{Ki} + \sum_{j=1,j\neq i}^{m}\beta_{ij}(\boldsymbol{P}_i - \boldsymbol{P}_j)
$$

$$
\breve{\boldsymbol{\Phi}}_{33,i} = -\boldsymbol{H} + \sum_{j=1,j\neq i}^{m}\beta_{ij}(\boldsymbol{P}_j - \boldsymbol{P}_i)
$$

$$
\breve{\boldsymbol{\Psi}}_{11,i} = \boldsymbol{P}_e(\boldsymbol{A}_i - \boldsymbol{L}_i\boldsymbol{E}_i)^{\mathrm{T}} + (\boldsymbol{A}_i - \boldsymbol{L}_i\boldsymbol{E}_i)\boldsymbol{P}_e + \boldsymbol{CH}_e\boldsymbol{C}^{\mathrm{T}} + \boldsymbol{R}_e + (\varepsilon_3 + \varepsilon_4)\widehat{\boldsymbol{D}}_i\widehat{\boldsymbol{D}}_i^{\mathrm{T}}
$$

$$
\breve{\boldsymbol{\Psi}}_{22,i} = (\varepsilon_5 + \varepsilon_6)\bar{\boldsymbol{D}}_i\bar{\boldsymbol{D}}_i^{\mathrm{T}} - \boldsymbol{R}_e + (\varepsilon_9 + \varepsilon_{10})\bar{\boldsymbol{E}}_i\bar{\boldsymbol{E}}_i^{\mathrm{T}}
$$

$$
\breve{\boldsymbol{\Psi}}_{13,i} = -(\boldsymbol{A}_i - \boldsymbol{L}_i\boldsymbol{E}_i)\boldsymbol{P}_e
$$

则在切换规则(4.41)及控制器(4.5)作用下,系统(4.35)是渐近稳定的,即系统(4.29)是渐近稳定的,其中控制器增益为 $\boldsymbol{K}_i = \boldsymbol{X}_{Ki}\boldsymbol{P}_i^{-1}$.

4.5 数值例子

考虑由无损耗传输线建模的切换线性中立时滞系统：

$$\begin{cases}\dot{\boldsymbol{x}}(t)-\boldsymbol{C}\dot{\boldsymbol{x}}(t-h)=\boldsymbol{A}_{\sigma(t)}\boldsymbol{x}(t)+\boldsymbol{B}_{\sigma(t)}\boldsymbol{x}(t-\tau)+\boldsymbol{D}_{\sigma(t)}\boldsymbol{u}(t)\\ \boldsymbol{y}(t)=\boldsymbol{E}_{\sigma(t)}\boldsymbol{x}(t)\end{cases}\tag{4.54}$$

其中 $M=\{1,2\}$，且系统参数为

$$\boldsymbol{A}_i=\begin{bmatrix}-\alpha_0^i & 0 & \alpha_0^i & 0\\ 0 & -\alpha_1^i & 0 & -\alpha_1^i\\ -\alpha_2^i & 0 & 0 & 0\\ 0 & \alpha_3^i & 0 & 0\end{bmatrix},\quad \boldsymbol{B}_i=\begin{bmatrix}0 & \alpha_0^i & 0 & 0\\ \alpha_1^i & 0 & 0 & 0\\ 0 & \alpha_2^i\alpha_4 & 0 & 0\\ -\alpha_3^i\alpha_5 & 0 & 0 & 0\end{bmatrix}$$

$$\boldsymbol{C}=\begin{bmatrix}0 & \alpha_4 & 0 & 0\\ \alpha_5 & 0 & 0 & 0\\ 0 & 0 & 0 & 0\\ 0 & 0 & 0 & 0\end{bmatrix},\quad \boldsymbol{D}_i=\begin{bmatrix}0 & \beta_0\\ 0 & 0\\ \alpha_2^i\beta_0 & 0\\ 0 & 0\end{bmatrix},\quad \boldsymbol{E}_i=\begin{bmatrix}0 & 0 & 1 & 0\\ 0 & 0 & 0 & 1\end{bmatrix}$$

系统的参数采用文献[79]的定义：

$$\alpha_0^i=\frac{1}{c_0^i}\frac{\sqrt{c}}{R_0\sqrt{c}+\sqrt{L}},\quad \alpha_1^i=\frac{1}{c_1^i}\frac{\sqrt{c}}{R_0\sqrt{c}+\sqrt{L}},\quad \alpha_2^i=\frac{1}{L_0^i}\frac{R_0\sqrt{c}+\sqrt{L}}{\sqrt{c}}$$

$$\alpha_3^i=\frac{1}{L_1^i}\frac{R_1\sqrt{c}+\sqrt{L}}{\sqrt{c}},\quad \alpha_4=\frac{R_0\sqrt{c}-\sqrt{L}}{R_0\sqrt{c}+\sqrt{L}},\quad \alpha_5=\frac{R_1\sqrt{c}-\sqrt{L}}{R_1\sqrt{c}+\sqrt{L}}$$

$$h=\tau=\sqrt{cL}$$

系统参数的取值如下：

$$L=1\,\mathrm{m},\quad c=0.02\,\mathrm{S}^2/\mathrm{m},\quad h=\tau=0.1414\,\mathrm{S},\quad R_0=5\,\Omega$$

$$R_1=10\,\Omega,\quad c_0^1=0.02\,\mathrm{F},\quad c_1^1=0.01\,\mathrm{F},\quad L_0^1=0.2\,\mathrm{H},\quad L_1^1=0.1\,\mathrm{H}$$

$$\beta_0=10,\quad c_0^2=0.03\,\mathrm{F},\quad c_1^2=0.02\,\mathrm{F},\quad L_0^2=0.3\,\mathrm{H},\quad L_1^2=0.2\,\mathrm{H}$$

解线性矩阵不等式(4.11)，(4.12)及(4.28)，得

$$\boldsymbol{P}_1-\boldsymbol{P}_2=\begin{bmatrix}-97.2480 & 0 & 2.3672 & 0\\ 0 & -15.4619 & 0 & -7.7696\\ 2.3672 & 0 & -66.9699 & 0\\ 0 & -7.7696 & 0 & 26.4155\end{bmatrix}$$

$$\boldsymbol{L}_1=\begin{bmatrix}-244.3086 & 0\\ 0 & 157.6011\\ 344.8993 & 0\\ 0 & 396.1860\end{bmatrix},\quad \boldsymbol{L}_2=\begin{bmatrix}-259.4378 & 0\\ 0 & -218.6681\\ 326.8939 & 0\\ 0 & 370.3170\end{bmatrix}$$

$$\boldsymbol{K}_1=\begin{bmatrix}1.1620 & 0 & -0.0602 & 0\\ -790.6832 & 0 & -6.1239 & 0\end{bmatrix},\quad \boldsymbol{K}_2=\begin{bmatrix}-0.0657 & 0 & -0.0411 & 0\\ -67.1259 & 0 & -3.4075 & 0\end{bmatrix}$$

由(4.14)式及获得的矩阵解，构造如下分割区域：

$$\Omega_{12}=\left\{\boldsymbol{\xi}(t)\in\mathbb{R}^{12}\ \middle|\ \boldsymbol{\xi}^{\mathrm{T}}(t)\begin{bmatrix}\boldsymbol{P}_2-\boldsymbol{P}_1 & \boldsymbol{0} & \boldsymbol{P}_1-\boldsymbol{P}_2\\ * & \boldsymbol{0} & \boldsymbol{0}\\ * & * & \boldsymbol{P}_2-\boldsymbol{P}_1\end{bmatrix}\boldsymbol{\xi}(t)\geqslant 0\right\}\tag{4.55}$$

$$\Omega_{21}=\left\{\boldsymbol{\xi}(t)\in\mathbb{R}^{12}\ \middle|\ \boldsymbol{\xi}^{\mathrm{T}}(t)\begin{bmatrix}\boldsymbol{P}_1-\boldsymbol{P}_2 & \boldsymbol{0} & \boldsymbol{P}_2-\boldsymbol{P}_1\\ * & \boldsymbol{0} & \boldsymbol{0}\\ * & * & \boldsymbol{P}_1-\boldsymbol{P}_2\end{bmatrix}\boldsymbol{\xi}(t)\geqslant 0\right\}\tag{4.56}$$

基于(4.55)式及(4.56)式，我们设计如下切换规则：

$$\sigma(t)=\begin{cases}1, & 若\ \boldsymbol{\xi}(0)\in\Omega_{12}\ 或\ \boldsymbol{\xi}(t)\in\Omega_{12}\\ 2, & 若\ \boldsymbol{\xi}(0)\in\Omega_{21}\ 或\ \boldsymbol{\xi}(t)\in\Omega_{21}\end{cases}\tag{4.57}$$

选取初始值 $\hat{\boldsymbol{x}}(0)=[1\quad -1\quad 1\quad -1]^{\mathrm{T}}$，$\boldsymbol{e}(t)=[0.1\quad -0.3\quad 0.2\quad -0.1]^{\mathrm{T}}$. 利用Simulink仿真所获结果如图 4.1～图 4.3 所示. 观测器的状态与误差系统状态的响应分别如图 4.1 和图 4.2 所示. 切换信号如图 4.3 所示. 由此可知，在所设计的切换规则(4.57)作用下，系统(4.54)是渐近稳定的.

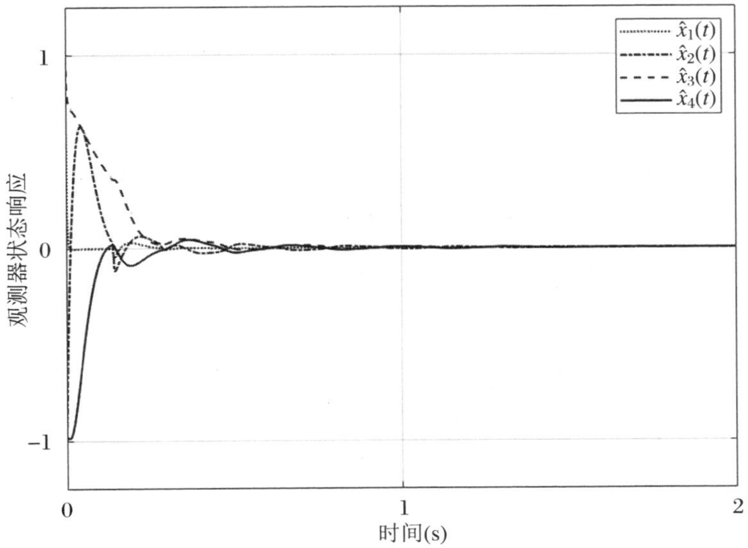

图 4.1　观测器的状态响应

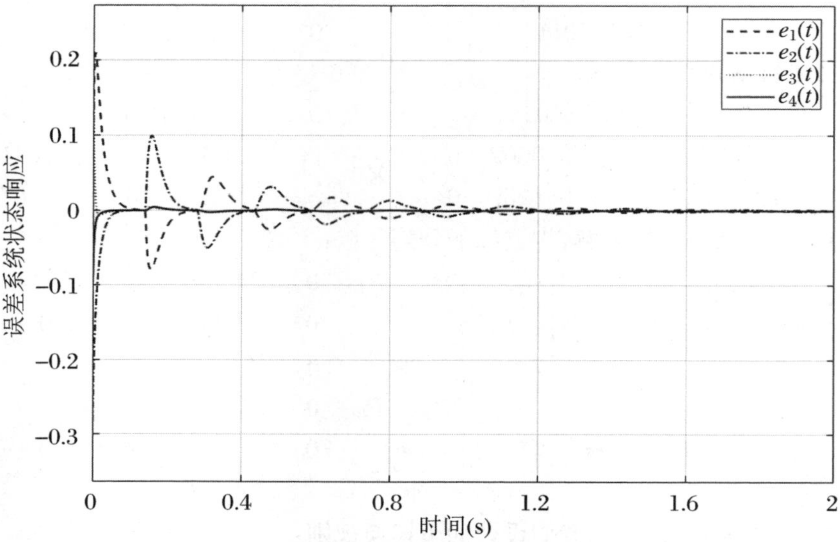

图 4.2　误差系统的状态响应

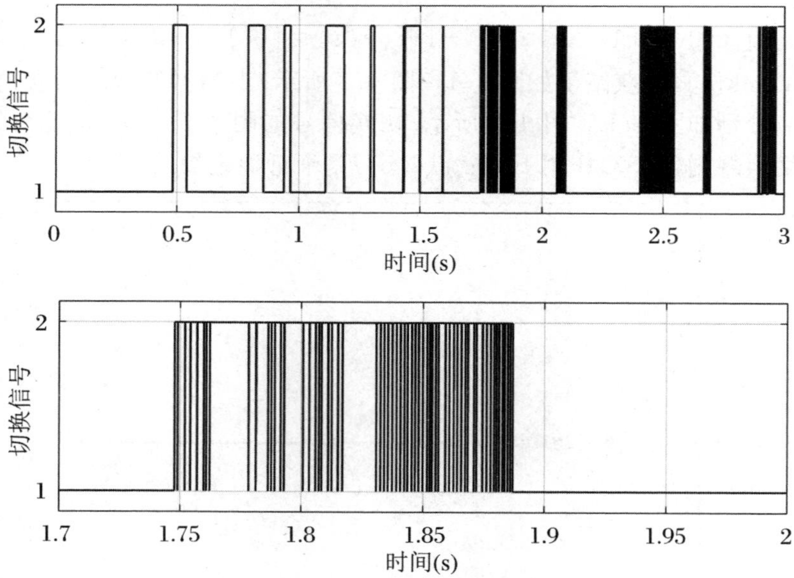

图 4.3　切换信号

本 章 小 结

本章针对一类状态不可直接获得的切换中立时滞系统设计了切换状态观测器，利用观测器的状态信息，进一步设计状态依赖的切换规则和反馈控制器镇定该切换中立时滞系统.这里切换规则的设计是基于状态空间分割方法和多 Lyapunov-Krasovskii 泛函方法，并充分考虑到了中立时滞项的状态信息.同时，我们给出了反馈控制器的设计过程.在分析系统稳定性时，引入了自由权矩阵，以线性矩阵不等式的形式给出了系统时滞相关的稳定性判别准则.最后，将该方法推广到一类具有时变结构不确定的切换中立时滞系统的镇定问题.

第 5 章　切换中立时滞系统稳定性与 L_2 增益分析

5.1 引　　言

如前所述,切换规则在切换系统分析与设计中起到了至关重要的作用.系统切换规则可以依赖时间、系统状态或其他的某些逻辑规则来进行设计.前三章分别从不同的角度讨论了如何设计状态依赖型的切换规则镇定切换中立时滞系统.然而,在切换系统领域,由于慢切换的特性,时间依赖的切换规则深受人们的关注,其中驻留时间和平均驻留时间方法最受欢迎.文献[20]与[21]先后给出了具有全稳子系统的切换线性系统慢切换及平均意义的慢切换意义下系统稳定的条件与设计方法;文献[55]利用平均驻留时间的方法分析了稳定子系统与不稳定子系统同时存在的切换线性系统的稳定性.文献[56]利用平均驻留时间方法分析了具有全不稳子系统的切换离散系统的稳定性.此外,人们利用平均驻留时间的方法也讨论了切换线性中立时滞系统的稳定性问题,如文献[130]利用平均驻留时间方法研究了一类具有常时滞的切换中立时滞系统的稳定性问题.文献[136]利用平均驻留时间的方法研究了一类具有离散变时滞的切换中立时滞系统的稳定性分析.文献[140-141]利用平均驻留时间的方法研究了一类具有常时滞的切换中立时滞系统异步切换下的稳定性问题.文献[142]利用驻留时间的方法研究了切换中立时滞系统异步切换下的可靠控制问题.在文献[130,136,140-141]中,虽然都利用平均驻留时间的方法考虑了切换线性中立时滞系统的稳定性及控制问题,但它们所考虑的系统都仍只是常时滞系统,所获得的结果从时滞系统的角度考虑具有不同程度的保守性.

本章在慢切换意义下,利用平均驻留时间方法,研究了一类具有混合时变时滞的切换中立时滞系统的稳定性与 L_2 增益分析.这里所讨论的切换中立时滞系统包含离散时变时滞与中立时变时滞.我们利用分段 Lyapunov-Krasovskii 泛函方法,引入自由权矩阵,以线性矩阵不等式的形式给出系统时滞相关的稳定性判别准则.同时指出,本章所获得的结果包含了同一自由权矩阵方法下所获得的常离散时滞/时变中立时滞系统、时变离散时滞/常中立时滞系统及常离散时滞/常中立时滞系统的稳定性判别准则为特例.

5.2 系统描述

考虑如下具有混合时变时滞的切换中立时滞系统:

$$\begin{cases} \dot{\boldsymbol{x}}(t)-\boldsymbol{C}_{\sigma(t)}\dot{\boldsymbol{x}}(t-h(t)) \\ \quad =\boldsymbol{A}_{\sigma(t)}\boldsymbol{x}(t)+\boldsymbol{B}_{\sigma(t)}\boldsymbol{x}(t-\tau(t))+\boldsymbol{D}_{\sigma(t)}\boldsymbol{\omega}(t), & t>t_0 \\ \boldsymbol{z}(t)=\boldsymbol{E}_{\sigma(t)}\boldsymbol{x}(t)+\boldsymbol{F}_{\sigma(t)}\boldsymbol{\omega}(t) \\ \boldsymbol{x}_{t_0}=\boldsymbol{x}(t_0+\theta)=\boldsymbol{\varphi}(\theta), & \theta\in[-d,0] \end{cases} \tag{5.1}$$

其中 $\boldsymbol{x}(t)\in\mathbb{R}^n$ 是系统状态向量;$\boldsymbol{z}(t)\in\mathbb{R}^m$ 是系统的可控输出;$\boldsymbol{\omega}(t)\in L_2[0,+\infty)$是外界扰动输入;$\sigma(t):[0,+\infty)\rightarrow\boldsymbol{M}=\{1,2,\cdots,m\}$表示系统的切换信号,$m$ 表示系统(5.1)的子系统个数;$\{(\boldsymbol{A}_i,\boldsymbol{B}_i,\boldsymbol{C}_i,\boldsymbol{D}_i,\boldsymbol{E}_i,\boldsymbol{F}_i):i\in\boldsymbol{M}\}$是定义子系统 i 的具有适当维数的常值矩阵对,矩阵 $\boldsymbol{C}_i$ 满足 $\|\boldsymbol{C}_i\|<1$ 且 $\boldsymbol{C}_i\neq0$;时变时滞 $\tau(t)$与 $h(t)$是满足条件

$$0<\tau(t)\leqslant\tau,\quad \dot{\tau}(t)\leqslant\hat{\tau}<1,\quad 0<h(t)\leqslant h,\quad \dot{h}(t)\leqslant\hat{h}<1 \tag{5.2}$$

的时变连续函数,这里 $\tau,\hat{\tau},h$ 和 $\hat{h}$ 均为常数;$\boldsymbol{\varphi}(\theta)$是定义在区间$[-d,0]$上的连续可微初值向量函数,其中 $d=\max\{\tau,h\}$.对应于切换信号 $\sigma(t)$,存在如下切换序列:

$$\{\boldsymbol{x}_{t_0};(i_0,t_0),(i_1,t_1)\cdots,(i_k,t_k),\cdots\mid i_k\in\boldsymbol{M},k\in\mathbb{N}\}$$

其中(i_k,t_k)表示当 $t\in[t_k,t_{k+1})$时,第 i_k 个子系统被激活.

下面给出与本章内容相关的若干定义.

定义 5.1[136]　已知标量 $\kappa\geqslant1,\lambda>0$,当 $\boldsymbol{\omega}(t)=0$ 时,如果存在切换信号 $\sigma(t)$,使得对任意初始条件 $\boldsymbol{\varphi}(\theta)$,系统的解 $\boldsymbol{x}(t)$均满足

$$\|\boldsymbol{x}(t)\|\leqslant\kappa\mathrm{e}^{-\lambda(t-t_0)}\|\boldsymbol{x}_{t_0}\|_d,\quad\forall t\geqslant t_0$$

其中 $\|\boldsymbol{x}_{t_0}\|_d=\sup_{-d\leqslant\theta\leqslant0}\{\|\boldsymbol{x}(t_0+\theta)\|,\|\dot{\boldsymbol{x}}(t_0+\theta)\|\}$,则称系统(5.1)在切换信号$\sigma(t)$作用下是指数稳定的.

定义 5.2[7]　对任意满足 $T>s\geqslant0$ 的时刻 s,T,令 $N_\sigma(s,T)$表示 σ 在区间$[s,T)$上的切换次数.如果存在 $\tau_a>0,N_0\geqslant0$,满足

$$N_\sigma(s,T) \leqslant N_0 + \frac{T-s}{\tau_a}$$

则称 τ_a 为平均驻留时间,N_0 为抖振界.

定义 5.3[56] 考虑系统(5.1),给定标量 $\gamma>0$,在零初始条件下,如果不等式

$$\int_0^\infty \mathrm{e}^{-\alpha s}\boldsymbol{z}^{\mathrm{T}}(s)\boldsymbol{z}(s)\mathrm{d}s \leqslant \gamma^2\int_0^\infty \boldsymbol{\omega}^{\mathrm{T}}(s)\boldsymbol{\omega}(s)\mathrm{d}s$$

成立,其中 $\alpha>0$,则称系统(5.1)具有加权 L_2 增益.

5.3 稳定性分析

本节将给出切换中立时滞系统(5.1)在平均驻留时间方法下的稳定性分析过程.首先,我们针对非切换中立时滞系统,给出保证系统指数稳定的时滞相关判别准则,然后将所得的结果推广至切换中立时滞系统.

5.3.1 非切换中立时滞系统

考虑如下具有混合时变时滞的非切换中立时滞系统:

$$\begin{cases}\dot{\boldsymbol{x}}(t) - \boldsymbol{C}\dot{\boldsymbol{x}}(t-h(t)) = \boldsymbol{A}\boldsymbol{x}(t) + \boldsymbol{B}\boldsymbol{x}(t-\tau(t)), & t > t_0 \\ \boldsymbol{x}_{t_0} = \boldsymbol{x}(t_0+\theta) = \boldsymbol{\varphi}(\theta), & \theta \in [-d,0]\end{cases} \tag{5.3}$$

其中系统描述参见系统(5.1).

引理 5.1 对给定标量 $\alpha>0,h>0,\hat{h},\tau>0,\hat{\tau}$,如果存在具有合适维数的矩阵 $\boldsymbol{P}>0,\boldsymbol{R}_k>0,\boldsymbol{M}_k>0,\boldsymbol{Q}>0,\boldsymbol{V}_k>0,\boldsymbol{W}_k>0,\bar{\boldsymbol{X}}_k=[\boldsymbol{X}_{k1}^{\mathrm{T}}\quad \boldsymbol{X}_{k2}^{\mathrm{T}}\quad \cdots\quad \boldsymbol{X}_{k6}^{\mathrm{T}}\quad \boldsymbol{0}\quad \boldsymbol{0}\quad \boldsymbol{0}]^{\mathrm{T}},\bar{\boldsymbol{Y}}_k=[\boldsymbol{Y}_{k1}^{\mathrm{T}}\quad \boldsymbol{Y}_{k2}^{\mathrm{T}}\quad \cdots\quad \boldsymbol{Y}_{k6}^{\mathrm{T}}\quad \boldsymbol{0}\quad \boldsymbol{0}\quad \boldsymbol{0}]^{\mathrm{T}},\bar{\boldsymbol{Z}}_k=[\boldsymbol{Z}_{k1}^{\mathrm{T}}\quad \boldsymbol{Z}_{k2}^{\mathrm{T}}\quad \cdots\quad \boldsymbol{Z}_{k6}^{\mathrm{T}}\quad \boldsymbol{0}\quad \boldsymbol{0}\quad \boldsymbol{0}]^{\mathrm{T}}(k=1,2)$,满足

$$\begin{bmatrix}\bar{\boldsymbol{\Omega}} & \tau\mathrm{e}^{-\alpha\tau}\bar{\boldsymbol{X}}_1 & \tau\mathrm{e}^{-\alpha\tau}\bar{\boldsymbol{Y}}_1 & \tau\mathrm{e}^{-\alpha\tau}\bar{\boldsymbol{Z}}_1 & h\mathrm{e}^{-\alpha h}\bar{\boldsymbol{X}}_2 & h\mathrm{e}^{-\alpha h}\bar{\boldsymbol{Y}}_2 & h\mathrm{e}^{-\alpha h}\bar{\boldsymbol{Z}}_2 \\ * & -\tau\mathrm{e}^{-\alpha\tau}\boldsymbol{V}_1 & \boldsymbol{0} & \boldsymbol{0} & \boldsymbol{0} & \boldsymbol{0} & \boldsymbol{0} \\ * & * & -\tau\mathrm{e}^{-\alpha\tau}\boldsymbol{V}_1 & \boldsymbol{0} & \boldsymbol{0} & \boldsymbol{0} & \boldsymbol{0} \\ * & * & * & -\tau\mathrm{e}^{-\alpha\tau}\boldsymbol{V}_2 & \boldsymbol{0} & \boldsymbol{0} & \boldsymbol{0} \\ * & * & * & * & -h\mathrm{e}^{-\alpha h}\boldsymbol{W}_1 & \boldsymbol{0} & \boldsymbol{0} \\ * & * & * & * & * & -h\mathrm{e}^{-\alpha h}\boldsymbol{W}_1 & \boldsymbol{0} \\ * & * & * & * & * & * & -h\mathrm{e}^{-\alpha h}\boldsymbol{W}_2\end{bmatrix} < 0 \tag{5.4}$$

其中

$$\bar{\boldsymbol{\Omega}} = \bar{\boldsymbol{\Omega}}_1 + \bar{\boldsymbol{\Omega}}_2 + \bar{\boldsymbol{\Omega}}_2^{\mathrm{T}}$$

$$\bar{\Omega}_1 = \begin{bmatrix} \Omega_{11} & PB & 0 & PC & 0 & 0 & \tau A^{\mathrm{T}}(V_1+V_2) & hA^{\mathrm{T}}(W_1+W_2) & A^{\mathrm{T}}Q \\ * & -(1-\hat{\tau})\mathrm{e}^{-\alpha\tau}R_1 & 0 & 0 & 0 & 0 & \tau B^{\mathrm{T}}(V_1+V_2) & hB^{\mathrm{T}}(W_1+W_2) & B^{\mathrm{T}}Q \\ * & * & -\mathrm{e}^{-\alpha\tau}R_2 & 0 & 0 & 0 & 0 & 0 & 0 \\ * & * & * & \Omega_{22} & 0 & 0 & \tau C^{\mathrm{T}}(V_1+V_2) & hC^{\mathrm{T}}(W_1+W_2) & C^{\mathrm{T}}Q \\ * & * & * & * & \Omega_{33} & 0 & 0 & 0 & 0 \\ * & * & * & * & * & -\mathrm{e}^{-\alpha h}M_2 & 0 & 0 & 0 \\ * & * & * & * & * & * & -\tau(V_1+V_2) & 0 & 0 \\ * & * & * & * & * & * & * & -h(W_1+W_2) & 0 \\ * & * & * & * & * & * & * & * & -Q \end{bmatrix}$$

$$\boldsymbol{\Omega}_{11} = \boldsymbol{PA} + \boldsymbol{A}^{\mathrm{T}}\boldsymbol{P} + \boldsymbol{R}_1 + \boldsymbol{R}_2 + \boldsymbol{M}_1 + \boldsymbol{M}_2 + \alpha\boldsymbol{P}$$

$$\boldsymbol{\Omega}_{22} = -(1-\hat{h})\mathrm{e}^{-\alpha h}\boldsymbol{Q}$$

$$\boldsymbol{\Omega}_{33} = -(1-\hat{h})\mathrm{e}^{-\alpha h}\boldsymbol{M}_1$$

$$\bar{\boldsymbol{\Omega}}_2 = [\mathrm{e}^{-\alpha\tau}(\bar{\boldsymbol{X}}_1 + \bar{\boldsymbol{Z}}_1) + \mathrm{e}^{-\alpha h}(\bar{\boldsymbol{X}}_2 + \bar{\boldsymbol{Z}}_2) \quad \mathrm{e}^{-\alpha\tau}(-\bar{\boldsymbol{X}}_1 + \bar{\boldsymbol{Y}}_1) \quad \mathrm{e}^{-\alpha\tau}(-\bar{\boldsymbol{Y}}_1 - \bar{\boldsymbol{Z}}_1) \quad \boldsymbol{0}$$
$$\mathrm{e}^{-\alpha h}(-\boldsymbol{X}_2 + \boldsymbol{Y}_2) \quad \mathrm{e}^{-\alpha h}(-\boldsymbol{Y}_2 - \boldsymbol{Z}_2) \quad \boldsymbol{0} \quad \boldsymbol{0} \quad \boldsymbol{0}]$$

则沿着系统(5.4)的解轨迹，有

$$V(t) \leqslant \mathrm{e}^{-\alpha(t-t_0)}V(t_0) \tag{5.5}$$

即系统(5.3)是指数稳定的.

证明　选取如下 Lyapunov-Krasovskii 泛函：

$$V(t) = V_1(t) + V_2(t) + V_3(t) + V_4(t) + V_5(t) \tag{5.6}$$

这里

$$V_1(t) = \boldsymbol{x}^{\mathrm{T}}(t)\boldsymbol{Px}(t)$$

$$V_2(t) = \int_{t-\tau(t)}^{t} \boldsymbol{x}^{\mathrm{T}}(s)\boldsymbol{R}_1\mathrm{e}^{\alpha(s-t)}\boldsymbol{x}(s)\mathrm{d}s + \int_{t-\tau}^{t} \boldsymbol{x}^{\mathrm{T}}(s)\boldsymbol{R}_2\mathrm{e}^{\alpha(s-t)}\boldsymbol{x}(s)\mathrm{d}s$$

$$V_3(t) = \int_{t-h(t)}^{t} \boldsymbol{x}^{\mathrm{T}}(s)\boldsymbol{M}_1\mathrm{e}^{\alpha(s-t)}\boldsymbol{x}(s)\mathrm{d}s + \int_{t-h}^{t} \boldsymbol{x}^{\mathrm{T}}(s)\boldsymbol{M}_2\mathrm{e}^{\alpha(s-t)}\boldsymbol{x}(s)\mathrm{d}s$$

$$V_4(t) = \int_{t-h(t)}^{t} \dot{\boldsymbol{x}}^{\mathrm{T}}(s)\boldsymbol{Q}\mathrm{e}^{\alpha(s-t)}\dot{\boldsymbol{x}}(s)\mathrm{d}s$$

$$V_5(t) = \int_{-\tau}^{0}\int_{t+\theta}^{t} \dot{\boldsymbol{x}}^{\mathrm{T}}(s)(\boldsymbol{V}_1 + \boldsymbol{V}_2)\mathrm{e}^{\alpha(s-t)}\dot{\boldsymbol{x}}(s)\mathrm{d}s\mathrm{d}\theta$$
$$+ \int_{-h}^{0}\int_{t+\theta}^{t} \dot{\boldsymbol{x}}^{\mathrm{T}}(s)(\boldsymbol{W}_1 + \boldsymbol{W}_2)\mathrm{e}^{\alpha(s-t)}\dot{\boldsymbol{x}}(s)\mathrm{d}s\mathrm{d}\theta$$

其中 $\boldsymbol{P},\boldsymbol{R}_1,\boldsymbol{R}_2,\boldsymbol{M}_1,\boldsymbol{M}_2,\boldsymbol{Q},\boldsymbol{V}_1,\boldsymbol{V}_2,\boldsymbol{W}_1,\boldsymbol{W}_2$ 是待定的正定对称矩阵.沿着系统(5.3)的解轨迹计算泛函(5.6)的时间导数，得

$$\dot{V}_1(t) = 2\boldsymbol{x}^{\mathrm{T}}(t)\boldsymbol{P}[\boldsymbol{Ax}(t) + \boldsymbol{Bx}(t-\tau(t)) + \boldsymbol{C}\dot{\boldsymbol{x}}(t-h(t))]$$

$$
\begin{aligned}
\dot{V}_2(t) \leqslant\ & \boldsymbol{x}^{\mathrm{T}}(t)\boldsymbol{R}_1\boldsymbol{x}(t) - (1-\hat{\boldsymbol{\tau}})\boldsymbol{x}^{\mathrm{T}}(t-\tau(t))\boldsymbol{R}_1\mathrm{e}^{-\alpha\tau}\boldsymbol{x}(t-\tau(t)) \\
& - \alpha\int_{t-\tau(t)}^{t}\boldsymbol{x}^{\mathrm{T}}(s)\boldsymbol{R}_1\mathrm{e}^{\alpha(s-t)}\boldsymbol{x}(s)\mathrm{d}s \\
& + \boldsymbol{x}^{\mathrm{T}}(t)\boldsymbol{R}_2\boldsymbol{x}(t) - \boldsymbol{x}^{\mathrm{T}}(t-\tau)\boldsymbol{R}_2\mathrm{e}^{-\alpha\tau}\boldsymbol{x}(t-\tau) \\
& - \alpha\int_{t-\tau}^{t}\boldsymbol{x}^{\mathrm{T}}(s)\boldsymbol{R}_2\mathrm{e}^{\alpha(s-t)}\boldsymbol{x}(s)\mathrm{d}s
\end{aligned}
$$

$$
\begin{aligned}
\dot{V}_3(t) \leqslant\ & \boldsymbol{x}^{\mathrm{T}}(t)\boldsymbol{M}_1\boldsymbol{x}(t) - (1-\hat{\boldsymbol{h}})\boldsymbol{x}^{\mathrm{T}}(t-h(t))\boldsymbol{M}_1\mathrm{e}^{-\alpha h}\boldsymbol{x}(t-h(t)) \\
& - \alpha\int_{t-h(t)}^{t}\boldsymbol{x}^{\mathrm{T}}(s)\boldsymbol{M}_1\mathrm{e}^{\alpha(s-t)}\boldsymbol{x}(s)\mathrm{d}s + \boldsymbol{x}^{\mathrm{T}}(t)\boldsymbol{M}_2\boldsymbol{x}(t) \\
& - \boldsymbol{x}^{\mathrm{T}}(t-h)\boldsymbol{M}_2\mathrm{e}^{-\alpha h}\boldsymbol{x}(t-h) \\
& - \alpha\int_{t-h}^{t}\boldsymbol{x}^{\mathrm{T}}(s)\boldsymbol{M}_2\mathrm{e}^{\alpha(s-t)}\boldsymbol{x}(s)\mathrm{d}s
\end{aligned}
$$

$$
\begin{aligned}
\dot{V}_4(t) \leqslant\ & \dot{\boldsymbol{x}}^{\mathrm{T}}(t)\boldsymbol{Q}\dot{\boldsymbol{x}}(t) - (1-\hat{h})\dot{\boldsymbol{x}}^{\mathrm{T}}(t-h(t))\boldsymbol{Q}\mathrm{e}^{-\alpha h}\dot{\boldsymbol{x}}(t-h(t)) \\
& - \alpha\int_{t-h(t)}^{t}\dot{\boldsymbol{x}}^{\mathrm{T}}(s)\boldsymbol{Q}\mathrm{e}^{\alpha(s-t)}\dot{\boldsymbol{x}}(s)\mathrm{d}s
\end{aligned}
$$

$$
\begin{aligned}
\dot{V}_5(t) \leqslant & - \alpha\int_{-\tau}^{0}\int_{t+\theta}^{t}\dot{\boldsymbol{x}}^{\mathrm{T}}(s)(\boldsymbol{V}_1+\boldsymbol{V}_2)\mathrm{e}^{\alpha(s-t)}\dot{\boldsymbol{x}}(s)\mathrm{d}s\mathrm{d}\theta + \dot{\boldsymbol{x}}^{\mathrm{T}}(t)(\tau(\boldsymbol{V}_1+\boldsymbol{V}_2) \\
& + h(\boldsymbol{W}_1+\boldsymbol{W}_2))\dot{\boldsymbol{x}}(t) \\
& - \int_{t-\tau(t)}^{t}\dot{\boldsymbol{x}}^{\mathrm{T}}(s)\boldsymbol{V}_1\mathrm{e}^{-\alpha\tau}\dot{\boldsymbol{x}}(s)\mathrm{d}s - \int_{t-\tau}^{t-\tau(t)}\dot{\boldsymbol{x}}^{\mathrm{T}}(s)\boldsymbol{V}_1\mathrm{e}^{-\alpha\tau}\dot{\boldsymbol{x}}(s)\mathrm{d}s \\
& - \int_{t-\tau}^{t}\dot{\boldsymbol{x}}^{\mathrm{T}}(s)\boldsymbol{V}_2\mathrm{e}^{-\alpha\tau}\dot{\boldsymbol{x}}(s)\mathrm{d}s \\
& - \alpha\int_{-h}^{0}\int_{t+\theta}^{t}\dot{\boldsymbol{x}}^{\mathrm{T}}(s)(\boldsymbol{W}_1+\boldsymbol{W}_2)\mathrm{e}^{\alpha(s-t)}\dot{\boldsymbol{x}}(s)\mathrm{d}s\mathrm{d}\theta \\
& - \int_{t-h(t)}^{t}\dot{\boldsymbol{x}}^{\mathrm{T}}(s)\boldsymbol{W}_1\mathrm{e}^{-\alpha h}\dot{\boldsymbol{x}}(s)\mathrm{d}s \\
& - \int_{t-h}^{t-h(t)}\dot{\boldsymbol{x}}^{\mathrm{T}}(s)\boldsymbol{W}_1\mathrm{e}^{-\alpha h}\dot{\boldsymbol{x}}(s)\mathrm{d}s - \int_{t-h}^{t}\dot{\boldsymbol{x}}^{\mathrm{T}}(s)\boldsymbol{W}_2\mathrm{e}^{-\alpha h}\dot{\boldsymbol{x}}(s)\mathrm{d}s
\end{aligned}
$$

此外，由 Newton-Leibniz 公式可知，对任意具有合适维数的矩阵

$$
\boldsymbol{X}_1 = \begin{bmatrix}\boldsymbol{X}_{11}\\ \boldsymbol{X}_{12}\\ \boldsymbol{X}_{13}\\ \boldsymbol{X}_{14}\\ \boldsymbol{X}_{15}\\ \boldsymbol{X}_{16}\end{bmatrix},\quad
\boldsymbol{X}_2 = \begin{bmatrix}\boldsymbol{X}_{21}\\ \boldsymbol{X}_{22}\\ \boldsymbol{X}_{23}\\ \boldsymbol{X}_{24}\\ \boldsymbol{X}_{25}\\ \boldsymbol{X}_{26}\end{bmatrix},\quad
\boldsymbol{Y}_1 = \begin{bmatrix}\boldsymbol{Y}_{11}\\ \boldsymbol{Y}_{12}\\ \boldsymbol{Y}_{13}\\ \boldsymbol{Y}_{14}\\ \boldsymbol{Y}_{15}\\ \boldsymbol{Y}_{16}\end{bmatrix},\quad
\boldsymbol{Y}_2 = \begin{bmatrix}\boldsymbol{Y}_{21}\\ \boldsymbol{Y}_{22}\\ \boldsymbol{Y}_{23}\\ \boldsymbol{Y}_{24}\\ \boldsymbol{Y}_{25}\\ \boldsymbol{Y}_{26}\end{bmatrix}
$$

$$Z_1=\begin{bmatrix}Z_{11}\\Z_{12}\\Z_{13}\\Z_{14}\\Z_{15}\\Z_{16}\end{bmatrix},\quad Z_2=\begin{bmatrix}Z_{21}\\Z_{22}\\Z_{23}\\Z_{24}\\Z_{25}\\Z_{26}\end{bmatrix}$$

下列等式恒成立：

$$2e^{-\alpha\tau}\boldsymbol{\zeta}^{T}(t)\boldsymbol{X}_1\left[\boldsymbol{x}(t)-\boldsymbol{x}(t-\tau(t))-\int_{t-\tau(t)}^{t}\dot{\boldsymbol{x}}(s)ds\right]=0 \tag{5.7}$$

$$2e^{-\alpha\tau}\boldsymbol{\zeta}^{T}(t)\boldsymbol{Y}_1\left[\boldsymbol{x}(t-\tau(t))-\boldsymbol{x}(t-\tau)-\int_{t-\tau}^{t-\tau(t)}\dot{\boldsymbol{x}}(s)ds\right]=0 \tag{5.8}$$

$$2e^{-\alpha\tau}\boldsymbol{\zeta}^{T}(t)\boldsymbol{Z}_1\left[\boldsymbol{x}(t)-\boldsymbol{x}(t-\tau)-\int_{t-\tau}^{t}\dot{\boldsymbol{x}}(s)ds\right]=0 \tag{5.9}$$

$$2e^{-\alpha h}\boldsymbol{\zeta}^{T}(t)\boldsymbol{X}_2\left[\boldsymbol{x}(t)-\boldsymbol{x}(t-h(t))-\int_{t-h(t)}^{t}\dot{\boldsymbol{x}}(s)ds\right]=0 \tag{5.10}$$

$$2e^{-\alpha h}\boldsymbol{\zeta}^{T}(t)\boldsymbol{Y}_2\left[\boldsymbol{x}(t-h(t))-\boldsymbol{x}(t-h)-\int_{t-h}^{t-h(t)}\dot{\boldsymbol{x}}(s)ds\right]=0 \tag{5.11}$$

$$2e^{-\alpha h}\boldsymbol{\zeta}^{T}(t)\boldsymbol{Z}_2\left[\boldsymbol{x}(t)-\boldsymbol{x}(t-h)-\int_{t-h}^{t}\dot{\boldsymbol{x}}(s)ds\right]=0 \tag{5.12}$$

其中

$$\begin{aligned}&\boldsymbol{\zeta}^{T}(t)\\&=\left[\boldsymbol{x}^{T}(t)\quad \boldsymbol{x}^{T}(t-\tau(t))\quad \boldsymbol{x}^{T}(t-\tau)\quad \dot{\boldsymbol{x}}^{T}(t-h(t))\quad \boldsymbol{x}^{T}(t-h(t))\quad \boldsymbol{x}^{T}(t-h)\right]\end{aligned}$$

计算 $\dot{V}(t)+\alpha V(t)$，并代入(5.7)式～(5.12)式的左端项，整理后得

$$\begin{aligned}&\dot{V}(t)+\alpha V(t)\\
&\quad\leqslant \boldsymbol{\zeta}^{T}(t)[\boldsymbol{\Omega}_1+\boldsymbol{\Omega}_2+\boldsymbol{\Omega}_2^{T}+\tau\boldsymbol{\Gamma}^{T}(\boldsymbol{V}_1+\boldsymbol{V}_2)\boldsymbol{\Gamma}+h\boldsymbol{\Gamma}^{T}(\boldsymbol{W}_1+\boldsymbol{W}_2)\boldsymbol{\Gamma}+\boldsymbol{\Gamma}^{T}\boldsymbol{Q}\boldsymbol{\Gamma}\\
&\qquad+\tau e^{-\alpha\tau}\boldsymbol{X}_1\boldsymbol{V}_1^{-1}\boldsymbol{X}_1^{T}+\tau e^{-\alpha\tau}\boldsymbol{Y}_1\boldsymbol{V}_1^{-1}\boldsymbol{Y}_1^{T}+\tau e^{-\alpha\tau}\boldsymbol{Z}_1\boldsymbol{V}_2^{-1}\boldsymbol{Z}_1^{T}+he^{-\alpha h}\boldsymbol{X}_2\boldsymbol{W}_1^{-1}\boldsymbol{X}_2^{T}\\
&\qquad+he^{-\alpha h}\boldsymbol{Y}_2\boldsymbol{W}_1^{-1}\boldsymbol{Y}_2^{T}+he^{-\alpha h}\boldsymbol{Z}_2\boldsymbol{W}_2^{-1}\boldsymbol{Z}_2^{T}]\boldsymbol{\zeta}(t)\\
&\qquad-\int_{t-\tau(t)}^{t}[\boldsymbol{\zeta}^{T}(t)\boldsymbol{X}_1+\dot{\boldsymbol{x}}^{T}(s)\boldsymbol{V}_1]\boldsymbol{V}_1^{-1}e^{-\alpha\tau}[\boldsymbol{X}_1^{T}\boldsymbol{\zeta}(t)+\boldsymbol{V}_1\dot{\boldsymbol{x}}(s)]ds\\
&\qquad-\int_{t-\tau}^{t-\tau(t)}[\boldsymbol{\zeta}^{T}(t)\boldsymbol{Y}_1+\dot{\boldsymbol{x}}^{T}(s)\boldsymbol{V}_1]\boldsymbol{V}_1^{-1}e^{-\alpha\tau}[\boldsymbol{Y}_1^{T}\boldsymbol{\zeta}(t)+\boldsymbol{V}_1\dot{\boldsymbol{x}}(s)]ds\\
&\qquad-\int_{t-\tau}^{t}[\boldsymbol{\zeta}^{T}(t)\boldsymbol{Z}_1+\dot{\boldsymbol{x}}^{T}(s)\boldsymbol{V}_2]\boldsymbol{V}_2^{-1}e^{-\alpha\tau}[\boldsymbol{Z}_1^{T}\boldsymbol{\zeta}(t)+\boldsymbol{V}_2\dot{\boldsymbol{x}}(s)]ds\\
&\qquad-\int_{t-h(t)}^{t}[\boldsymbol{\zeta}^{T}(t)\boldsymbol{X}_2+\dot{\boldsymbol{x}}^{T}(s)\boldsymbol{W}_1]\boldsymbol{W}_1^{-1}e^{-\alpha h}[\boldsymbol{X}_2^{T}\boldsymbol{\zeta}(t)+\boldsymbol{W}_1\dot{\boldsymbol{x}}(s)]ds\\
&\qquad-\int_{t-h}^{t-h(t)}[\boldsymbol{\zeta}^{T}(t)\boldsymbol{Y}_2+\dot{\boldsymbol{x}}^{T}(s)\boldsymbol{W}_1]\boldsymbol{W}_1^{-1}e^{-\alpha h}[\boldsymbol{Y}_2^{T}\boldsymbol{\zeta}(t)+\boldsymbol{W}_1\dot{\boldsymbol{x}}(s)]ds\end{aligned}$$

$$-\int_{t-h}^{t}[\boldsymbol{\zeta}^{\mathrm{T}}(t)\boldsymbol{Z}_2+\dot{\boldsymbol{x}}^{\mathrm{T}}(s)\boldsymbol{W}_2]\boldsymbol{W}_2^{-1}\mathrm{e}^{-\alpha h}[\boldsymbol{Z}_2^{\mathrm{T}}\boldsymbol{\zeta}(t)+\boldsymbol{W}_2\dot{\boldsymbol{x}}(s)]\mathrm{d}s \tag{5.13}$$

其中

$$\boldsymbol{\Omega}_1=\begin{bmatrix}\boldsymbol{\Omega}_{11} & \boldsymbol{PB} & \boldsymbol{0} & \boldsymbol{PC} & \boldsymbol{0} & \boldsymbol{0}\\ * & -(1-\hat{\tau})\mathrm{e}^{-\alpha\tau}\boldsymbol{R}_1 & \boldsymbol{0} & \boldsymbol{0} & \boldsymbol{0} & \boldsymbol{0}\\ * & * & -\mathrm{e}^{-\alpha\tau}\boldsymbol{R}_2 & \boldsymbol{0} & \boldsymbol{0} & \boldsymbol{0}\\ * & * & * & -(1-\hat{h})\mathrm{e}^{-\alpha h}\boldsymbol{Q} & \boldsymbol{0} & \boldsymbol{0}\\ * & * & * & * & -(1-\hat{h})\mathrm{e}^{-\alpha h}\boldsymbol{M}_1 & \boldsymbol{0}\\ * & * & * & * & * & -\mathrm{e}^{-\alpha h}\boldsymbol{M}_2\end{bmatrix}$$

$$\boldsymbol{\Omega}_{11}=\boldsymbol{PA}+\boldsymbol{A}^{\mathrm{T}}\boldsymbol{P}+\boldsymbol{R}_1+\boldsymbol{R}_2+\boldsymbol{M}_1+\boldsymbol{M}_2+\alpha\boldsymbol{P}$$

$$\begin{aligned}\boldsymbol{\Omega}_2=[&\mathrm{e}^{-\alpha\tau}(\boldsymbol{X}_1+\boldsymbol{Z}_1)+\mathrm{e}^{-\alpha h}(\boldsymbol{X}_2+\boldsymbol{Z}_2)\quad \mathrm{e}^{-\alpha\tau}(-\boldsymbol{X}_1+\boldsymbol{Y}_1)\quad \mathrm{e}^{-\alpha\tau}(-\boldsymbol{Y}_1-\boldsymbol{Z}_1)\quad \boldsymbol{0}\\ &\mathrm{e}^{-\alpha h}(-\boldsymbol{X}_2+\boldsymbol{Y}_2)\quad \mathrm{e}^{-\alpha h}(-\boldsymbol{Y}_2-\boldsymbol{Z}_2)]\end{aligned}$$

$$\boldsymbol{\Gamma}=[\boldsymbol{A}\quad \boldsymbol{B}\quad \boldsymbol{0}\quad \boldsymbol{C}\quad \boldsymbol{0}\quad \boldsymbol{0}]$$

由于 $\boldsymbol{V}_1>0,\boldsymbol{V}_2>0,\boldsymbol{W}_1>0,\boldsymbol{W}_2>0$,易知不等式(5.13)右端的后六项均小于0,因此

$$\begin{aligned}\dot{V}(t)+\alpha V(t)\leqslant\boldsymbol{\zeta}^{\mathrm{T}}(t)[&\boldsymbol{\Omega}_1+\boldsymbol{\Omega}_2+\boldsymbol{\Omega}_2^{\mathrm{T}}+\tau\boldsymbol{\Gamma}^{\mathrm{T}}(\boldsymbol{V}_1+\boldsymbol{V}_2)\boldsymbol{\Gamma}+h\boldsymbol{\Gamma}^{\mathrm{T}}(\boldsymbol{W}_1+\boldsymbol{W}_2)\boldsymbol{\Gamma}\\ &+\boldsymbol{\Gamma}^{\mathrm{T}}\boldsymbol{Q}\boldsymbol{\Gamma}+\tau\mathrm{e}^{-\alpha\tau}\boldsymbol{X}_1\boldsymbol{V}_1^{-1}\boldsymbol{X}_1^{\mathrm{T}}+\tau\mathrm{e}^{-\alpha\tau}\boldsymbol{Y}_1\boldsymbol{V}_1^{-1}\boldsymbol{Y}_1^{\mathrm{T}}+\tau\mathrm{e}^{-\alpha\tau}\boldsymbol{Z}_1\boldsymbol{V}_2^{-1}\boldsymbol{Z}_1^{\mathrm{T}}\\ &+h\mathrm{e}^{-\alpha h}\boldsymbol{X}_2\boldsymbol{W}_1^{-1}\boldsymbol{X}_2^{\mathrm{T}}+h\mathrm{e}^{-\alpha h}\boldsymbol{Y}_2\boldsymbol{W}_1^{-1}\boldsymbol{Y}_2^{\mathrm{T}}+h\mathrm{e}^{-\alpha h}\boldsymbol{Z}_2\boldsymbol{W}_2^{-1}\boldsymbol{Z}_2^{\mathrm{T}}]\boldsymbol{\zeta}(t)\end{aligned}$$

若令

$$\begin{aligned}&\boldsymbol{\Omega}_1+\boldsymbol{\Omega}_2+\boldsymbol{\Omega}_2^{\mathrm{T}}+\tau\boldsymbol{\Gamma}^{\mathrm{T}}(\boldsymbol{V}_1+\boldsymbol{V}_2)\boldsymbol{\Gamma}+h\boldsymbol{\Gamma}^{\mathrm{T}}(\boldsymbol{W}_1+\boldsymbol{W}_2)\boldsymbol{\Gamma}+\boldsymbol{\Gamma}^{\mathrm{T}}\boldsymbol{Q}\boldsymbol{\Gamma}\\ &\quad+\tau\mathrm{e}^{-\alpha\tau}\boldsymbol{X}_1\boldsymbol{V}_1^{-1}\boldsymbol{X}_1^{\mathrm{T}}+\tau\mathrm{e}^{-\alpha\tau}\boldsymbol{Y}_1\boldsymbol{V}_1^{-1}\boldsymbol{Y}_1^{\mathrm{T}}+\tau\mathrm{e}^{-\alpha\tau}\boldsymbol{Z}_1\boldsymbol{V}_2^{-1}\boldsymbol{Z}_1^{\mathrm{T}}\\ &\quad+h\mathrm{e}^{-\alpha h}\boldsymbol{X}_2\boldsymbol{W}_1^{-1}\boldsymbol{X}_2^{\mathrm{T}}+h\mathrm{e}^{-\alpha h}\boldsymbol{Y}_2\boldsymbol{W}_1^{-1}\boldsymbol{Y}_2^{\mathrm{T}}+h\mathrm{e}^{-\alpha h}\boldsymbol{Z}_2\boldsymbol{W}_2^{-1}\boldsymbol{Z}_2^{\mathrm{T}}<0\end{aligned} \tag{5.14}$$

应用引理1.1,易知不等式(5.14)成立等价于不等式(5.4)成立.此外,若不等式(5.4)成立,则

$$\dot{V}(t)+\alpha V(t)<0 \tag{5.15}$$

从 t_0 到 t 积分不等式(5.15),即得(5.5)式,证毕.

接下来,我们将非切换中立时滞系统的分析扩展到切换中立时滞系统.

5.3.2 切换中立时滞系统

考虑如下切换中立时滞系统:

$$\begin{cases}\dot{\boldsymbol{x}}(t)-\boldsymbol{C}_{\sigma(t)}\dot{\boldsymbol{x}}(t-h(t))=\boldsymbol{A}_{\sigma(t)}\boldsymbol{x}(t)+\boldsymbol{B}_{\sigma(t)}\boldsymbol{x}(t-\tau(t)), & t>t_0\\ \boldsymbol{x}_{t_0}=\boldsymbol{x}(t_0+\theta)=\boldsymbol{\varphi}(\theta), & \theta\in[-d,0]\end{cases} \tag{5.16}$$

系统的参数描述参见系统(5.1).

下列定理给出本章的主要结果.

定理 5.1　给定常数 $\alpha>0$,假设条件(5.2)满足,如果存在正定对称矩阵 $\boldsymbol{P}^i$, $\boldsymbol{R}_k^i$, $\boldsymbol{M}_k^i$, $\boldsymbol{Q}^i$, $\boldsymbol{V}_k^i$, $\boldsymbol{W}_k^i$ 及具有合适维数的矩阵 $\bar{\boldsymbol{X}}_k^i=[\boldsymbol{X}_{k1}^{iT}\quad \boldsymbol{X}_{k2}^{iT}\quad \cdots\quad \boldsymbol{X}_{k6}^{iT}\quad 0\quad 0\quad 0]^{\mathrm{T}}$, $\bar{\boldsymbol{Y}}_k^i=[\boldsymbol{Y}_{k1}^{iT}\quad \boldsymbol{Y}_{k2}^{iT}\quad \cdots\quad \boldsymbol{Y}_{k6}^{iT}\quad 0\quad 0\quad 0]^{\mathrm{T}}$, $\bar{\boldsymbol{Z}}_k^i=[\boldsymbol{Z}_{k1}^{iT}\quad \boldsymbol{Z}_{k2}^{iT}\quad \cdots\quad \boldsymbol{Z}_{k6}^{iT}\quad 0\quad 0\quad 0]^{\mathrm{T}}(k=1,2,i\in M)$满足

$$\begin{bmatrix}\bar{\boldsymbol{\Omega}}^i & \tau e^{-\alpha\tau}\bar{\boldsymbol{X}}_1^i & \tau e^{-\alpha\tau}\bar{\boldsymbol{Y}}_1^i & \tau e^{-\alpha\tau}\bar{\boldsymbol{Z}}_1^i & he^{-\alpha h}\bar{\boldsymbol{X}}_2^i & he^{-\alpha h}\bar{\boldsymbol{Y}}_2^i & he^{-\alpha h}\bar{\boldsymbol{Z}}_2^i \\ * & -\tau e^{-\alpha\tau}\boldsymbol{V}_1^i & \mathbf{0} & \mathbf{0} & \mathbf{0} & \mathbf{0} & \mathbf{0} \\ * & * & -\tau e^{-\alpha\tau}\boldsymbol{V}_1^i & \mathbf{0} & \mathbf{0} & \mathbf{0} & \mathbf{0} \\ * & * & * & -\tau e^{-\alpha\tau}\boldsymbol{V}_2^i & \mathbf{0} & \mathbf{0} & \mathbf{0} \\ * & * & * & * & -he^{-\alpha h}\boldsymbol{W}_1^i & \mathbf{0} & \mathbf{0} \\ * & * & * & * & * & -he^{-\alpha h}\boldsymbol{W}_1^i & \mathbf{0} \\ * & * & * & * & * & * & -he^{-\alpha h}\boldsymbol{W}_2^i\end{bmatrix}<0 \tag{5.17}$$

其中 $\bar{\boldsymbol{\Omega}}^i=\bar{\boldsymbol{\Omega}}_1^i+\bar{\boldsymbol{\Omega}}_2^i+\bar{\boldsymbol{\Omega}}_2^{iT}$,

$$\bar{\boldsymbol{\Omega}}_1^i=\begin{bmatrix}\bar{\boldsymbol{\Omega}}_{11}^i & \boldsymbol{P}^i\boldsymbol{B}_i & 0 & \boldsymbol{P}^i\boldsymbol{C}_i & 0 & 0 & \tau\boldsymbol{A}_i^{\mathrm{T}}\boldsymbol{V}^i & h\boldsymbol{A}_i^{\mathrm{T}}\boldsymbol{W}^i & \boldsymbol{A}_i^{\mathrm{T}}\boldsymbol{Q}^i \\ * & -(1-\hat{\tau})e^{-\alpha\tau}\boldsymbol{R}_1^i & 0 & 0 & 0 & 0 & \tau\boldsymbol{B}_i^{\mathrm{T}}\boldsymbol{V}^i & h\boldsymbol{B}_i^{\mathrm{T}}\boldsymbol{W}^i & \boldsymbol{B}_i^{\mathrm{T}}\boldsymbol{Q}^i \\ * & * & -e^{-\alpha\tau}\boldsymbol{R}_2^i & 0 & 0 & 0 & 0 & 0 & 0 \\ * & * & * & \boldsymbol{\Omega}_{22}^i & 0 & 0 & \tau\boldsymbol{C}_i^{\mathrm{T}}\boldsymbol{V}^i & h\boldsymbol{C}_i^{\mathrm{T}}\boldsymbol{W}^i & \boldsymbol{C}_i^{\mathrm{T}}\boldsymbol{Q}^i \\ * & * & * & * & \boldsymbol{\Omega}_{33}^i & 0 & 0 & 0 & 0 \\ * & * & * & * & * & -e^{-\alpha h}\boldsymbol{M}_2^i & 0 & 0 & 0 \\ * & * & * & * & * & * & -\tau\boldsymbol{V}^i & 0 & 0 \\ * & * & * & * & * & * & * & -h\boldsymbol{W}^i & 0 \\ * & * & * & * & * & * & * & * & -\boldsymbol{Q}^i\end{bmatrix}$$

$$\boldsymbol{V}^i=\boldsymbol{V}_1^i+\boldsymbol{V}_2^i$$

$$\boldsymbol{W}^i=\boldsymbol{W}_1^i+\boldsymbol{W}_2^i$$

$$\bar{\boldsymbol{\Omega}}_{11}^i=\boldsymbol{P}^i\boldsymbol{A}_i+\boldsymbol{A}_i^{\mathrm{T}}\boldsymbol{P}^i+\boldsymbol{R}_1^i+\boldsymbol{R}_2^i+\boldsymbol{M}_1^i+\boldsymbol{M}_2^i+\alpha\boldsymbol{P}^i$$

$$\boldsymbol{\Omega}_{22}^i=-(1-\hat{h})e^{-\alpha h}\boldsymbol{Q}^i$$

$$\boldsymbol{\Omega}_{33}^i=-(1-\hat{h})e^{-\alpha h}\boldsymbol{M}_1^i$$

$$\bar{\boldsymbol{\Omega}}_2^i=[e^{-\alpha\tau}(\boldsymbol{X}_1^i+\boldsymbol{Z}_1^i)+e^{-\alpha h}(\boldsymbol{X}_2^i+\boldsymbol{Z}_2^i)\quad e^{-\alpha\tau}(-\boldsymbol{X}_1^i+\boldsymbol{Y}_1^i)\quad e^{-\alpha\tau}(-\boldsymbol{Y}_1^i-\boldsymbol{Z}_1^i)\quad \mathbf{0}\quad \mathbf{0}\quad e^{-\alpha h}(-\boldsymbol{X}_2^i+\boldsymbol{Y}_2^i)\quad e^{-\alpha h}(-\boldsymbol{Y}_2^i-\boldsymbol{Z}_2^i)\quad \mathbf{0}\quad \mathbf{0}]$$

则系统(5.17)在满足

$$\tau_a>\tau_a^*=\frac{\ln\mu}{\alpha} \tag{5.18}$$

的任意切换信号作用下都是指数稳定的,其中 $\mu\geqslant 1$ 满足

$$\begin{aligned}&\boldsymbol{P}^i\leqslant\mu\boldsymbol{P}^j,\boldsymbol{R}_k^i\leqslant\mu\boldsymbol{R}_k^j,\boldsymbol{M}_k^i\leqslant\mu\boldsymbol{M}_k^j,\boldsymbol{Q}^i\leqslant\mu\boldsymbol{Q}^j,\\&\boldsymbol{V}_k^i\leqslant\mu\boldsymbol{V}_k^j,\boldsymbol{W}_k^i\leqslant\mu\boldsymbol{W}_k^j\quad(\forall\, i,j\in\boldsymbol{M})\end{aligned}\tag{5.19}$$

此外,状态衰减估计为

$$\|\boldsymbol{x}(t)\|\leqslant\sqrt{\frac{b}{a}}\mathrm{e}^{-\lambda(t-t_0)}\|\boldsymbol{x}_{t_0}\|_d\tag{5.20}$$

这里

$$\lambda=\frac{1}{2}\left(\alpha-\frac{\ln\mu}{\tau_a}\right),\quad a=\min_{\forall i\in M}\lambda_{\min}(\boldsymbol{P}^i)$$

$$\begin{aligned}b=&\max_{\forall i\in M}\lambda_{\max}(\boldsymbol{P}^i)+\tau\max_{\forall i\in M}\lambda_{\max}(\boldsymbol{R}_1^i)+\tau\max_{\forall i\in M}\lambda_{\max}(\boldsymbol{R}_2^i)+h\max_{\forall i\in M}\lambda_{\max}(\boldsymbol{Q}^i)\\&+h\max_{\forall i\in M}\lambda_{\max}(\boldsymbol{M}_1^i)+h\max_{\forall i\in M}\lambda_{\max}(\boldsymbol{M}_2^i)+\frac{\tau^2}{2}\max_{\forall i\in M}\lambda_{\max}(\boldsymbol{V}_1^i+\boldsymbol{V}_2^i)\\&+\frac{h^2}{2}\max_{\forall i\in M}\lambda_{\max}(\boldsymbol{W}_1^i+\boldsymbol{W}_2^i)\end{aligned}$$

证明 选取如下 Lyapunov-Krasovskii 泛函:

$$\begin{aligned}V_i(t)=&\boldsymbol{x}^{\mathrm{T}}(t)\boldsymbol{P}^i\boldsymbol{x}(t)+\int_{t-\tau(t)}^{t}\boldsymbol{x}^{\mathrm{T}}(s)\boldsymbol{R}_1^i\mathrm{e}^{\alpha(s-t)}\boldsymbol{x}(s)\mathrm{d}s\\&+\int_{t-\tau}^{t}\boldsymbol{x}^{\mathrm{T}}(s)\boldsymbol{R}_2^i\mathrm{e}^{\alpha(s-t)}\boldsymbol{x}(s)\mathrm{d}s+\int_{t-h(t)}^{t}\boldsymbol{x}^{\mathrm{T}}(s)\boldsymbol{M}_1^i\mathrm{e}^{\alpha(s-t)}\boldsymbol{x}(s)\mathrm{d}s\\&+\int_{t-h}^{t}\boldsymbol{x}^{\mathrm{T}}(s)\boldsymbol{M}_2^i\mathrm{e}^{\alpha(s-t)}\boldsymbol{x}(s)\mathrm{d}s+\int_{t-h(t)}^{t}\dot{\boldsymbol{x}}^{\mathrm{T}}(s)\boldsymbol{Q}^i\mathrm{e}^{\alpha(s-t)}\dot{\boldsymbol{x}}(s)\mathrm{d}s\\&+\int_{-\tau}^{0}\int_{t+\theta}^{t}\dot{\boldsymbol{x}}^{\mathrm{T}}(s)(\boldsymbol{V}_1^i+\boldsymbol{V}_2^i)\mathrm{e}^{\alpha(s-t)}\dot{\boldsymbol{x}}(s)\mathrm{d}s\mathrm{d}\theta\end{aligned}\tag{5.21}$$

当 $t\in[t_k,t_{k+1})$ 时,由(5.17)及引理 5.1,得

$$V(t)=V_{\sigma(t)}(t)\leqslant\mathrm{e}^{-\alpha(t-t_k)}V_{\sigma(t_k)}(t_k)\tag{5.22}$$

在切换时刻 t_k,由(5.19)式知

$$V_{\sigma(t_k)}(\boldsymbol{x}_{t_k})\leqslant\mu V_{\sigma(t_k^-)}(\boldsymbol{x}_{t_k^-}),\quad k=1,2,\cdots\tag{5.23}$$

由(5.22)式,(5.23)式及关系式 $l=N_\sigma(t_0,t)\leqslant\dfrac{t-t_0}{\tau_a}$,得

$$\begin{aligned}V(x_t)&\leqslant\mathrm{e}^{-\alpha(t-t_k)}\mu V_{\sigma(t_k^-)}(\boldsymbol{x}_{t_k^-})\leqslant\cdots\leqslant\mathrm{e}^{-\alpha(t-t_0)}\mu^l V_{\sigma(t_0)}(\boldsymbol{x}_{t_0})\\&\leqslant\mathrm{e}^{-\left(\alpha-\frac{\ln\mu}{\tau_a}\right)(t-t_0)}V_{\sigma(t_0)}(\boldsymbol{x}_{t_0})\end{aligned}\tag{5.24}$$

此外,由(5.21)式,易知

$$V(\boldsymbol{x}_t)\geqslant\boldsymbol{x}^{\mathrm{T}}(t)\boldsymbol{P}^i\boldsymbol{x}(t)\geqslant\lambda_{\min}(\boldsymbol{P}^i)\|\boldsymbol{x}(t)\|^2\geqslant\min_{\forall i\in M}(\lambda_{\min}(\boldsymbol{P}^i))\|\boldsymbol{x}(t)\|^2\tag{5.25}$$

结合(5.21)式与(5.25)式,得

$$a\|\boldsymbol{x}(t)\|^2\leqslant V(\boldsymbol{x}_t),\quad V_{\sigma(t_0)}(\boldsymbol{x}_{t_0})\leqslant b\|\boldsymbol{x}_{t_0}\|_d^2\tag{5.26}$$

结合(5.24)式与(5.26)式，得

$$\| \boldsymbol{x}(t) \|^2 \leqslant \frac{1}{a} V(\boldsymbol{x}_t) \leqslant \frac{b}{a} \mathrm{e}^{-\left(\alpha - \frac{\ln \mu}{\tau_a}\right)(t-t_0)} \| \boldsymbol{x}_{t_0} \|_d^2 \tag{5.27}$$

由定义 5.1 可知，若条件(5.18)成立，则系统(5.16)是指数稳定的.

注 5.1　满足不等式(5.19)的常数 $\mu \geqslant 1$ 总是存在的. 特别地，当 $\mu = 1$ 时，$\tau_a^* = 0$，此时切换信号可以是任意的.

注 5.2　定理 5.1 针对一类具有混合时变时滞的切换中立时滞系统给出了时滞相关的稳定性判别准则，而文献[136]只考虑了离散时变时滞系统. 此外，文献[136]在估计 Lyapunov-Krasovskii 泛函导数项时，直接用项

$$-\int_{t-d(t)}^{t} \dot{\boldsymbol{x}}^{\mathrm{T}}(s) \boldsymbol{X}_{55} \mathrm{e}^{-\alpha h_1} \dot{\boldsymbol{x}}(s) \mathrm{d}s$$

替代项

$$-\int_{t-h_1}^{t} \dot{\boldsymbol{x}}^{\mathrm{T}}(s) \boldsymbol{X}_{55} \mathrm{e}^{-\alpha h_1} \dot{\boldsymbol{x}}(s) \mathrm{d}s$$

并引入了大量加权矩阵，而我们在估计过程中保留了项

$$-\int_{t-h_1}^{t-d(t)} \dot{\boldsymbol{x}}^{\mathrm{T}}(s) \boldsymbol{X}_{55} \mathrm{e}^{-\alpha h_1} \dot{\boldsymbol{x}}(s) \mathrm{d}s$$

且所引入的矩阵均为自由权矩阵，因此本章结果具有相对较小保守性.

注 5.3　如果中立时滞项满足 $\dot{h}(t) = 0$ 或离散时滞项满足 $\dot{\tau}(t) = 0$，则我们可以获得具有常时滞的切换中立时滞系统的指数稳定判别条件.

考虑具有离散时变时滞与中立常时滞的切换中立时滞系统：

$$\begin{cases} \dot{\boldsymbol{x}}(t) - \boldsymbol{C}_{\sigma(t)} \dot{\boldsymbol{x}}(t - h_1) = \boldsymbol{A}_{\sigma(t)} \boldsymbol{x}(t) + \boldsymbol{B}_{\sigma(t)} \boldsymbol{x}(t - \tau(t)), & t > t_0 \\ \boldsymbol{x}_{t_0} = \boldsymbol{x}(t_0 + \theta) = \boldsymbol{\varphi}(\theta), & \theta \in [-d, 0] \end{cases} \tag{5.28}$$

其中 $\tau(t) \leqslant \tau$，$d = \max\{h_1, \tau\}$，系统的其他参数描述参见系统(5.1).

推论 5.1　令 $h = h_1$，$\hat{h} = 0$，$\boldsymbol{Q} = \boldsymbol{M}_1 = \boldsymbol{W}_1 = \boldsymbol{W}_2 = \boldsymbol{0}$，$\boldsymbol{X}_2 = \boldsymbol{Y}_2 = \boldsymbol{0}$，若不等式(5.17)成立，则系统(5.28)在对任意满足平均驻留时间条件(5.18)的切换信号作用下均是指数稳定的. 此外，状态衰减估计为

$$\| \boldsymbol{x}(t) \| \leqslant \sqrt{\frac{b}{a}} \mathrm{e}^{-\lambda(t-t_0)} \| \boldsymbol{x}_{t_0} \|_d^2$$

其中 a，λ，μ 如定理 5.1 所定义，且

$$\boldsymbol{P}^i \leqslant \mu \boldsymbol{P}^j, \boldsymbol{R}_1^i \leqslant \mu \boldsymbol{R}_1^j, \boldsymbol{R}_2^i \leqslant \mu \boldsymbol{R}_2^j, \boldsymbol{M}_2^i \leqslant \mu \boldsymbol{M}_2^j,$$

$$\boldsymbol{V}_1^i \leqslant \mu \boldsymbol{V}_1^j, \boldsymbol{V}_2^i \leqslant \mu \boldsymbol{V}_2^j \quad (\forall\, i, j \in M)$$

$$b = \max_{\forall i \in M} \lambda_{\max}(\boldsymbol{P}^i) + \tau \max_{\forall i \in M} \lambda_{\max}(\boldsymbol{R}_1^i) + \tau \max_{\forall i \in M} \lambda_{\max}(\boldsymbol{R}_2^i)$$

$$+ h \max_{\forall i \in M} \lambda_{\max}(\boldsymbol{M}_2^i) + \frac{\tau^2}{2} \max_{\forall i \in M} \lambda_{\max}(\boldsymbol{V}_1^i + \boldsymbol{V}_2^i)$$

考虑具有离散常时滞与中立常时滞的切换中立时滞系统

$$\begin{cases} \dot{\boldsymbol{x}}(t) - \boldsymbol{C}_{\sigma(t)}\dot{\boldsymbol{x}}(t-h_1) = \boldsymbol{A}_{\sigma(t)}\boldsymbol{x}(t) + \boldsymbol{B}_{\sigma(t)}\boldsymbol{x}(t-\tau_1), & t > t_0 \\ \boldsymbol{x}_{t_0} = \boldsymbol{x}(t_0+\theta) = \boldsymbol{\varphi}(\theta), & \theta \in [-d, 0] \end{cases} \tag{5.29}$$

其中 $d = \max\{h_1, \tau_1\}$，系统的其他参数描述参见系统(5.1).

推论 5.2 令 $\tau = \tau_1, h = h_1, \hat{h} = 0, \hat{\tau} = 0, \boldsymbol{R}_1 = \boldsymbol{Q} = \boldsymbol{V}_1 = \boldsymbol{V}_2 = \boldsymbol{M}_1 = \boldsymbol{W}_1 = \boldsymbol{W}_2 = \boldsymbol{0}, \boldsymbol{X}_1 = \boldsymbol{X}_2 = \boldsymbol{Y}_1 = \boldsymbol{Y}_2 = \boldsymbol{Z}_1 = \boldsymbol{Z}_2 = \boldsymbol{0}$，若(5.17)式成立，则系统(5.28)在平均驻留时间满足条件(5.18)的任意切换信号作用下均是指数稳定的. 此外，状态衰减估计为

$$\|\boldsymbol{x}(t)\| \leqslant \sqrt{\frac{b}{a}} \mathrm{e}^{-\lambda(t-t_0)} \|\boldsymbol{x}_{t_0}\|_d^2$$

其中 a, λ, μ 如定理 5.1 所定义，且

$$\boldsymbol{P}^i \leqslant \mu \boldsymbol{P}^j, \quad \boldsymbol{R}_2^i \leqslant \mu \boldsymbol{R}_2^j, \quad \boldsymbol{M}_2^i \leqslant \mu \boldsymbol{M}_2^j \quad (\forall i, j \in M)$$

$$b = \max_{\forall i \in M} \lambda_{\max}(\boldsymbol{P}^i) + \tau_1 \max_{\forall i \in M} \lambda_{\max}(\boldsymbol{R}_2^i) + h \max_{\forall i \in M} \lambda_{\max}(\boldsymbol{M}_2^i)$$

5.4 L_2 增益分析

本节将对切换中立时滞系统(5.1)进行系统 L_2 增益分析. 首先，我们给出非切换中立时滞系统的 L_2 增益分析过程，然后将所得结果扩展到切换中立时滞系统.

5.4.1 非切换中立时滞系统

考虑如下非切换中立时滞系统：

$$\begin{cases} \dot{\boldsymbol{x}}(t) - \boldsymbol{C}\dot{\boldsymbol{x}}(t-h(t)) = \boldsymbol{A}\boldsymbol{x}(t) + \boldsymbol{B}\boldsymbol{x}(t-\tau(t)) + \boldsymbol{D}\boldsymbol{\omega}(t), & t > t_0 \\ \boldsymbol{z}(t) = \boldsymbol{E}\boldsymbol{x}(t) + \boldsymbol{F}\boldsymbol{\omega}(t) \\ \boldsymbol{x}_{t_0} = \boldsymbol{x}(t_0+\theta) = \boldsymbol{\varphi}(\theta), & \theta \in [-d, 0] \end{cases} \tag{5.30}$$

系统的参数描述参见系统(5.1).

引理 5.2 给定标量 $\alpha > 0, \gamma > 0$，如果存在正定对称矩阵 $\boldsymbol{P}, \boldsymbol{R}_k, \boldsymbol{M}_k, \boldsymbol{Q}, \boldsymbol{V}_k, \boldsymbol{W}_k$ 及具有合适维数的矩阵 $\bar{\boldsymbol{X}}_k = [\boldsymbol{X}_{k1}^{\mathrm{T}} \quad \boldsymbol{X}_{k2}^{\mathrm{T}} \quad \cdots \quad \boldsymbol{X}_{k6}^{\mathrm{T}} \quad \boldsymbol{X}_{k7}^{\mathrm{T}} \quad \boldsymbol{0} \quad \boldsymbol{0} \quad \boldsymbol{0}]^{\mathrm{T}}, \bar{\boldsymbol{Y}}_k =$

$[\boldsymbol{Y}_{k1}^{\mathrm{T}} \quad \boldsymbol{Y}_{k2}^{\mathrm{T}} \quad \cdots \quad \boldsymbol{Y}_{k6}^{\mathrm{T}} \quad \boldsymbol{Y}_{k7}^{\mathrm{T}} \quad \boldsymbol{0} \quad \boldsymbol{0} \quad \boldsymbol{0}]^{\mathrm{T}}, \bar{\boldsymbol{Z}}_k = [\boldsymbol{Z}_{k1}^{\mathrm{T}} \quad \boldsymbol{Z}_{k2}^{\mathrm{T}} \quad \cdots \quad \boldsymbol{Z}_{k6}^{\mathrm{T}} \quad \boldsymbol{Z}_{k7}^{\mathrm{T}} \quad \boldsymbol{0} \quad \boldsymbol{0} \quad \boldsymbol{0}]^{\mathrm{T}}$ $(k=1,2)$，满足

$$\begin{bmatrix} \bar{\boldsymbol{\Sigma}} & \tau e^{-\alpha\tau}\bar{\boldsymbol{X}}_1 & \tau e^{-\alpha\tau}\bar{\boldsymbol{Y}}_1 & \tau e^{-\alpha\tau}\bar{\boldsymbol{Z}}_1 & h e^{-\alpha h}\bar{\boldsymbol{X}}_2 & h e^{-\alpha h}\bar{\boldsymbol{Y}}_2 & h e^{-\alpha h}\bar{\boldsymbol{Z}}_2 \\ * & -\tau e^{-\alpha\tau}\boldsymbol{V}_1 & \boldsymbol{0} & \boldsymbol{0} & \boldsymbol{0} & \boldsymbol{0} & \boldsymbol{0} \\ * & * & -\tau e^{-\alpha\tau}\boldsymbol{V}_1 & \boldsymbol{0} & \boldsymbol{0} & \boldsymbol{0} & \boldsymbol{0} \\ * & * & * & -\tau e^{-\alpha\tau}\boldsymbol{V}_2 & \boldsymbol{0} & \boldsymbol{0} & \boldsymbol{0} \\ * & * & * & * & -h e^{-\alpha h}\boldsymbol{W}_1 & \boldsymbol{0} & \boldsymbol{0} \\ * & * & * & * & * & -h e^{-\alpha h}\boldsymbol{W}_1 & \boldsymbol{0} \\ * & * & * & * & * & * & -h e^{-\alpha h}\boldsymbol{W}_2 \end{bmatrix} < 0 \tag{5.31}$$

其中 $\bar{\boldsymbol{\Sigma}} = \bar{\boldsymbol{\Sigma}}_1 + \bar{\boldsymbol{\Sigma}}_2 + \bar{\boldsymbol{\Sigma}}_2^{\mathrm{T}}$，

$$\bar{\boldsymbol{\Sigma}}_1 = \begin{bmatrix} \bar{\boldsymbol{\Sigma}}_{11} & \boldsymbol{PB} & \boldsymbol{0} & \boldsymbol{PC} & \boldsymbol{0} & \boldsymbol{0} & \boldsymbol{PD}+\boldsymbol{E}^{\mathrm{T}}\boldsymbol{F} & \tau\boldsymbol{A}^{\mathrm{T}}\boldsymbol{V} & h\boldsymbol{A}^{\mathrm{T}}\boldsymbol{W} & \boldsymbol{A}^{\mathrm{T}}\boldsymbol{Q} \\ * & \boldsymbol{\Sigma}_{22} & \boldsymbol{0} & \boldsymbol{0} & \boldsymbol{0} & \boldsymbol{0} & \boldsymbol{0} & \tau\boldsymbol{B}^{\mathrm{T}}\boldsymbol{V} & h\boldsymbol{B}^{\mathrm{T}}\boldsymbol{W} & \boldsymbol{B}^{\mathrm{T}}\boldsymbol{Q} \\ * & * & -e^{-\alpha\tau}\boldsymbol{R}_2 & \boldsymbol{0} & \boldsymbol{0} & \boldsymbol{0} & \boldsymbol{0} & \boldsymbol{0} & \boldsymbol{0} & \boldsymbol{0} \\ * & * & * & \boldsymbol{\Sigma}_{44} & \boldsymbol{0} & \boldsymbol{0} & \boldsymbol{0} & \tau\boldsymbol{C}^{\mathrm{T}}\boldsymbol{V} & h\boldsymbol{C}^{\mathrm{T}}\boldsymbol{W} & \boldsymbol{C}^{\mathrm{T}}\boldsymbol{Q} \\ * & * & * & * & \boldsymbol{\Sigma}_{55} & \boldsymbol{0} & \boldsymbol{0} & \boldsymbol{0} & \boldsymbol{0} & \boldsymbol{0} \\ * & * & * & * & * & -e^{-\alpha h}\boldsymbol{M}_2 & \boldsymbol{0} & \boldsymbol{0} & \boldsymbol{0} & \boldsymbol{0} \\ * & * & * & * & * & * & \boldsymbol{F}^{\mathrm{T}}\boldsymbol{F}-\gamma^2\boldsymbol{I} & \boldsymbol{0} & \boldsymbol{0} & \boldsymbol{0} \\ * & * & * & * & * & * & * & -\tau\boldsymbol{V} & \boldsymbol{0} & \boldsymbol{0} \\ * & * & * & * & * & * & * & * & -h\boldsymbol{W} & \boldsymbol{0} \\ * & * & * & * & * & * & * & * & * & -\boldsymbol{Q} \end{bmatrix}$$

$$\boldsymbol{V} = \boldsymbol{V}_1 + \boldsymbol{V}_2$$

$$\boldsymbol{W} = \boldsymbol{W}_1 + \boldsymbol{W}_2$$

$$\bar{\boldsymbol{\Sigma}}_{11} = \boldsymbol{PA} + \boldsymbol{A}^{\mathrm{T}}\boldsymbol{P} + \boldsymbol{R}_1 + \boldsymbol{R}_2 + \boldsymbol{M}_1 + \boldsymbol{M}_2 + \boldsymbol{E}^{\mathrm{T}}\boldsymbol{E} + \alpha\boldsymbol{P}$$

$$\boldsymbol{\Sigma}_{22} = -(1-\hat{\tau})e^{-\alpha\tau}\boldsymbol{R}_1$$

$$\boldsymbol{\Sigma}_{44} = -(1-\hat{h})e^{-\alpha h}\boldsymbol{Q}$$

$$\boldsymbol{\Sigma}_{55} = -(1-\hat{h})e^{-\alpha h}\boldsymbol{M}_1$$

$$\bar{\boldsymbol{\Sigma}}_2 = [e^{-\alpha\tau}(\bar{\boldsymbol{X}}_1+\bar{\boldsymbol{Z}}_1) + e^{-\alpha h}(\bar{\boldsymbol{X}}_2+\bar{\boldsymbol{Z}}_2) \quad e^{-\alpha\tau}(-\bar{\boldsymbol{X}}_1+\bar{\boldsymbol{Y}}_1) \quad e^{-\alpha\tau}(-\bar{\boldsymbol{Y}}_1-\bar{\boldsymbol{Z}}_1) \quad \boldsymbol{0} \quad \boldsymbol{0} \quad e^{-\alpha h}(-\bar{\boldsymbol{X}}_2+\bar{\boldsymbol{Y}}_2) \quad e^{-\alpha h}(-\bar{\boldsymbol{Y}}_2-\bar{\boldsymbol{Z}}_2) \quad \boldsymbol{0} \quad \boldsymbol{0} \quad \boldsymbol{0}]$$

则沿着系统(5.30)的解轨迹，有

$$V(t) \leqslant e^{-\alpha(t-t_0)}V(t_0) - \int_{t_0}^{t} e^{-\alpha(t-s)}\boldsymbol{\Lambda}(s)\mathrm{d}s$$

其中

$$\boldsymbol{\Lambda}(s) = \boldsymbol{z}^{\mathrm{T}}(s)\boldsymbol{z}(s) - \gamma^2\boldsymbol{\omega}^{\mathrm{T}}(s)\boldsymbol{\omega}(s)$$

证明 基于引理 5.1,我们有

$$\begin{aligned}
&\dot{V}(t) + \alpha V(t) + \boldsymbol{z}^{\mathrm{T}}(t)\boldsymbol{z}(t) - \gamma^2\boldsymbol{\omega}^{\mathrm{T}}(t)\boldsymbol{\omega}(t) \\
&\quad\leqslant \boldsymbol{\xi}^{\mathrm{T}}(t)[\boldsymbol{\Sigma}_1 + \boldsymbol{\Sigma}_2 + \boldsymbol{\Sigma}_2^{\mathrm{T}} + \tau\widetilde{\boldsymbol{\Gamma}}^{\mathrm{T}}(\boldsymbol{V}_1 + \boldsymbol{V}_2)\widetilde{\boldsymbol{\Gamma}} + h\widetilde{\boldsymbol{\Gamma}}^{\mathrm{T}}(\boldsymbol{W}_1 + \boldsymbol{W}_2)\widetilde{\boldsymbol{\Gamma}} + \widetilde{\boldsymbol{\Gamma}}^{\mathrm{T}}\boldsymbol{Q}\widetilde{\boldsymbol{\Gamma}} \\
&\qquad + \tau e^{-\alpha\tau}\boldsymbol{X}_1\boldsymbol{V}_1^{-1}\boldsymbol{X}_1^{\mathrm{T}} + \tau e^{-\alpha\tau}\boldsymbol{Y}_1\boldsymbol{V}_1^{-1}\boldsymbol{Y}_1^{\mathrm{T}} + \tau e^{-\alpha\tau}\boldsymbol{Z}_1\boldsymbol{V}_2^{-1}\boldsymbol{Z}_1^{\mathrm{T}} + h e^{-\alpha h}\boldsymbol{X}_2\boldsymbol{W}_1^{-1}\boldsymbol{X}_2^{\mathrm{T}} \\
&\qquad + h e^{-\alpha h}\boldsymbol{Y}_2\boldsymbol{W}_1^{-1}\boldsymbol{Y}_2^{\mathrm{T}} + h e^{-\alpha h}\boldsymbol{Z}_2\boldsymbol{W}_2^{-1}\boldsymbol{Z}_2^{\mathrm{T}}]\boldsymbol{\xi}(t)
\end{aligned}$$

其中

$$\boldsymbol{\Sigma}_1 = \begin{bmatrix}
\boldsymbol{\Sigma}_{11} & PB & 0 & PC & 0 & 0 & PD + E^{\mathrm{T}}F \\
* & -(1-\hat{\tau})e^{-\alpha\tau}R_1 & 0 & 0 & 0 & 0 & 0 \\
* & * & -e^{-\alpha\tau}R_2 & 0 & 0 & 0 & 0 \\
* & * & * & -(1-\hat{h})e^{-\alpha h}Q & 0 & 0 & 0 \\
* & * & * & * & -(1-\hat{h})e^{-\alpha h}M_1 & 0 & 0 \\
* & * & * & * & * & -e^{-\alpha h}M_2 & 0 \\
* & * & * & * & * & * & F^{\mathrm{T}}F - \gamma^2 I
\end{bmatrix}$$

$$\boldsymbol{\Sigma}_{11} = \boldsymbol{PA} + \boldsymbol{A}^{\mathrm{T}}\boldsymbol{P} + \boldsymbol{R}_1 + \boldsymbol{R}_2 + \boldsymbol{M}_1 + \boldsymbol{M}_2 + \boldsymbol{E}^{\mathrm{T}}\boldsymbol{E} + \alpha\boldsymbol{P}$$

$$\begin{aligned}
\boldsymbol{\Sigma}_2 = [&e^{-\alpha\tau}(\boldsymbol{X}_1 + \boldsymbol{Z}_1) + e^{-\alpha h}(\boldsymbol{X}_2 + \boldsymbol{Z}_2) \quad e^{-\alpha\tau}(-\boldsymbol{X}_1 + \boldsymbol{Y}_1) \quad e^{-\alpha\tau}(-\boldsymbol{Y}_1 - \boldsymbol{Z}_1) \\
&\boldsymbol{0} \quad e^{-\alpha h}(-\boldsymbol{X}_2 + \boldsymbol{Y}_2) \quad e^{-\alpha h}(-\boldsymbol{Y}_2 - \boldsymbol{Z}_2) \quad \boldsymbol{0}]
\end{aligned}$$

$$\widetilde{\boldsymbol{\Gamma}} = [\boldsymbol{A} \quad \boldsymbol{B} \quad \boldsymbol{0} \quad \boldsymbol{C} \quad \boldsymbol{0} \quad \boldsymbol{0} \quad \boldsymbol{D}]$$

$$\begin{aligned}
\boldsymbol{\xi}^{\mathrm{T}}(t) = [&\boldsymbol{x}^{\mathrm{T}}(t) \quad \boldsymbol{x}^{\mathrm{T}}(t-\tau(t)) \quad \boldsymbol{x}^{\mathrm{T}}(t-\tau) \quad \dot{\boldsymbol{x}}^{\mathrm{T}}(t-h(t)) \quad \boldsymbol{x}^{\mathrm{T}}(t-h(t)) \\
&\boldsymbol{x}^{\mathrm{T}}(t-h) \quad \boldsymbol{\omega}(t)]
\end{aligned}$$

其余证明同引理 5.1,此处略.

5.4.2 切换中立时滞系统

本节将 5.4.1 节所得结果推广至切换中立时滞系统(5.1). 下列定理给出本节的主要结果.

定理 5.2 给定标量 $\alpha>0,\gamma>0$,如果存在正定对称矩阵 $\boldsymbol{P}^i,\boldsymbol{R}_k^i,\boldsymbol{M}_k^i,\boldsymbol{Q}^i,\boldsymbol{V}_k^i,\boldsymbol{W}_k^i$ 及任意具有合适维数的矩阵 $\bar{\boldsymbol{Y}}_k^i = [\boldsymbol{Y}_{k1}^{i\mathrm{T}} \quad \boldsymbol{Y}_{k2}^{i\mathrm{T}} \quad \cdots \quad \boldsymbol{Y}_{k6}^{i\mathrm{T}} \quad \boldsymbol{Y}_{k7}^{i\mathrm{T}} \quad \boldsymbol{0} \quad \boldsymbol{0} \quad \boldsymbol{0}]^{\mathrm{T}}$, $\bar{\boldsymbol{X}}_k^i = [\boldsymbol{X}_{k1}^{i\mathrm{T}} \quad \boldsymbol{X}_{k2}^{i\mathrm{T}} \quad \cdots \quad \boldsymbol{X}_{k6}^{i\mathrm{T}} \quad \boldsymbol{X}_{k7}^{i\mathrm{T}} \quad \boldsymbol{0} \quad \boldsymbol{0} \quad \boldsymbol{0}]^{\mathrm{T}}$, $\bar{\boldsymbol{Z}}_k^i = [\boldsymbol{Z}_{k1}^{i\mathrm{T}} \quad \boldsymbol{Z}_{k2}^{i\mathrm{T}} \quad \cdots \quad \boldsymbol{Z}_{k6}^{i\mathrm{T}} \quad \boldsymbol{Z}_{k7}^{i\mathrm{T}} \quad \boldsymbol{0} \quad \boldsymbol{0} \quad \boldsymbol{0}]^{\mathrm{T}}$ $(k=1,2,i\in M)$满足

$$
\begin{bmatrix}
\bar{\boldsymbol{\Sigma}}^i & \tau e^{-\alpha\tau}\bar{\boldsymbol{X}}_1^i & \tau e^{-\alpha\tau}\bar{\boldsymbol{Y}}_1^i & \tau e^{-\alpha\tau}\bar{\boldsymbol{Z}}_1^i & h e^{-\alpha h}\bar{\boldsymbol{X}}_2^i & h e^{-\alpha h}\bar{\boldsymbol{Y}}_2^i & h e^{-\alpha h}\bar{\boldsymbol{Z}}_2^i \\
* & -\tau e^{-\alpha\tau}\boldsymbol{V}_1^i & \boldsymbol{0} & \boldsymbol{0} & \boldsymbol{0} & \boldsymbol{0} & \boldsymbol{0} \\
* & * & -\tau e^{-\alpha\tau}\boldsymbol{V}_1^i & \boldsymbol{0} & \boldsymbol{0} & \boldsymbol{0} & \boldsymbol{0} \\
* & * & * & -\tau e^{-\alpha\tau}\boldsymbol{V}_2^i & \boldsymbol{0} & \boldsymbol{0} & \boldsymbol{0} \\
* & * & * & * & -h e^{-\alpha h}\boldsymbol{W}_1^i & \boldsymbol{0} & \boldsymbol{0} \\
* & * & * & * & * & -h e^{-\alpha h}\boldsymbol{W}_1^i & \boldsymbol{0} \\
* & * & * & * & * & * & -h e^{-\alpha h}\boldsymbol{W}_2^i
\end{bmatrix}
< 0 \tag{5.32}
$$

其中 $\bar{\boldsymbol{\Sigma}}^i = \bar{\boldsymbol{\Sigma}}_1^i + \bar{\boldsymbol{\Sigma}}_2^i + \bar{\boldsymbol{\Sigma}}_2^{i\mathrm{T}}$，

$$
\bar{\boldsymbol{\Sigma}}_1^i = \begin{bmatrix}
\bar{\boldsymbol{\Sigma}}_{11}^i & \boldsymbol{P}^i\boldsymbol{B}_i & 0 & \boldsymbol{P}^i\boldsymbol{C}_i & 0 & 0 & \boldsymbol{P}^i\boldsymbol{D}_i + \boldsymbol{E}_i^{\mathrm{T}}\boldsymbol{F}_i & \tau\boldsymbol{A}_i^{\mathrm{T}}\boldsymbol{V}^i & h\boldsymbol{A}_i^{\mathrm{T}}\boldsymbol{W}^i & \boldsymbol{A}_i^{\mathrm{T}}\boldsymbol{Q}^i \\
* & \boldsymbol{\Sigma}_{22}^i & 0 & 0 & 0 & 0 & 0 & \tau\boldsymbol{B}_i^{\mathrm{T}}\boldsymbol{V}^i & h\boldsymbol{B}_i^{\mathrm{T}}\boldsymbol{W}^i & \boldsymbol{B}_i^{\mathrm{T}}\boldsymbol{Q}^i \\
* & * & -e^{-\alpha\tau}\boldsymbol{R}_2^i & 0 & 0 & 0 & 0 & 0 & 0 & 0 \\
* & * & * & \boldsymbol{\Sigma}_{44}^i & 0 & 0 & 0 & \tau\boldsymbol{C}_i^{\mathrm{T}}\boldsymbol{V}^i & h\boldsymbol{C}_i^{\mathrm{T}}\boldsymbol{W}^i & \boldsymbol{C}_i^{\mathrm{T}}\boldsymbol{Q}^i \\
* & * & * & * & \boldsymbol{\Sigma}_{55}^i & 0 & 0 & 0 & 0 & 0 \\
* & * & * & * & * & -e^{-\alpha h}\boldsymbol{M}_2^i & 0 & 0 & 0 & 0 \\
* & * & * & * & * & * & \boldsymbol{F}_i^{\mathrm{T}}\boldsymbol{F}_i - \gamma^2\boldsymbol{I} & 0 & 0 & 0 \\
* & * & * & * & * & * & * & -\tau\boldsymbol{V}^i & 0 & 0 \\
* & * & * & * & * & * & * & * & -h\boldsymbol{W}^i & 0 \\
* & * & * & * & * & * & * & * & * & -\boldsymbol{Q}^i
\end{bmatrix}
$$

$$\boldsymbol{V}^i = \boldsymbol{V}_1^i + \boldsymbol{V}_2^i$$

$$\boldsymbol{W}^i = \boldsymbol{W}_1^i + \boldsymbol{W}_2^i$$

$$\bar{\boldsymbol{\Sigma}}_{11}^i = \boldsymbol{P}^i\boldsymbol{A}_i + \boldsymbol{A}_i^{\mathrm{T}}\boldsymbol{P}^i + \boldsymbol{R}_1^i + \boldsymbol{R}_2^i + \boldsymbol{M}_1^i + \boldsymbol{M}_2^i + \boldsymbol{E}_i^{\mathrm{T}}\boldsymbol{E}_i + \alpha\boldsymbol{P}^i$$

$$\boldsymbol{\Sigma}_{22}^i = -(1-\hat{\tau})e^{-\alpha\tau}\boldsymbol{R}_1^i$$

$$\boldsymbol{\Sigma}_{44}^i = -(1-\hat{h})e^{-\alpha h}\boldsymbol{Q}^i$$

$$\boldsymbol{\Sigma}_{55}^i = -(1-\hat{h})e^{-\alpha h}\boldsymbol{M}_1^i$$

$$
\begin{aligned}
\bar{\boldsymbol{\Sigma}}_2^i = [&e^{-\alpha\tau}(\bar{\boldsymbol{X}}_1^i + \bar{\boldsymbol{Z}}_1^i) + e^{-\alpha h}(\bar{\boldsymbol{X}}_2^i + \bar{\boldsymbol{Z}}_2^i) \quad e^{-\alpha\tau}(-\bar{\boldsymbol{X}}_1^i + \bar{\boldsymbol{Y}}_1^i) \quad e^{-\alpha\tau}(-\bar{\boldsymbol{Y}}_1^i - \bar{\boldsymbol{Z}}_1^i) \quad 0 \\
&e^{-\alpha h}(-\boldsymbol{X}_2 + \boldsymbol{Y}_2) \quad e^{-\alpha h}(-\boldsymbol{Y}_2^i - \boldsymbol{Z}_2^i) \quad \boldsymbol{0} \quad \boldsymbol{0} \quad \boldsymbol{0} \quad \boldsymbol{0}]
\end{aligned}
$$

则系统(5.1)在平均驻留时间满足条件(5.18)的任意切换信号作用下都是指数稳定的，且具有加权 L_2 增益，其中 $\mu \geqslant 1$ 满足不等式(5.19).

证明　不等式(5.32)成立等价于不等式(5.17)成立.因此，由定理5.1可获得系统的指数稳定性.为了显示加权 L_2 增益，选取 Lyapunov-Krasovskii 泛函(5.21)，有

$$V(\boldsymbol{x}_{t_j}) \leqslant \mu V(\boldsymbol{x}_{t_j^-}),\quad j = 1,2,\cdots \tag{5.33}$$

对 $t\in[t_j,t_{j+1})$，由(5.19)式及引理 5.2 知

$$V(\boldsymbol{x}_t)\leqslant \mathrm{e}^{-\alpha(t-t_j)}V(\boldsymbol{x}_{t_j})-\int_{t_j}^{t}\mathrm{e}^{-\alpha(t-s)}\Lambda(s)\mathrm{d}s \tag{5.34}$$

结合(5.33)式及(5.34)式，有

$$\begin{aligned}V(\boldsymbol{x}_t)&\leqslant \mu V(\boldsymbol{x}_{t_j^-})\mathrm{e}^{-\alpha(t-t_j)}-\int_{t_j}^{t}\mathrm{e}^{-\alpha(t-s)}\Lambda(s)\mathrm{d}s\\&\leqslant \mathrm{e}^{-\alpha t+N_\sigma(0,t)\ln\mu}V(\boldsymbol{x}_0)-\int_0^t\mathrm{e}^{-\alpha(t-s)+N_\sigma(s,t)\ln\mu}\Lambda(s)\mathrm{d}s\end{aligned} \tag{5.35}$$

在零初始条件下，(5.35)式给出

$$0\leqslant-\int_0^t\mathrm{e}^{-\alpha(t-s)+N_\sigma(s,t)\ln\mu}\Lambda(s)\mathrm{d}s \tag{5.36}$$

在(5.36)式两边同时乘以 $\mathrm{e}^{-N_\sigma(0,t)\ln\mu}$，有

$$\int_0^t\mathrm{e}^{-\alpha(t-s)-N_\sigma(0,s)\ln\mu}\boldsymbol{z}^{\mathrm{T}}(s)\boldsymbol{z}(s)\mathrm{d}s\leqslant\int_0^t\mathrm{e}^{-\alpha(t-s)-N_\sigma(0,s)\ln\mu}\gamma^2\boldsymbol{\omega}^{\mathrm{T}}(s)\boldsymbol{\omega}(s)\mathrm{d}s \tag{5.37}$$

由于 $N_\sigma(0,s)\leqslant s/\tau_a$ 且 $\tau_a>\tau_a^*=\ln\mu/\alpha$，因此 $N_\sigma(0,s)\ln\mu\leqslant\alpha s$. 由(5.37)式可得

$$\int_0^t\mathrm{e}^{-\alpha(t-s)-\alpha s}\boldsymbol{z}^{\mathrm{T}}(s)\boldsymbol{z}(s)\mathrm{d}s\leqslant\int_0^t\mathrm{e}^{-\alpha(t-s)}\gamma^2\boldsymbol{\omega}^{\mathrm{T}}(s)\boldsymbol{\omega}(s)\mathrm{d}s$$

将 t 从 0 到 ∞ 积分不等式两边，得

$$\int_0^\infty\mathrm{e}^{-\alpha s}\boldsymbol{z}^{\mathrm{T}}(s)\boldsymbol{z}(s)\mathrm{d}s\leqslant\gamma^2\int_0^\infty\boldsymbol{\omega}^{\mathrm{T}}(s)\boldsymbol{\omega}(s)\mathrm{d}s$$

由定义 5.3 知，系统(5.1)具有加权 L_2 增益.

5.5 仿真例子

例 5.1 考虑如下具有混合时变时滞的切换中立时滞系统：

$$\dot{\boldsymbol{x}}(t)-\boldsymbol{C}_{\sigma(t)}\dot{\boldsymbol{x}}(t-h(t))=\boldsymbol{A}_{\sigma(t)}\boldsymbol{x}(t)+\boldsymbol{B}_{\sigma(t)}\boldsymbol{x}(t-\tau(t)) \tag{5.38}$$

其中 $M=\{1,2\}$，且系统参数为

$$\boldsymbol{A}_1=\begin{bmatrix}-6&2\\-0.5&-3\end{bmatrix},\quad \boldsymbol{B}_1=\begin{bmatrix}-2&0.2\\-0.1&0.8\end{bmatrix},\quad \boldsymbol{C}_1=\begin{bmatrix}0.4&0.5\\0.2&-0.1\end{bmatrix}$$

$$\boldsymbol{A}_2=\begin{bmatrix}-4&1\\1&-5\end{bmatrix},\quad \boldsymbol{B}_2=\begin{bmatrix}-2&0.2\\-0.1&0.8\end{bmatrix},\quad \boldsymbol{C}_2=\begin{bmatrix}0.1&0.1\\0.2&-0.1\end{bmatrix}$$

$$\tau(t)=0.2\sin t+0.3,\quad h=0.2\sin t+0.2$$

选取初值为 $\boldsymbol{x}(0)=[-3\quad 2]^{\mathrm{T}}$，则系统(5.38)的两个子系统状态轨迹分别如图 5.1 及图 5.2 所示. 令 $\mu=1.52$，$\alpha=0.9$，基于定理 5.1，解线性矩阵不等式

(5.16),得矩阵可行解

$$P^1 = \begin{bmatrix} 19.3823 & -6.1446 \\ -6.1446 & 31.2247 \end{bmatrix},\quad R_1^1 = \begin{bmatrix} 70.1729 & -26.8929 \\ -26.8929 & 39.5181 \end{bmatrix}$$

$$R_2^1 = \begin{bmatrix} 4.7684 & -2.9163 \\ -2.9163 & 10.9923 \end{bmatrix},\quad M_1^1 = \begin{bmatrix} 4.6459 & -2.7695 \\ -2.7695 & 10.4338 \end{bmatrix}$$

$$M_2^1 = \begin{bmatrix} 4.6088 & -2.6395 \\ -2.6395 & 10.2091 \end{bmatrix},\quad Q^1 = \begin{bmatrix} 2.0237 & 0.5858 \\ 0.5858 & 4.5706 \end{bmatrix}$$

$$V_1^1 = \begin{bmatrix} 0.4765 & -0.3533 \\ -0.3533 & 3.2738 \end{bmatrix},\quad V_2^1 = \begin{bmatrix} 0.2990 & -0.2751 \\ -0.2751 & 1.6780 \end{bmatrix}$$

$$W_1^1 = \begin{bmatrix} 0.4998 & -0.4566 \\ -0.4566 & 2.6639 \end{bmatrix},\quad W_2^1 = \begin{bmatrix} 0.3768 & -0.3565 \\ -0.3565 & 2.0555 \end{bmatrix}$$

$$P^2 = \begin{bmatrix} 15.8022 & -3.8812 \\ -3.8812 & 23.3231 \end{bmatrix},\quad R_1^2 = \begin{bmatrix} 50.9201 & -17.6072 \\ -17.6072 & 31.9052 \end{bmatrix}$$

$$R_2^2 = \begin{bmatrix} 5.0821 & -2.7574 \\ -2.7574 & 11.1755 \end{bmatrix},\quad M_1^2 = \begin{bmatrix} 4.9664 & -2.6649 \\ -2.6649 & 10.7247 \end{bmatrix}$$

$$M_2^2 = \begin{bmatrix} 4.9347 & -2.5260 \\ -2.5260 & 10.4932 \end{bmatrix},\quad Q^2 = \begin{bmatrix} 1.6867 & -1.2944 \\ -1.2944 & 2.2394 \end{bmatrix}$$

$$V_1^2 = \begin{bmatrix} 0.5836 & -0.2859 \\ -0.2859 & 3.0932 \end{bmatrix},\quad V_2^2 = \begin{bmatrix} 0.3482 & -0.2705 \\ -0.2705 & 1.7265 \end{bmatrix}$$

$$W_1^2 = \begin{bmatrix} 0.6059 & -0.4476 \\ -0.6476 & 2.7753 \end{bmatrix},\quad W_2^2 = \begin{bmatrix} 0.4409 & -0.3513 \\ -0.3513 & 2.1215 \end{bmatrix}$$

由(5.19)式知

$$\tau_a > \tau_a^* = \frac{\ln \mu}{\alpha} = 0.4652 \tag{5.39}$$

将所获得的可行解代入不等式(5.20)得 $\lambda = 0.0313$, $a = 8.9683$, $b = 48.7505$,因此,可知

$$\| \boldsymbol{x}(t) \| \leqslant 2.3315\mathrm{e}^{-0.0313(t-t_0)} \| \boldsymbol{x}_{t_0} \|_d$$

系统(5.38)的切换信号及状态轨迹如图 5.3 和图 5.4 所示.由此验证了系统(5.38)在平均驻留时间满足(5.39)的切换信号作用下是指数稳定的.

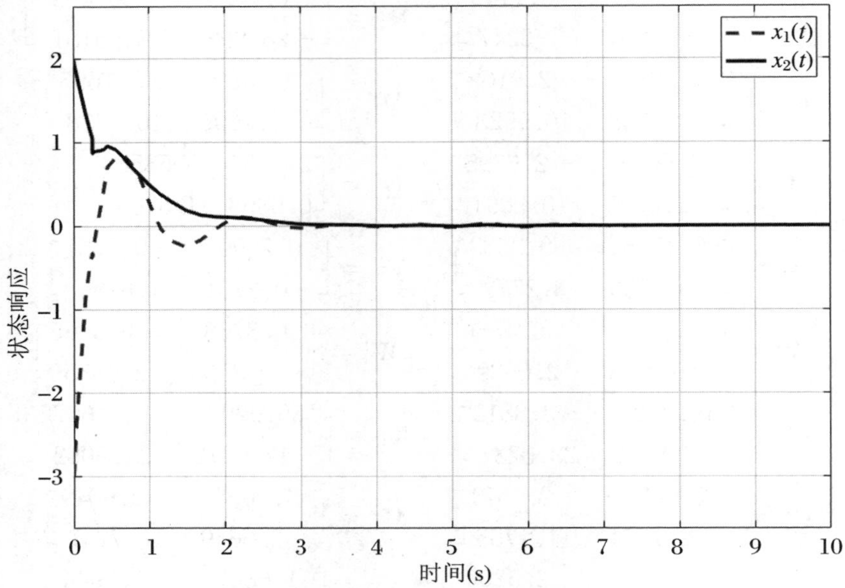

图 5.1　子系统 1 的状态轨迹

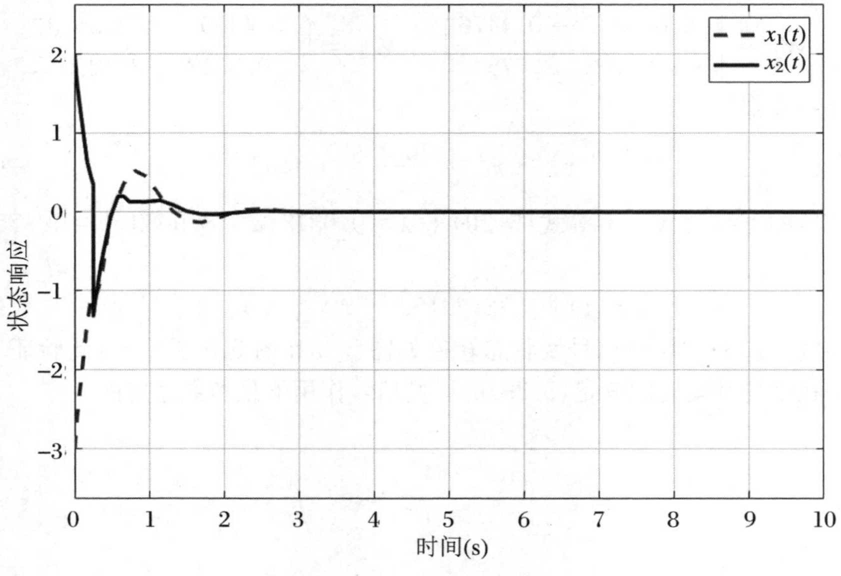

图 5.2　子系统 2 的状态轨迹

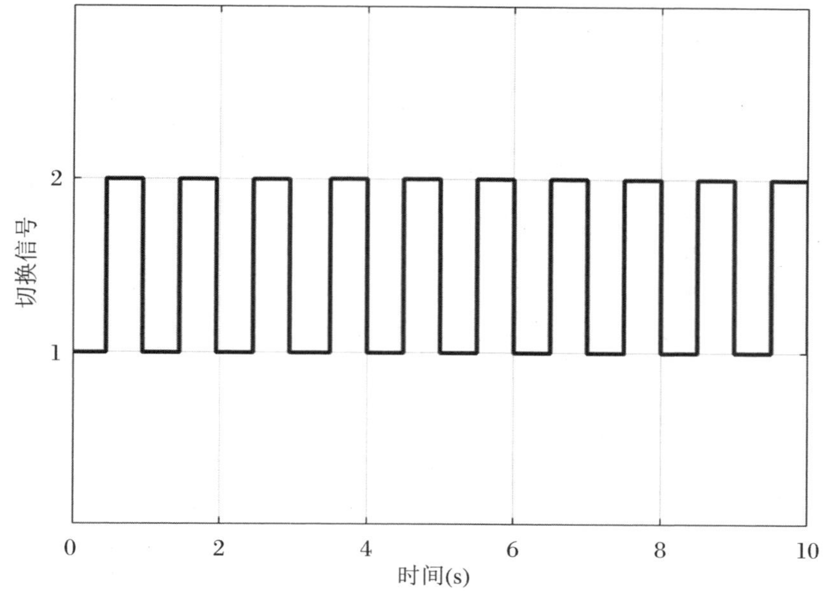

图 5.3　切换信号

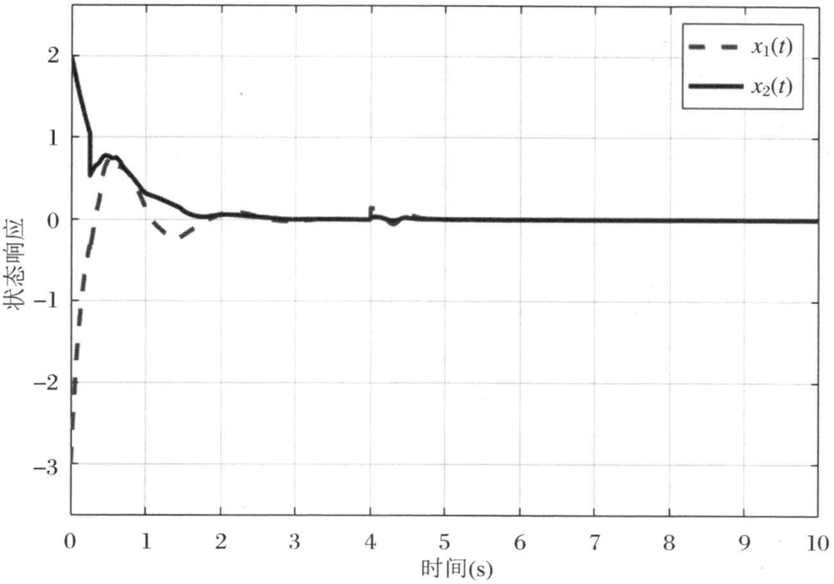

图 5.4　系统(5.38)的状态轨迹

例 5.2 考虑如下切换中立时滞系统：

$$\begin{cases}\dot{\boldsymbol{x}}(t)-\boldsymbol{C}_{\sigma(t)}\dot{\boldsymbol{x}}(t-h(t))=\boldsymbol{A}_{\sigma(t)}\boldsymbol{x}(t)+\boldsymbol{B}_{\sigma(t)}\boldsymbol{x}(t-\tau(t))+\boldsymbol{D}_{\sigma(t)}\boldsymbol{\omega}(t)\\ \boldsymbol{z}(t)=\boldsymbol{E}_{\sigma(t)}\boldsymbol{x}(t)+\boldsymbol{F}_{\sigma(t)}\boldsymbol{\omega}(t)\end{cases}\tag{5.40}$$

其中 $M=\{1,2\}$，且系统参数为

$$\boldsymbol{A}_1=\begin{bmatrix}-3 & 0\\ 1 & -9\end{bmatrix},\quad \boldsymbol{A}_2=\begin{bmatrix}-7 & 1\\ 0 & -6\end{bmatrix},\quad \boldsymbol{B}_1=\begin{bmatrix}0.4 & 0\\ 0.1 & -0.5\end{bmatrix}$$

$$\boldsymbol{B}_2=\begin{bmatrix}-0.7 & 0.1\\ 0 & -0.2\end{bmatrix},\quad \boldsymbol{C}_1=\begin{bmatrix}-0.1 & 0\\ 0 & -0.2\end{bmatrix},\quad \boldsymbol{C}_2=\begin{bmatrix}-0.2 & 0\\ 0 & -0.3\end{bmatrix}$$

$$\boldsymbol{D}_1=\begin{bmatrix}-3 & 0\\ 0 & -10\end{bmatrix},\quad \boldsymbol{D}_2=\begin{bmatrix}-3 & 0\\ 0 & -10\end{bmatrix},\quad \boldsymbol{E}_1=\begin{bmatrix}1 & 0\\ 0 & 2\end{bmatrix},\quad \boldsymbol{E}_2=\begin{bmatrix}-2 & 0\\ 0 & 2\end{bmatrix}$$

$$\boldsymbol{F}_1=\begin{bmatrix}-1 & 0\\ 0 & -2\end{bmatrix},\quad \boldsymbol{F}_2=\begin{bmatrix}-2 & 0\\ 0 & 1\end{bmatrix}$$

$$\tau(t)=0.4\sin t+0.1,\quad h(t)=0.3\sin t+0.3,\quad \omega(t)=\mathrm{e}^{-t}$$

令 $\mu=1.3$，$\alpha=0.9$，$\gamma=6$. 基于定理 5.2，解线性矩阵不等式(5.26)，得矩阵可行解

$$\boldsymbol{P}^1=\begin{bmatrix}8.9020 & -0.3160\\ -0.3160 & 1.8100\end{bmatrix},\quad \boldsymbol{R}_1^1=\begin{bmatrix}8.4920 & -0.4061\\ -0.4061 & 1.6073\end{bmatrix}$$

$$\boldsymbol{R}_2^1=\begin{bmatrix}3.4982 & -0.3078\\ -0.3078 & 1.0377\end{bmatrix},\quad \boldsymbol{M}_1^1=\begin{bmatrix}3.1390 & -0.2799\\ -0.2799 & 0.9390\end{bmatrix}$$

$$\boldsymbol{M}_2^1=\begin{bmatrix}3.5106 & -0.3040\\ -0.3040 & 0.9996\end{bmatrix},\quad \boldsymbol{Q}^1=\begin{bmatrix}0.6508 & -0.0159\\ -0.0159 & 0.1223\end{bmatrix}$$

$$\boldsymbol{V}_1^1=\begin{bmatrix}0.7578 & -0.0263\\ -0.0263 & 0.0510\end{bmatrix},\quad \boldsymbol{V}_2^1=\begin{bmatrix}0.4313 & -0.0174\\ -0.0174 & 0.0354\end{bmatrix}$$

$$\boldsymbol{W}_1^1=\begin{bmatrix}1.2105 & -0.0492\\ -0.0492 & 0.0864\end{bmatrix},\quad \boldsymbol{W}_2^1=\begin{bmatrix}0.8068 & -0.0333\\ -0.0333 & 0.0599\end{bmatrix}$$

$$\boldsymbol{P}^2=\begin{bmatrix}10.3023 & -1.1087\\ -1.1087 & 1.7018\end{bmatrix},\quad \boldsymbol{R}_1^2=\begin{bmatrix}9.7429 & -0.5355\\ -0.5355 & 1.4572\end{bmatrix}$$

$$\boldsymbol{R}_2^2=\begin{bmatrix}3.7431 & -0.3052\\ -0.3052 & 0.9574\end{bmatrix},\quad \boldsymbol{M}_1^2=\begin{bmatrix}3.3205 & -0.2757\\ -0.2757 & 0.8734\end{bmatrix}$$

$$\boldsymbol{M}_2^2=\begin{bmatrix}3.7295 & -0.3000\\ -0.3000 & 0.9255\end{bmatrix},\quad \boldsymbol{Q}^2=\begin{bmatrix}0.5561 & -0.0122\\ -0.0122 & 0.1268\end{bmatrix}$$

$$\boldsymbol{V}_1^2=\begin{bmatrix}0.6638 & -0.0246\\ -0.0246 & 0.0469\end{bmatrix},\quad \boldsymbol{V}_2^2=\begin{bmatrix}0.3899 & -0.0164\\ -0.0164 & 0.0335\end{bmatrix}$$

$$\boldsymbol{W}_1^2 = \begin{bmatrix} 1.0497 & -0.0448 \\ -0.0448 & 0.0784 \end{bmatrix}, \quad \boldsymbol{W}_2^2 = \begin{bmatrix} 0.7195 & -0.0310 \\ -0.0310 & 0.0560 \end{bmatrix}$$

由(5.13)式得

$$\tau_a > \tau_a^* = \frac{\ln \mu}{\alpha} = 0.2915 \tag{5.41}$$

将所获得的矩阵可行解代入得 $\lambda = 0.0127$，$a = 1.5612$，$b = 20.6358$，再将获取的 λ，a，b 的值代入不等式(5.20)，得状态衰减估计为

$$\| \boldsymbol{x}(t) \| \leqslant 3.6356 \mathrm{e}^{-0.0127(t-t_0)} \| \boldsymbol{x}_{t_0} \|_d$$

系统(5.40)在平均驻留时间满足(5.41)下是指数稳定的，且具有加权 L_2 增益.

本 章 小 结

本章主要研究了具有混合时变时滞的切换中立时滞系统在基于平均驻留时间切换意义下的稳定性及 L_2 增益分析. 利用分段 Lyapunov-Krasovskii 泛函方法，引入自由权矩阵，获得了切换中立时滞系统指数稳定及加权 L_2 增益的时滞相关充分条件，该条件以线性矩阵不等式的形式给出，可通过 MATLAB 软件中的 LMI 工具箱求解器直接求解. 需要指出的是，我们所获得的稳定性判别准则为中立时滞上界相关、离散时滞上界相关、离散时滞导数上界相关及中立时滞导数上界相关，具有相对较小的保守性. 通过选取系统(5.1)中不同的时滞参数，本章的稳定性判别准则可退化为具有同结构类型的常离散时滞/变中立时滞切换中立时滞系统、变离散时滞/常中立时滞切换中立时滞系统以及常离散时滞/常中立时滞切换中立时滞系统的稳定性判别准则. 从该意义上看，我们的结论更具有一般性.

第6章　周期采样控制下的切换中立时滞系统镇定设计

6.1　引　　言

从第2章到第5章，我们讨论了切换中立时滞系统的切换规则及反馈控制器的镇定设计问题. 众所周知，传统意义上的反馈控制都是在连续信号反馈的基础之上实现的. 随着工业过程网络化的大规模覆盖应用，网络控制已成为炙手可热的研究课题[154-157]. 所谓网络控制系统是指通过实时网络传输信息构成闭环实现控制目标的反馈控制系统[154]. 网络控制系统综合了控制理论与信息通信理论的特点. 通信理论侧重于信息传输的可靠性，而控制理论则侧重于利用传输信息实现闭环系统的控制目标[157]. 网络控制系统是网络信息时代发展的必然产物.

将切换系统与网络通信相结合的有关报道初见文献[158-159]. 网络控制系统的分析难点在于信息在传输过程中的离散化导致闭环系统无法通过传统的连续反馈控制实现控制目标. 本章将讨论具有混合时变时滞的切换中立时滞系统在周期采样机制下的网络通信反馈控制镇定问题. 这里我们采用固定周期采样的网络传输机制，并考虑切换中立时滞系统的每个单独子系统都是可镇定的，即每个单独的子系统都存在可镇定控制器. 被控系统的反馈控制器是由多个子控制器构成的切换控制器，其设计思想是利用基于网络采样获取并传输的系统状态信息及切换信息进行反馈控制. 在每两次采样间隔区间，整个被控系统实际为开环系统，控制器将利用零阶保持器保持信号连续. 在实际系统运行过程中，系统的切换周期与网络传输中的采样周期往往不可能同步实现. 即使在理论上可以假设系统的切换时刻点与网络采样时刻点相同，但在实际的网络传输过程中，信号时延也是无法绝对避免的，因此，假设系统切换时刻与网络采样时刻同步对于系统设计具有非常大的保守性. 由于系统切换时刻点与采样时刻点不可能完全同步，在相邻的切换时刻点与采样时刻点之间会存在一个时间差，也称异步周期，并且异步周期是时变不确定的.如果异步周期持续时间过长,即子系统与其不匹配控制器同时激活时间过长,那么整个被控系统不稳定.在切换系统的研究问题之中,异步切换问题是引起系统不稳定的一个重要因素,也是切换系统领域的一个重要研究问题.文献[158]利用编码解码控制策略给出了切换线性系统采样量化状态反馈镇定的一个重要结果.文献[160]将驻留时间方法及在线自适应估计方法与采样控制相结合,研究了切换线性系统在已知切换过程和未知切换设置下的镇定问题.但文献[158]与[160]只考虑了非时滞切换系统情况.文献[161]研究了采样控制下的中立时滞系统的指数镇定问题.文献[162]研究了一类切换线性时滞系统的鲁棒 H_∞ 控制问题,其作者将采样问题转化为时滞问题,并采用时变时滞方法代替采样数据进行反馈控制设计,没有考虑采样及异步切换对切换系统稳定性的影响.尽管上述文献都给出了切换系统的采样控制策略,但它们显然不能解决切换中立时滞系统在异步切换下的镇定问题,因为在切换中立时滞系统中,时延不仅出现在系统的状态中,而且还出现在系统状态的导数中.能否为切换中立时滞系统在异步切换下的采样控制框架中提出一种新的控制方法是本章的重点研究问题.

本章针对具有混合时变时滞切换中立时滞系统提出一种基于周期采样数据的异步切换镇定设计方法.通过建立采样周期和平均停留时间二者间的联系并形成切换条件,利用 Lyapunov-Krasovskii 泛函分析方法,引入自由权矩阵,获得切换中立时滞系统的指数稳定判别条件并给出控制器的设计方法.

6.2　问 题 描 述

6.2.1　系统描述

考虑如下具有混合时变时滞的切换中立时滞系统:

$$\begin{cases}\dot{\boldsymbol{x}}(t)-\boldsymbol{C}_{\sigma(t)}\dot{\boldsymbol{x}}(t-h(t))\\ \quad =\boldsymbol{A}_{\sigma(t)}\boldsymbol{x}(t)+\boldsymbol{B}_{\sigma(t)}\boldsymbol{x}(t-\tau(t))+\boldsymbol{D}_{\sigma(t)}\boldsymbol{u}(t), & t>t_0\\ \boldsymbol{x}_{t_0}=\boldsymbol{x}(t_0+\theta)=\boldsymbol{\varphi}(\theta), & \theta\in[-d,0]\end{cases} \tag{6.1}$$

其中 $\boldsymbol{x}(t)\in\mathbb{R}^n$ 是状态向量;$\boldsymbol{u}(t)\in\mathbb{R}^m$ 是控制输入;$\sigma(t):[0,+\infty)\rightarrow \boldsymbol{M}=\{1,2,\cdots,m\}$是切换信号,$m$ 为系统子系统个数;$\{(\boldsymbol{A}_i,\boldsymbol{B}_i,\boldsymbol{C}_i,\boldsymbol{D}_i):i\in \boldsymbol{M}\}$是一族定义子系统的常数矩阵对,矩阵 $\boldsymbol{C}_i$ 满足 $\|\boldsymbol{C}_i\|<1$ 且 $\boldsymbol{C}_i\neq 0$;$\tau(t)$与 $h(t)$分别表示离散时变时滞与中立时变时滞,且同时满足条件

$$0<\tau(t)\leqslant\tau,\quad \dot{\tau}(t)\leqslant\hat{\tau}<1,\quad 0<h(t)\leqslant h,\quad \dot{h}(t)\leqslant\hat{h}<1 \tag{6.2}$$

这里 $\tau,\hat{\tau},h,\hat{h}$ 都是常数;$\boldsymbol{\varphi}(\theta)$表示定义在区间$[-d,0]$上的连续可微初值向量函数,其中 $d=\max\{\tau,h\}$.令 $N_\sigma(s,T)$表示系统在区间$(s,T]$上的切换次数.若存在常数 $\tau_d>0$ 使得系统(6.1)在任意两次切换时刻点处的间隔都不小于 τ_d,则称 τ_d 为驻留时间.若存在满足条件 $\tau_a>\tau_d$ 的常数τ_a 及N_0 使得

$$N_\sigma(s,T)\leqslant N_0+\frac{T-s}{\tau_a},\quad \forall\, T>s\geqslant 0 \tag{6.3}$$

成立,则称 τ_a 为平均驻留时间,N_0 为抖振界.本章假设系统(6.1)每个单独的子系统都是可镇定的,即对每个单独的子系统 i 都能找到一个与之对应的状态反馈增益$\boldsymbol{K}_i$ 使子系统i 稳定.

6.2.2 采样控制

本章所要设计的反馈控制器任务是基于网络采样器对系统的状态 $\boldsymbol{x}$ 及切换信号σ 进行周期采样后所获得的信息对被控系统产生控制输入$\boldsymbol{u}$ 进而镇定被控系统.令 $\tilde{\tau}_s$ 表示固定的采样周期,且 $t_k:=k\tilde{\tau}_s(k\in\mathbb{N})$,表示采样时刻点.这里我们采用文献[158]的分析方法,假设采样周期 $\tilde{\tau}_s$ 不大于驻留时间,即 $\tilde{\tau}_s\leqslant\tau_d$.在该假设条件下,在每个固定的采样周期内至多只能发生一次切换.本章所采用的采样器具有零阶保持功能,其产生的控制输入可表示为

$$\begin{aligned}\boldsymbol{u}(t)&=\boldsymbol{u}_d(t_k)=\boldsymbol{u}_d(t-(t-t_k))\\&=\boldsymbol{u}_d(t-\eta(t)),\quad t_k\leqslant t\leqslant t_{k+1},\quad \eta(t)=t-t_k\end{aligned} \tag{6.4}$$

其中 $\boldsymbol{u}_d$ 是离散时间控制信号,时变时滞 $\eta(t)=t-t_k$ 是分段的线性函数.显然,若 $t\neq t_k$,则 $\dot{\eta}(t)=1$.此外,$\eta(t)\leqslant t_{k+1}-t_k=\tilde{\tau}_s$.因此,分段的常值控制器等价于具有时变时滞的分段连续时间控制器.

6.2.3 相关定义

定义 6.1 考虑系统(6.1).令假设 $\tilde{\tau}_s\leqslant\tau_d$ 成立,若系统平均驻留时间足够大,且存在常数 $\kappa\geqslant1,\lambda>0$,使得系统(6.1)的解 $\boldsymbol{x}(t)$满足

$$\|\boldsymbol{x}(t)\|\leqslant\kappa\mathrm{e}^{-\lambda(t-t_0)}\|\boldsymbol{x}_{t_0}\|_d,\quad \forall\, t\geqslant t_0$$

其中$\|\boldsymbol{x}_{t_0}\|_d=\sup\limits_{-d\leqslant\theta\leqslant0}\{\|\boldsymbol{x}(t_0+\theta)\|,\|\dot{\boldsymbol{x}}(t_0+\theta)\|\}$,则称系统(6.1)是指数稳定的.

6.3 稳定性分析

我们首先以定理形式给出本章的主要结果.

定理 6.1　给定标量 $\lambda_s>0$，$\lambda_u>0$，$\alpha<1$，$h>0$，$\hat{h}<1$，$\tau>0$，$\hat{\tau}<1$，$\tau_d\geqslant\tilde{\tau}_s>0$，若存在具有合适维数的矩阵 $\bar{\boldsymbol{P}}_i>0$，$\bar{\boldsymbol{R}}_i>0$，$\bar{\boldsymbol{M}}_i>0$，$\bar{\boldsymbol{N}}_i>0$，$\bar{\boldsymbol{X}}$，$\bar{\boldsymbol{Z}}_i$，$\bar{\boldsymbol{P}}_j>0$，$\bar{\boldsymbol{R}}_j>0$，$\bar{\boldsymbol{M}}_j>0$，$\bar{\boldsymbol{N}}_j>0$，$\bar{\boldsymbol{S}}_2$（$i,j\in M,i\neq j$）满足

$$\begin{bmatrix} \bar{\boldsymbol{\Omega}}_{i,11} & \boldsymbol{B}_i\bar{\boldsymbol{W}}_i & \boldsymbol{C}_i\bar{\boldsymbol{W}}_i & \boldsymbol{D}_i\boldsymbol{J}_i & \boldsymbol{0} & \dfrac{\mathrm{e}^{-\lambda_s\tilde{\tau}_s}}{\alpha\tilde{\tau}_s}\bar{\boldsymbol{S}}_i & \bar{\boldsymbol{P}}_i+\bar{\boldsymbol{W}}_i^{\mathrm{T}}\boldsymbol{A}_i^{\mathrm{T}}-\bar{\boldsymbol{W}}_i \\ * & \bar{\boldsymbol{\Omega}}_{i,22} & \boldsymbol{0} & \boldsymbol{0} & \boldsymbol{0} & \boldsymbol{0} & \bar{\boldsymbol{W}}_i^{\mathrm{T}}\boldsymbol{B}_i^{\mathrm{T}} \\ * & * & \bar{\boldsymbol{\Omega}}_{i,33} & \boldsymbol{0} & \boldsymbol{0} & \boldsymbol{0} & \bar{\boldsymbol{W}}_i^{\mathrm{T}}\boldsymbol{C}_i^{\mathrm{T}} \\ * & * & * & \bar{\boldsymbol{\Omega}}_{i,44} & \boldsymbol{0} & \dfrac{\mathrm{e}^{-\lambda_s\tilde{\tau}_s}}{(1-\alpha)\tilde{\tau}_s}\bar{\boldsymbol{S}}_i & \boldsymbol{J}_i^{\mathrm{T}}\boldsymbol{D}_i^{\mathrm{T}} \\ * & * & * & * & \bar{\boldsymbol{\Omega}}_{i,55} & \boldsymbol{0} & \boldsymbol{0} \\ * & * & * & * & * & \bar{\boldsymbol{\Omega}}_{i,66} & \boldsymbol{0} \\ * & * & * & * & * & * & \bar{\boldsymbol{\Omega}}_{i,77} \end{bmatrix}<0 \tag{6.5}$$

$$\begin{bmatrix} \bar{\boldsymbol{\Psi}}_{j,11} & \boldsymbol{0} & \boldsymbol{0} & \boldsymbol{0} & \boldsymbol{0} \\ * & \bar{\boldsymbol{\Psi}}_{j,22} & \boldsymbol{0} & \boldsymbol{0} & \boldsymbol{0} \\ * & * & \bar{\boldsymbol{\Psi}}_{j,33} & \boldsymbol{0} & \boldsymbol{0} \\ * & * & * & \bar{\boldsymbol{\Psi}}_{j,44} & \boldsymbol{0} \\ * & * & * & * & \bar{\boldsymbol{\Psi}}_{j,55} \end{bmatrix}<0 \tag{6.6}$$

其中

$$\bar{\boldsymbol{\Omega}}_{i,11}=\bar{\boldsymbol{R}}_i+\bar{\boldsymbol{N}}_i+\lambda_s\bar{\boldsymbol{P}}_i+\bar{\boldsymbol{Q}}_i-\frac{\mathrm{e}^{-\lambda_s\tilde{\tau}}}{\alpha\tilde{\tau}_s}\bar{\boldsymbol{S}}_i+\boldsymbol{A}_i\bar{\boldsymbol{W}}_i+\bar{\boldsymbol{W}}_i^{\mathrm{T}}\boldsymbol{A}_i^{\mathrm{T}}$$

$$\bar{\boldsymbol{\Omega}}_{i,22}=-(1-\hat{\tau})\mathrm{e}^{-\lambda_s\tau}\bar{\boldsymbol{R}}_i$$

$$\bar{\boldsymbol{\Omega}}_{i,33}=-(1-\hat{h})\mathrm{e}^{-\lambda_s h}\bar{\boldsymbol{M}}_i$$

$$\bar{\boldsymbol{\Omega}}_{i,44}=-\frac{\mathrm{e}^{-\lambda_s\tilde{\tau}_s}}{(1-\alpha)\tilde{\tau}_s}\bar{\boldsymbol{S}}_i$$

$$\bar{\boldsymbol{\Omega}}_{i,55}=-\mathrm{e}^{-\lambda_s\tilde{\tau}_s}\bar{\boldsymbol{Q}}_i$$

$$\bar{\boldsymbol{\Omega}}_{i,66}=-\frac{\mathrm{e}^{-\lambda_s\tilde{\tau}_s}}{(1-\alpha)\tilde{\tau}_s}\bar{\boldsymbol{S}}_i-\frac{\mathrm{e}^{-\lambda_s\tilde{\tau}_s}}{\alpha\tilde{\tau}_s}\bar{\boldsymbol{S}}_i-(1-\alpha)\mathrm{e}^{-\alpha\lambda_s\tilde{\tau}_s}\bar{\boldsymbol{N}}_i$$

$$\bar{\boldsymbol{\Omega}}_{i,77}=\bar{\boldsymbol{M}}_i+\tilde{\tau}_s\bar{\boldsymbol{S}}_i-\bar{\boldsymbol{W}}_i-\bar{\boldsymbol{W}}_i^{\mathrm{T}}$$

$$\bar{\boldsymbol{\Psi}}_{j,11}=\begin{bmatrix}\bar{\boldsymbol{\Pi}}_{j,11} & \boldsymbol{B}_j\bar{\boldsymbol{W}}_i & \boldsymbol{C}_j\bar{\boldsymbol{W}}_i & \boldsymbol{D}_j\boldsymbol{J}_i & \boldsymbol{0} & \frac{\mathrm{e}^{-\lambda_s\tilde{\tau}_s}}{\alpha\tilde{\tau}_s}\bar{\boldsymbol{S}}_j & \bar{\boldsymbol{P}}_j+\bar{\boldsymbol{W}}_i^{\mathrm{T}}\boldsymbol{A}_j^{\mathrm{T}}-\bar{\boldsymbol{W}}_i\\ * & \bar{\boldsymbol{\Pi}}_{j,22} & \boldsymbol{0} & \boldsymbol{0} & \boldsymbol{0} & \boldsymbol{0} & \bar{\boldsymbol{W}}_i^{\mathrm{T}}\boldsymbol{B}_j^{\mathrm{T}}\\ * & * & \bar{\boldsymbol{\Pi}}_{j,33} & \boldsymbol{0} & \boldsymbol{0} & \boldsymbol{0} & \bar{\boldsymbol{W}}_i^{\mathrm{T}}\boldsymbol{C}_j^{\mathrm{T}}\\ * & * & * & \bar{\boldsymbol{\Pi}}_{j,44} & \boldsymbol{0} & \frac{\mathrm{e}^{-\lambda_s\tilde{\tau}_s}}{(1-\alpha)\tilde{\tau}_s}\bar{\boldsymbol{S}}_j & \boldsymbol{J}_i^{\mathrm{T}}\boldsymbol{D}_j^{\mathrm{T}}\\ * & * & * & * & \bar{\boldsymbol{\Pi}}_{j,55} & \boldsymbol{0} & \boldsymbol{0}\\ * & * & * & * & * & \bar{\boldsymbol{\Pi}}_{j,66} & \boldsymbol{0}\\ * & * & * & * & * & * & \bar{\boldsymbol{\Pi}}_{j,77}\end{bmatrix}$$

$$\bar{\boldsymbol{\Pi}}_{j,11}=\bar{\boldsymbol{R}}_j+\bar{\boldsymbol{N}}_j-\lambda_u\bar{\boldsymbol{P}}_j+\bar{\boldsymbol{Q}}_j-\frac{\mathrm{e}^{-\lambda_s\tilde{\tau}_s}}{\alpha\tilde{\tau}_s}\bar{\boldsymbol{S}}_j+\boldsymbol{A}_j\bar{\boldsymbol{W}}_i+\bar{\boldsymbol{W}}_i^{\mathrm{T}}\boldsymbol{A}_j^{\mathrm{T}}$$

$$\bar{\boldsymbol{\Pi}}_{j,22}=-(1-\hat{\tau})\mathrm{e}^{-\lambda_s\tau}\bar{\boldsymbol{R}}_j$$

$$\bar{\boldsymbol{\Pi}}_{j,33}=-(1-\hat{h})\mathrm{e}^{-\lambda_s h}\bar{\boldsymbol{M}}_j$$

$$\bar{\boldsymbol{\Pi}}_{j,44}=-\frac{\mathrm{e}^{-\lambda_s\tilde{\tau}_s}}{(1-\alpha)\tilde{\tau}_s}\bar{\boldsymbol{S}}_j$$

$$\bar{\boldsymbol{\Pi}}_{j,55}=-\mathrm{e}^{-\lambda_s\tilde{\tau}_s}\bar{\boldsymbol{Q}}_j$$

$$\bar{\boldsymbol{\Pi}}_{j,66}=-\frac{\mathrm{e}^{-\lambda_s\tilde{\tau}_s}}{(1-\alpha)\tilde{\tau}_s}\bar{\boldsymbol{S}}_j-\frac{\mathrm{e}^{-\lambda_s\tilde{\tau}_s}}{\alpha\tilde{\tau}_s}\bar{\boldsymbol{S}}_j-(1-\alpha)\mathrm{e}^{-\alpha\lambda_s\tilde{\tau}_s}\bar{\boldsymbol{N}}_j$$

$$\bar{\boldsymbol{\Pi}}_{j,77}=\bar{\boldsymbol{M}}_j+\tilde{\tau}_s\bar{\boldsymbol{S}}_j-\bar{\boldsymbol{W}}_i-\bar{\boldsymbol{W}}_i^{\mathrm{T}}$$

$$\bar{\boldsymbol{\Psi}}_{j,22}=-\frac{(\lambda_s+\lambda_u)\mathrm{e}^{-\lambda_s\tau}}{\tau}\bar{\boldsymbol{R}}_j$$

$$\bar{\boldsymbol{\Psi}}_{j,33}=-\frac{(\lambda_s+\lambda_u)\mathrm{e}^{-\lambda_s\tilde{\tau}_s}}{\tilde{\tau}_s}\bar{\boldsymbol{N}}_j$$

$$\bar{\boldsymbol{\Psi}}_{j,44}=-\frac{(\lambda_s+\lambda_u)\mathrm{e}^{-\lambda_s h}}{h}\bar{\boldsymbol{M}}_j$$

$$\bar{\boldsymbol{\Psi}}_{j,55}=-\frac{(\lambda_s+\lambda_u)\mathrm{e}^{-\lambda_s\tilde{\tau}_s}}{\tilde{\tau}_s}\bar{\boldsymbol{Q}}_j$$

那么系统(6.1)在平均驻留时间满足

$$\tau_a>\left(1+\frac{\log\mu}{\log(1/\nu)}\right)\tilde{\tau}_s \tag{6.7}$$

的条件下是指数稳定的，且控制器增益为 $\boldsymbol{K}_i=\boldsymbol{J}_i\bar{\boldsymbol{W}}_i^{-\mathrm{T}}$.

证明 由假设 $\tilde{\tau}_s\leqslant\tau_d$ 知，在一个采样周期内，系统至多只发生一次切换. 因此，我们只需要在两种情形下分析系统(6.1)的稳定性即可.

情形 1 任意一个采样周期内系统没有切换发生.

不失一般性，我们用区间$(t_k,t_{k+1}]$表示任意一个采样区间，这里 t_k 与 t_{k+1} 表示连续的采样时刻点，且满足 $t_{k+1}-t_k=\widetilde{\tau}_s$. 由于在区间$(t_k,t_{k+1}]$内，系统没有发生切换，我们不妨假设 $\sigma(t_k)=\sigma(t_{k+1})=i\in \boldsymbol{M}$，即子系统 i 在区间$(t_k,t_{k+1}]$内一直被激活，且易知子系统 i 与其匹配的控制器在区间$(t_k,t_{k+1}]$同时被激活，因此，对应的闭环系统可表示为

$$\dot{\boldsymbol{x}}(t)-\boldsymbol{C}_i\dot{\boldsymbol{x}}(t-h(t))=\boldsymbol{A}_i\boldsymbol{x}(t)+\boldsymbol{B}_i\boldsymbol{x}(t-\tau(t))+\boldsymbol{D}_i\boldsymbol{K}_i\boldsymbol{x}(t-\eta(t)) \tag{6.8}$$

选取如下 Lyapunov-Krasovskii 泛函：

$$\begin{aligned}V_i(t)=&\boldsymbol{x}^{\mathrm{T}}(t)\boldsymbol{P}_i\boldsymbol{x}(t)+\int_{t-\tau_s}^{t}\boldsymbol{x}^{\mathrm{T}}(s)\boldsymbol{Q}_i\mathrm{e}^{\lambda_s(s-t)}\boldsymbol{x}(s)\mathrm{d}s\\&+\int_{t-\tau(t)}^{t}\boldsymbol{x}^{\mathrm{T}}(s)\boldsymbol{R}_i\mathrm{e}^{\lambda_s(s-t)}\boldsymbol{x}(s)\mathrm{d}s+\int_{t-h(t)}^{t}\boldsymbol{x}^{\mathrm{T}}(s)\boldsymbol{M}_i\mathrm{e}^{\lambda_s(s-t)}\boldsymbol{x}(s)\mathrm{d}s\\&+\int_{t-\alpha\eta(t)}^{t}\boldsymbol{x}^{\mathrm{T}}(s)\boldsymbol{N}_i\mathrm{e}^{\lambda_s(s-t)}\boldsymbol{x}(s)\mathrm{d}s+\int_{-\tau_s}^{0}\int_{t+\theta}^{t}\boldsymbol{x}^{\mathrm{T}}(s)\boldsymbol{S}_i\mathrm{e}^{\lambda_s(s-t)}\boldsymbol{x}(s)\mathrm{d}s\mathrm{d}\theta\end{aligned} \tag{6.9}$$

其中 $0<\alpha<1$ 且 $\boldsymbol{P}_i>0,\boldsymbol{R}_i>0,\boldsymbol{M}_i>0,\boldsymbol{N}_i>0$ 为待定的对称正定矩阵.

注 6.1　取(6.9)式 Lyapunov-Krasovskii 泛函的目的在于期望获得时滞相关的系统稳定性判别准则.

当子系统 i 的激活时，对给定标量 $\lambda_s>0$，沿系统(6.1)的解轨迹计算泛函(6.9)的时间导数，得

$$\begin{aligned}\dot{V}_i(t)+\lambda_sV_i(t)\leqslant&2\boldsymbol{x}^{\mathrm{T}}(t)\boldsymbol{P}_i\dot{\boldsymbol{x}}(t)+\lambda_s\boldsymbol{x}^{\mathrm{T}}(t)\boldsymbol{P}_i\boldsymbol{x}(t)+\boldsymbol{x}^{\mathrm{T}}(t)\boldsymbol{Q}_i\boldsymbol{x}(t)\\&-\mathrm{e}^{-\lambda_s\widetilde{\tau}_s}\boldsymbol{x}^{\mathrm{T}}(t-\widetilde{\tau}_s)\boldsymbol{Q}_i\boldsymbol{x}(t-\widetilde{\tau}_s)+\boldsymbol{x}^{\mathrm{T}}(t)\boldsymbol{R}_i\boldsymbol{x}(t)\\&-(1-\hat{\tau})\mathrm{e}^{-\lambda_s\tau}\boldsymbol{x}^{\mathrm{T}}(t-\tau(t))\boldsymbol{R}_i\boldsymbol{x}(t-\tau(t))\\&+\dot{\boldsymbol{x}}^{\mathrm{T}}(t)\boldsymbol{M}_i\dot{\boldsymbol{x}}(t)+\boldsymbol{x}^{\mathrm{T}}(t)\boldsymbol{N}_i\boldsymbol{x}(t)+\widetilde{\tau}_s\dot{\boldsymbol{x}}^{\mathrm{T}}(t)\boldsymbol{S}_i\dot{\boldsymbol{x}}(t)\\&-(1-\hat{h})\mathrm{e}^{-\lambda_sh}\dot{\boldsymbol{x}}^{\mathrm{T}}(t-h(t))\boldsymbol{M}_i\dot{\boldsymbol{x}}(t-h(t))\\&-(1-\alpha)\mathrm{e}^{-\alpha\lambda_s\widetilde{\tau}_s}\boldsymbol{x}^{\mathrm{T}}(t-\alpha\eta(t))\boldsymbol{N}_i\boldsymbol{x}(t-\alpha\eta(t))\\&-\mathrm{e}^{-\lambda_s\widetilde{\tau}_s}\int_{t-\alpha\eta(t)}^{t}\dot{\boldsymbol{x}}^{\mathrm{T}}(s)\boldsymbol{S}_i\dot{\boldsymbol{x}}(s)\mathrm{d}s\\&-\mathrm{e}^{-\lambda_s\widetilde{\tau}_s}\int_{t-\eta(t)}^{t-\alpha\eta(t)}\dot{\boldsymbol{x}}^{\mathrm{T}}(s)\boldsymbol{S}_i\dot{\boldsymbol{x}}(s)\mathrm{d}s\\&-\mathrm{e}^{-\lambda_s\widetilde{\tau}_s}\int_{t-\widetilde{\tau}_s}^{t-\eta(t)}\dot{\boldsymbol{x}}^{\mathrm{T}}(s)\boldsymbol{S}_i\dot{\boldsymbol{x}}(s)\mathrm{d}s\end{aligned} \tag{6.10}$$

由引理 1.3，可得

$$\begin{aligned}&-\mathrm{e}^{-\lambda_s\widetilde{\tau}_s}\int_{t-\alpha\eta(t)}^{t}\dot{\boldsymbol{x}}^{\mathrm{T}}(s)\boldsymbol{S}_i\dot{\boldsymbol{x}}(s)\mathrm{d}s\\&\leqslant\frac{-\mathrm{e}^{-\lambda_s\widetilde{\tau}_s}}{\alpha\widetilde{\tau}_s}\left(\int_{t-\alpha\eta(t)}^{t}\dot{\boldsymbol{x}}(s)\mathrm{d}s\right)^{\mathrm{T}}\boldsymbol{S}_i\left(\int_{t-\alpha\eta(t)}^{t}\dot{\boldsymbol{x}}(s)\mathrm{d}s\right)\end{aligned}$$

$$
\begin{aligned}
&= \frac{-\mathrm{e}^{-\lambda_s \widetilde{\tau}_s}}{\alpha \widetilde{\tau}_s}[\boldsymbol{x}^{\mathrm{T}}(t) - \boldsymbol{x}^{\mathrm{T}}(t-\alpha\eta(t))]\boldsymbol{S}_i[\boldsymbol{x}(t) - \boldsymbol{x}(t-\alpha\eta(t))] \qquad (6.11)\\
&- \mathrm{e}^{-\lambda_s \widetilde{\tau}_s}\int_{t-\eta(t)}^{t-\alpha\eta(t)} \dot{\boldsymbol{x}}^{\mathrm{T}}(s)\boldsymbol{S}_i\dot{\boldsymbol{x}}(s)\mathrm{d}s\\
&\leqslant \frac{-\mathrm{e}^{-\lambda_s \widetilde{\tau}_s}}{(1-\alpha)\widetilde{\tau}_s}\left(\int_{t-\eta(t)}^{t-\alpha\eta(t)} \dot{\boldsymbol{x}}(s)\mathrm{d}s\right)^{\mathrm{T}}\boldsymbol{S}_i\left(\int_{t-\eta(t)}^{t-\alpha\eta(t)} \dot{\boldsymbol{x}}(s)\mathrm{d}s\right)\\
&= \frac{-\mathrm{e}^{-\lambda_s \widetilde{\tau}_s}}{(1-\alpha)\widetilde{\tau}_s}[\boldsymbol{x}^{\mathrm{T}}(t-\alpha\eta(t)) - \boldsymbol{x}^{\mathrm{T}}(t-\eta(t))]\\
&\quad \cdot \boldsymbol{S}_i[\boldsymbol{x}(t-\alpha\eta(t)) - \boldsymbol{x}(t-\eta(t))] \qquad (6.12)\\
&- \mathrm{e}^{-\lambda_s \widetilde{\tau}_s}\int_{t-\widetilde{\tau}_s}^{t-\eta(t)} \dot{\boldsymbol{x}}^{\mathrm{T}}(s)\boldsymbol{S}_i\dot{\boldsymbol{x}}(s)\mathrm{d}s < 0 \qquad (6.13)
\end{aligned}
$$

此外,由系统方程(6.8)知,对任意给定具有适当维数的矩阵 $\boldsymbol{W}_i$,有

$$
\begin{aligned}
&-2[\dot{\boldsymbol{x}}^{\mathrm{T}}(t) \quad \boldsymbol{x}^{\mathrm{T}}(t)]\boldsymbol{W}_i^{\mathrm{T}}\\
&\times[\dot{\boldsymbol{x}}(t) - \boldsymbol{A}_i\boldsymbol{x}(t) - \boldsymbol{B}_i\boldsymbol{x}(t-\tau(t)) - \boldsymbol{C}_i\dot{\boldsymbol{x}}(t-h(t))\\
&-\boldsymbol{D}_i\boldsymbol{K}_i\boldsymbol{x}(t-\eta(t))] = 0 \qquad (6.14)
\end{aligned}
$$

利用不等式(6.11)～(6.13),并将(6.14)式的左端项加入到不等式(6.10)的右端,整理后得

$$
\dot{V}_i(t) + \lambda_s V_i(t) < \boldsymbol{\xi}^{\mathrm{T}}(t)\boldsymbol{\Omega}_i\boldsymbol{\xi}(t) \qquad (6.15)
$$

其中

$$
\boldsymbol{\xi}^{\mathrm{T}}(t) = [\boldsymbol{x}^{\mathrm{T}}(t) \quad \boldsymbol{x}^{\mathrm{T}}(t-\tau(t)) \quad \dot{\boldsymbol{x}}^{\mathrm{T}}(t-h(t)) \quad \boldsymbol{x}^{\mathrm{T}}(t-\eta(t)) \quad \boldsymbol{x}^{\mathrm{T}}(t-\widetilde{\tau}_s) \quad \boldsymbol{x}^{\mathrm{T}}(t-\alpha\eta(t)) \quad \dot{\boldsymbol{x}}^{\mathrm{T}}(t)]
$$

$$
\boldsymbol{\Omega}_i = \begin{bmatrix}
\boldsymbol{\Omega}_{i,11} & \boldsymbol{W}_i^{\mathrm{T}}\boldsymbol{B}_i & \boldsymbol{W}_i^{\mathrm{T}}\boldsymbol{C}_i & \boldsymbol{W}_i^{\mathrm{T}}\boldsymbol{D}_i\boldsymbol{K}_i & \boldsymbol{0} & \frac{\mathrm{e}^{-\lambda_s \widetilde{\tau}_s}}{\alpha\widetilde{\tau}_s}\boldsymbol{S}_i & \boldsymbol{P}_i + \boldsymbol{A}_i^{\mathrm{T}}\boldsymbol{W}_i - \boldsymbol{W}_i^{\mathrm{T}}\\
* & \boldsymbol{\Omega}_{i,22} & \boldsymbol{0} & \boldsymbol{0} & \boldsymbol{0} & \boldsymbol{0} & \boldsymbol{B}_i^{\mathrm{T}}\boldsymbol{W}_i\\
* & * & \boldsymbol{\Omega}_{i,33} & \boldsymbol{0} & \boldsymbol{0} & \boldsymbol{0} & \boldsymbol{C}_i^{\mathrm{T}}\boldsymbol{W}_i\\
* & * & * & \boldsymbol{\Omega}_{i,44} & \boldsymbol{0} & \frac{\mathrm{e}^{-\lambda_s \widetilde{\tau}_s}}{(1-\alpha)\widetilde{\tau}_s}\boldsymbol{S}_i & \boldsymbol{D}_i^{\mathrm{T}}\boldsymbol{K}_i^{\mathrm{T}}\boldsymbol{W}_i\\
* & * & * & * & \boldsymbol{\Omega}_{i,55} & \boldsymbol{0} & \boldsymbol{0}\\
* & * & * & * & * & \boldsymbol{\Omega}_{i,66} & \boldsymbol{0}\\
* & * & * & * & * & * & \boldsymbol{\Omega}_{i,77}
\end{bmatrix}
$$

$$
\boldsymbol{\Omega}_{i,11} = \boldsymbol{R}_i + \boldsymbol{N}_i + \lambda_s\boldsymbol{P}_i + \boldsymbol{Q}_i - \frac{\mathrm{e}^{-\lambda_s \widetilde{\tau}_s}}{\alpha\widetilde{\tau}_s}\boldsymbol{S}_i + \boldsymbol{W}_i^{\mathrm{T}}\boldsymbol{A}_i + \boldsymbol{A}_i^{\mathrm{T}}\boldsymbol{W}_i
$$

$\boldsymbol{\Omega}_{i,22} = -(1-\hat{\tau})\mathrm{e}^{-\lambda_s \tau}\boldsymbol{R}_i$

$\boldsymbol{\Omega}_{i,33} = -(1-\hat{h})\mathrm{e}^{-\lambda_s h}\boldsymbol{M}_i$

$$\boldsymbol{\Omega}_{i,44} = -\frac{\mathrm{e}^{-\lambda_s\tilde{\tau}_s}}{(1-\alpha)\tilde{\tau}_s}\boldsymbol{S}_i$$

$$\boldsymbol{\Omega}_{i,55} = -\mathrm{e}^{-\lambda_s\tilde{\tau}_s}\boldsymbol{Q}_i$$

$$\boldsymbol{\Omega}_{i,66} = -\frac{\mathrm{e}^{-\lambda_s\tilde{\tau}_s}}{(1-\alpha)\tilde{\tau}_s}\boldsymbol{S}_i - \frac{\mathrm{e}^{-\lambda_s\tilde{\tau}_s}}{\alpha\tilde{\tau}_s}\boldsymbol{S}_i - (1-\alpha)\mathrm{e}^{-\alpha\lambda_s\tilde{\tau}_s}\boldsymbol{N}_i$$

$$\boldsymbol{\Omega}_{i,77} = \boldsymbol{M}_i + \tilde{\tau}_s\boldsymbol{Q}_i - \boldsymbol{W}_i - \boldsymbol{W}_i^{\mathrm{T}}$$

由(6.15)式可知,如果 $\boldsymbol{\Omega}_i<0$ 成立,则表明

$$\dot{V}_i(t) + \lambda_s V_i(t) < 0 \tag{6.16}$$

从 $\tilde{t}_k$ 到 t 积分不等式(6.16),得

$$V_i(t) < \mathrm{e}^{-\lambda_s(t-t_k)}V_i(t_k) \leqslant vV_i(t_k) \tag{6.17}$$

其中

$$v := \max\{\mathrm{e}^{-\lambda_s(t-t_k)}, 0\leqslant t-t_k<\tilde{\tau}_s\}$$

情形 2　采样周期内系统发生一次切换.

考虑在采样区间 $[t_k, t_{k+1})$ 内发生一次切换的情形. 不妨令 $\sigma(t_k)=i$, $\sigma(t_{k+1})=j\neq i$,即系统在区间 $[t_k, t_{k+1})$ 内的某个时刻点由子系统 i 切换到子系统 j. 但我们只知道系统在区间 $[t_k, t_{k+1})$ 内从子系统 i 切换到子系统 j,却并不知道精确的切换时刻点. 我们不妨假设系统在 $t_k+\bar{t}$ 时刻点由子系统 i 切换到子系统 j,这里 $\bar{t}\in(0,\tilde{\tau}_s]$. 当 $t\in[t_k, t_k+\bar{t})$ 时,易知子系统 i 被激活. 该区间内,子系统与其对应的镇定控制器同时被激活,类似于情形 1 中的分析,可得

$$V_i(t) < \mathrm{e}^{-\lambda_s(t-t_k)}V_i(t_k) \tag{6.18}$$

当 $t\in[t_k+\bar{t}, t_{k+1})$ 时,闭环系统(6.1)的动态方程为

$$\dot{\boldsymbol{x}}(t) = \boldsymbol{A}_j\boldsymbol{x}(t) + \boldsymbol{B}_j\boldsymbol{x}(t-\tau(t)) + \boldsymbol{C}_j\dot{\boldsymbol{x}}(t-h(t)) + \boldsymbol{D}_j\boldsymbol{K}_i\boldsymbol{x}(t-\eta(t)) \tag{6.19}$$

选取如下 Lyapunov-Krasovskii 泛函:

$$\begin{aligned} V_j(t) =& \boldsymbol{x}^{\mathrm{T}}(t)\boldsymbol{P}_j\boldsymbol{x}(t) + \int_{t-\tilde{\tau}_s}^{t}\boldsymbol{x}^{\mathrm{T}}(s)\boldsymbol{Q}_j\mathrm{e}^{\lambda_s(s-t)}\boldsymbol{x}(s)\mathrm{d}s \\ &+ \int_{t-h(t)}^{t}\dot{\boldsymbol{x}}^{\mathrm{T}}(s)\boldsymbol{M}_j\mathrm{e}^{\lambda_s(s-t)}\dot{\boldsymbol{x}}(s)\mathrm{d}s + \int_{t-\alpha\eta(t)}^{t}\boldsymbol{x}^{\mathrm{T}}(s)\boldsymbol{N}_j\mathrm{e}^{\lambda_s(s-t)}\boldsymbol{x}(s)\mathrm{d}s \\ &+ \int_{t-\tau(t)}^{t}\boldsymbol{x}^{\mathrm{T}}(s)\boldsymbol{R}_j\mathrm{e}^{\lambda_s(s-t)}\boldsymbol{x}(s)\mathrm{d}s + \int_{-\tilde{\tau}_s}^{0}\int_{t+\theta}^{t}\dot{\boldsymbol{x}}^{\mathrm{T}}(s)\boldsymbol{S}_j\mathrm{e}^{\lambda_s(s-t)}\dot{\boldsymbol{x}}(s)\mathrm{d}s\mathrm{d}\theta \end{aligned} \tag{6.20}$$

其中 $\boldsymbol{P}_j>0, \boldsymbol{Q}_j>0, \boldsymbol{R}_j>0, \boldsymbol{M}_j>0, \boldsymbol{N}_j>0, \boldsymbol{S}_j>0$ 为待定的正定对称矩阵. 当子系统 j 被激活时,对于 $\lambda_u>0$ 沿着系统(6.19)的解轨迹计算泛函(6.20)的时间导数,得

$$
\begin{aligned}
&\dot{V}_j(t) - \lambda_u V_j(t) \\
&\quad \leqslant 2\boldsymbol{x}^{\mathrm{T}}(t)\boldsymbol{P}_j\dot{\boldsymbol{x}}(t) - \lambda_u \boldsymbol{x}^{\mathrm{T}}(t)\boldsymbol{P}_j\boldsymbol{x}(t) + \boldsymbol{x}^{\mathrm{T}}(t)\boldsymbol{Q}_j\boldsymbol{x}(t) \\
&\quad - \mathrm{e}^{-\lambda_s\tilde{\tau}_s}\boldsymbol{x}^{\mathrm{T}}(t-\tilde{\tau}_s)\boldsymbol{Q}_j\boldsymbol{x}(t-\tilde{\tau}_s) + \boldsymbol{x}^{\mathrm{T}}(t)\boldsymbol{R}_j\boldsymbol{x}(t) \\
&\quad - (1-\hat{\tau})\mathrm{e}^{-\lambda_s\tau}\boldsymbol{x}^{\mathrm{T}}(t-\tau(t))\boldsymbol{R}_j\boldsymbol{x}(t-\tau(t)) \\
&\quad + \dot{\boldsymbol{x}}^{\mathrm{T}}(t)\boldsymbol{M}_j\dot{\boldsymbol{x}}(t) + \boldsymbol{x}^{\mathrm{T}}(t)\boldsymbol{N}_j\boldsymbol{x}(t) + \tilde{\tau}_s\dot{\boldsymbol{x}}^{\mathrm{T}}(t)\boldsymbol{S}_j\dot{\boldsymbol{x}}(t) \\
&\quad - (1-\hat{h})\mathrm{e}^{-\lambda_s h}\dot{\boldsymbol{x}}^{\mathrm{T}}(t-h(t))\boldsymbol{M}_j\dot{\boldsymbol{x}}(t-h(t)) \\
&\quad - (1-\alpha)\mathrm{e}^{-\alpha\lambda_s\tilde{\tau}_s}\boldsymbol{x}^{\mathrm{T}}(t-\alpha\eta(t))\boldsymbol{N}_j\boldsymbol{x}(t-\alpha\eta(t)) \\
&\quad - \mathrm{e}^{-\lambda_s\tilde{\tau}_s}\int_{t-\alpha\eta(t)}^{t}\dot{\boldsymbol{x}}^{\mathrm{T}}(s)\boldsymbol{S}_j\dot{\boldsymbol{x}}(s)\mathrm{d}s - \mathrm{e}^{-\lambda_s\tilde{\tau}_s}\int_{t-\eta(t)}^{t-\alpha\eta(t)}\dot{\boldsymbol{x}}^{\mathrm{T}}(s)\boldsymbol{S}_j\dot{\boldsymbol{x}}(t)\mathrm{d}s \\
&\quad - \mathrm{e}^{-\lambda_s\tilde{\tau}_s}\int_{t-\tilde{\tau}_s}^{t-\eta(t)}\dot{\boldsymbol{x}}^{\mathrm{T}}(s)\boldsymbol{S}_j\dot{\boldsymbol{x}}(t)\mathrm{d}s - (\lambda_s+\lambda_u)\mathrm{e}^{-\lambda_s\tilde{\tau}_s}\int_{t-\tilde{\tau}_s}^{t}\boldsymbol{x}^{\mathrm{T}}(s)\boldsymbol{Q}_j\boldsymbol{x}(s)\mathrm{d}s \\
&\quad - (\lambda_s+\lambda_u)\mathrm{e}^{-\lambda_s\tau}\int_{t-\tau(t)}^{t}\boldsymbol{x}^{\mathrm{T}}(s)\boldsymbol{R}_j\boldsymbol{x}(s)\mathrm{d}s \\
&\quad - (\lambda_s+\lambda_u)\mathrm{e}^{-\lambda_s h}\int_{t-h(t)}^{t}\dot{\boldsymbol{x}}^{\mathrm{T}}(s)\boldsymbol{M}_j\dot{\boldsymbol{x}}(s)\mathrm{d}s \\
&\quad - (\lambda_s+\lambda_u)\mathrm{e}^{-\alpha\lambda_s\tau_s}\int_{t-\alpha\eta(t)}^{t}\boldsymbol{x}^{\mathrm{T}}(s)\boldsymbol{N}_j\boldsymbol{x}(s)\mathrm{d}s \\
&\quad - (\lambda_s+\lambda_u)\int_{-\tau_s}^{0}\int_{t+\theta}^{t}\dot{\boldsymbol{x}}^{\mathrm{T}}(s)\boldsymbol{S}_j\mathrm{e}^{\lambda_s(s-t)}\dot{\boldsymbol{x}}(s)\mathrm{d}s\mathrm{d}\theta
\end{aligned} \tag{6.21}
$$

由引理 1.3,易知

$$
\begin{aligned}
&-\mathrm{e}^{-\lambda_s\tilde{\tau}_s}\int_{t-\alpha\eta(t)}^{t}\dot{\boldsymbol{x}}^{\mathrm{T}}(s)\boldsymbol{S}_j\dot{\boldsymbol{x}}(s)\mathrm{d}s \\
&\quad \leqslant \frac{-\mathrm{e}^{-\lambda_s\tilde{\tau}_s}}{\alpha\tilde{\tau}_s}\left(\int_{t-\alpha\eta(t)}^{t}\dot{\boldsymbol{x}}^{\mathrm{T}}(s)\mathrm{d}s\right)\boldsymbol{S}_j\left(\int_{t-\alpha\eta(t)}^{t}\dot{\boldsymbol{x}}(s)\mathrm{d}s\right) \\
&\quad = \frac{-\mathrm{e}^{-\lambda_s\tilde{\tau}_s}}{\alpha\tilde{\tau}_s}[\boldsymbol{x}^{\mathrm{T}}(t)-\boldsymbol{x}^{\mathrm{T}}(t-\alpha\eta(t))]\boldsymbol{S}_j[\boldsymbol{x}(t)-\boldsymbol{x}(t-\alpha\eta(t))]
\end{aligned} \tag{6.22}
$$

$$
\begin{aligned}
&-\mathrm{e}^{-\lambda_s\tilde{\tau}_s}\int_{t-\eta(t)}^{t-\alpha\eta(t)}\dot{\boldsymbol{x}}^{\mathrm{T}}(s)\boldsymbol{S}_j\dot{\boldsymbol{x}}(s)\mathrm{d}s \\
&\quad \leqslant \frac{-\mathrm{e}^{-\lambda_s\tilde{\tau}_s}}{(1-\alpha)\tilde{\tau}_s}\left(\int_{t-\eta(t)}^{t-\alpha\eta(t)}\dot{\boldsymbol{x}}^{\mathrm{T}}(s)\mathrm{d}s\right)\boldsymbol{S}_j\left(\int_{t-\eta(t)}^{t-\alpha\eta(t)}\dot{\boldsymbol{x}}(s)\mathrm{d}s\right) \\
&\quad = \frac{-\mathrm{e}^{-\lambda_s\tilde{\tau}_s}}{(1-\alpha)\tilde{\tau}_s}[\boldsymbol{x}^{\mathrm{T}}(t-\alpha\eta(t))-\boldsymbol{x}^{\mathrm{T}}(t-\eta(t))] \\
&\qquad \cdot \boldsymbol{S}_j[\boldsymbol{x}(t-\alpha\eta(t))-\boldsymbol{x}(t-\eta(t))]
\end{aligned} \tag{6.23}
$$

$$
-\mathrm{e}^{-\lambda_s\tilde{\tau}_s}\int_{t-\tilde{\tau}_s}^{t-\eta(t)}\dot{\boldsymbol{x}}^{\mathrm{T}}(s)\boldsymbol{S}_j\dot{\boldsymbol{x}}(t)\mathrm{d}s < 0 \tag{6.24}
$$

$$
-(\lambda_s+\lambda_u)\mathrm{e}^{-\lambda_s\tau_s}\int_{t-\tau_s}^{t}\boldsymbol{x}^{\mathrm{T}}(s)\boldsymbol{Q}_j\boldsymbol{x}(s)\mathrm{d}s
$$

$$\leqslant \frac{-(\lambda_s+\lambda_u)\mathrm{e}^{-\lambda_s\tilde{\tau}_s}}{\tilde{\tau}_s}\int_{t-\tilde{\tau}_s}^{t}\boldsymbol{x}^{\mathrm{T}}(s)\mathrm{d}s\boldsymbol{Q}_j\int_{t-\tilde{\tau}_s}^{t}\boldsymbol{x}(s)\mathrm{d}s \tag{6.25}$$

$$-(\lambda_s+\lambda_u)\mathrm{e}^{-\lambda_s\tau}\int_{t-\tau(t)}^{t}\boldsymbol{x}^{\mathrm{T}}(s)\boldsymbol{R}_j\boldsymbol{x}(s)\mathrm{d}s$$

$$\leqslant \frac{-(\lambda_s+\lambda_u)\mathrm{e}^{-\lambda_s\tau}}{\tau}\int_{t-\tau(t)}^{t}\boldsymbol{x}^{\mathrm{T}}(s)\mathrm{d}s\boldsymbol{R}_j\int_{t-\tau(t)}^{t}\boldsymbol{x}(s)\mathrm{d}s \tag{6.26}$$

$$-(\lambda_s+\lambda_u)\mathrm{e}^{-\lambda_s h}\int_{t-h(t)}^{t}\dot{\boldsymbol{x}}^{\mathrm{T}}(s)\boldsymbol{M}_j\dot{\boldsymbol{x}}(s)\mathrm{d}s$$

$$\leqslant \frac{-(\lambda_s+\lambda_u)\mathrm{e}^{-\lambda_s h}}{h}\int_{t-h(t)}^{t}\dot{\boldsymbol{x}}^{\mathrm{T}}(s)\mathrm{d}s\boldsymbol{M}_j\int_{t-h(t)}^{t}\dot{\boldsymbol{x}}^{\mathrm{T}}(s)\mathrm{d}s \tag{6.27}$$

$$-(\lambda_s+\lambda_u)\mathrm{e}^{-\alpha\lambda_s\tilde{\tau}_s}\int_{t-\alpha\eta(t)}^{t}\boldsymbol{x}^{\mathrm{T}}(s)\boldsymbol{N}_j\boldsymbol{x}(s)\mathrm{d}s$$

$$\leqslant \frac{-(\lambda_s+\lambda_u)\mathrm{e}^{-\alpha\lambda_s\tilde{\tau}_s}}{\tilde{\tau}_s}\int_{t-\alpha\eta(t)}^{t}\boldsymbol{x}^{\mathrm{T}}(s)\mathrm{d}s\boldsymbol{N}_j\int_{t-\alpha\eta(t)}^{t}\boldsymbol{x}(s)\mathrm{d}s \tag{6.28}$$

$$-(\lambda_s+\lambda_u)\int_{-\tilde{\tau}_s}^{0}\int_{t+\theta}^{t}\dot{\boldsymbol{x}}^{\mathrm{T}}(s)\boldsymbol{S}_j\mathrm{e}^{\lambda_s(s-t)}\dot{\boldsymbol{x}}(s)\mathrm{d}s\mathrm{d}\theta<0 \tag{6.29}$$

此外,由系统(6.19)知,对于任意具有合适维数的矩阵 $\boldsymbol{W}_i$,有

$$\begin{aligned}&-2[\dot{\boldsymbol{x}}^{\mathrm{T}}(t)\quad \boldsymbol{x}^{\mathrm{T}}(t)]\boldsymbol{W}_i^{\mathrm{T}}\times[\dot{\boldsymbol{x}}(t)-\boldsymbol{A}_j\boldsymbol{x}(t)-\boldsymbol{B}_j\boldsymbol{x}(t-\tau(t))\\&\quad-\boldsymbol{C}_j\dot{\boldsymbol{x}}(t-h(t))-\boldsymbol{D}_j\boldsymbol{K}_i\boldsymbol{x}(t-\eta(t))]=0\end{aligned} \tag{6.30}$$

结合不等式(6.22)～(6.29),并将(6.30)式的左端项加入到(6.21)式的右端,整理后得

$$\dot{V}_j(t)-\lambda_u V_j(t)<\boldsymbol{\zeta}^{\mathrm{T}}(t)\boldsymbol{\Psi}_j\boldsymbol{\zeta}(t) \tag{6.31}$$

其中

$$\boldsymbol{\zeta}^{\mathrm{T}}(t)=\left[\boldsymbol{\xi}^{\mathrm{T}}(t)\quad \int_{t-\tau(t)}^{t}\boldsymbol{x}^{\mathrm{T}}(s)\mathrm{d}s\quad \int_{t-\alpha\eta(t)}^{t}\boldsymbol{x}^{\mathrm{T}}(s)\mathrm{d}s\quad \int_{t-h(t)}^{t}\boldsymbol{x}^{\mathrm{T}}(s)\mathrm{d}s\quad \int_{t-\tilde{\tau}_s}^{t}\boldsymbol{x}^{\mathrm{T}}(s)\mathrm{d}s\right]$$

$$\boldsymbol{\Psi}_j=\begin{bmatrix}\boldsymbol{\Psi}_{j,11} & \boldsymbol{0} & \boldsymbol{0} & \boldsymbol{0} & \boldsymbol{0}\\ * & \boldsymbol{\Psi}_{j,22} & \boldsymbol{0} & \boldsymbol{0} & \boldsymbol{0}\\ * & * & \boldsymbol{\Psi}_{j,33} & \boldsymbol{0} & \boldsymbol{0}\\ * & * & * & \boldsymbol{\Psi}_{j,44} & \boldsymbol{0}\\ * & * & * & * & \boldsymbol{\Psi}_{j,55}\end{bmatrix}$$

$$\boldsymbol{\Psi}_{j,11}=\begin{bmatrix}\boldsymbol{\Pi}_{j,11} & \boldsymbol{W}_i^{\mathrm{T}}\boldsymbol{B}_j & \boldsymbol{W}_i^{\mathrm{T}}\boldsymbol{C}_j & \boldsymbol{W}_i^{\mathrm{T}}\boldsymbol{D}_j\boldsymbol{K}_i & \boldsymbol{0} & \dfrac{\mathrm{e}^{-\lambda_s\tilde{\tau}_s}}{\alpha\tilde{\tau}_s}\boldsymbol{S}_j & \boldsymbol{P}_j+\boldsymbol{A}_j^{\mathrm{T}}\boldsymbol{W}_i-\boldsymbol{W}_i^{\mathrm{T}} \\ * & \boldsymbol{\Pi}_{j,22} & \boldsymbol{0} & \boldsymbol{0} & \boldsymbol{0} & \boldsymbol{0} & \boldsymbol{B}_j^{\mathrm{T}}\boldsymbol{W}_i \\ * & * & \boldsymbol{\Pi}_{j,33} & \boldsymbol{0} & \boldsymbol{0} & \boldsymbol{0} & \boldsymbol{C}_j^{\mathrm{T}}\boldsymbol{W}_i \\ * & * & * & \boldsymbol{\Pi}_{j,44} & \boldsymbol{0} & \dfrac{\mathrm{e}^{-\lambda_s\tilde{\tau}_s}}{(1-\alpha)\tilde{\tau}_s}\boldsymbol{S}_j & \boldsymbol{K}_i^{\mathrm{T}}\boldsymbol{D}_j^{\mathrm{T}}\boldsymbol{W}_i \\ * & * & * & * & \boldsymbol{\Pi}_{j,55} & \boldsymbol{0} & \boldsymbol{0} \\ * & * & * & * & * & \boldsymbol{\Pi}_{j,66} & \boldsymbol{0} \\ * & * & * & * & * & * & \boldsymbol{\Pi}_{j,77}\end{bmatrix}$$

$$\boldsymbol{\Pi}_{j,11}=\boldsymbol{R}_j+\boldsymbol{N}_j-\lambda_u\boldsymbol{P}_j+\boldsymbol{Q}_j-\frac{\mathrm{e}^{-\lambda_s\tilde{\tau}_s}}{\alpha\tilde{\tau}_s}\boldsymbol{S}_j+\boldsymbol{W}_i^{\mathrm{T}}\boldsymbol{A}_j+\boldsymbol{A}_j^{\mathrm{T}}\boldsymbol{W}_i$$

$$\boldsymbol{\Pi}_{j,22}=-(1-\hat{\tau})\mathrm{e}^{-\lambda_s\tau}\boldsymbol{R}_j$$

$$\boldsymbol{\Pi}_{j,33}=-(1-\hat{h})\mathrm{e}^{-\lambda_s h}\boldsymbol{M}_j$$

$$\boldsymbol{\Pi}_{j,44}=-\frac{\mathrm{e}^{-\lambda_s\tilde{\tau}_s}}{(1-\alpha)\tilde{\tau}_s}\boldsymbol{S}_j$$

$$\boldsymbol{\Pi}_{j,55}=-\mathrm{e}^{-\lambda_s\tilde{\tau}_s}\boldsymbol{Q}_j$$

$$\boldsymbol{\Pi}_{j,66}=-\frac{\mathrm{e}^{-\lambda_s\tilde{\tau}_s}}{(1-\alpha)\tilde{\tau}_s}\boldsymbol{S}_j-\frac{\mathrm{e}^{-\lambda_s\tilde{\tau}_s}}{\alpha\tilde{\tau}_s}\boldsymbol{S}_j-(1-\alpha)\mathrm{e}^{-\alpha\lambda_s\tilde{\tau}_s}\boldsymbol{N}_j$$

$$\boldsymbol{\Pi}_{j,77}=\boldsymbol{M}_j+\tilde{\tau}_s\boldsymbol{S}_j-\boldsymbol{W}_i-\boldsymbol{W}_i^{\mathrm{T}}$$

$$\boldsymbol{\Psi}_{j,22}=-\frac{(\lambda_s+\lambda_u)\mathrm{e}^{-\lambda_s\tau}}{\tau}\boldsymbol{R}_j$$

$$\boldsymbol{\Psi}_{j,33}=-\frac{(\lambda_s+\lambda_u)\mathrm{e}^{-\lambda_s\tilde{\tau}_s}}{\tilde{\tau}_s}\boldsymbol{N}_j$$

$$\boldsymbol{\Psi}_{j,44}=-\frac{(\lambda_s+\lambda_u)\mathrm{e}^{-\lambda_s h}}{h}\boldsymbol{M}_j$$

$$\boldsymbol{\Psi}_{j,55}=-\frac{(\lambda_s+\lambda_u)\mathrm{e}^{-\lambda_s\tilde{\tau}_s}}{\tilde{\tau}_s}\boldsymbol{Q}_j$$

由(6.31)式易知,若 $\boldsymbol{\Psi}_j<0$,则

$$\dot{V}_j(t)-\lambda_u V_j(t)<0 \tag{6.32}$$

从 $t_k+\bar{t}$ 到 t 积分不等式(6.32),得

$$V_j(t)<\mathrm{e}^{\lambda_u(t-t_k-\bar{t})}V_j(t_k+\bar{t}) \tag{6.33}$$

由(6.20)式与(6.33)式可知,对 $\forall\, t\in[t_k,t_{k+1})$,有

$$\begin{aligned}V_j(t)&<\mathrm{e}^{\lambda_u(t-t_k-\bar{t})}V_j(t_k+\bar{t})\\ &\leqslant\frac{\lambda_{\max}(\boldsymbol{P}_j)+\tau\lambda_{\max}(\boldsymbol{R}_j)+h\lambda_{\max}(\boldsymbol{M}_j)+\alpha\tilde{\tau}_s\lambda_{\max}(\boldsymbol{N}_j)+\tilde{\tau}_s\lambda_{\max}(\boldsymbol{Q}_j)+\tilde{\tau}_s^2\lambda_{\max}(\boldsymbol{S}_j)}{\lambda_{\min}(\boldsymbol{P}_i)}\end{aligned}$$

$$
\begin{aligned}
&\times \mathrm{e}^{\lambda_u(t-t_k-\bar{t})} V_i((t_k+\bar{t})^-) \\
&\leqslant \frac{\lambda_{\max}(\boldsymbol{P}_j)+\tau\lambda_{\max}(\boldsymbol{R}_j)+h\lambda_{\max}(\boldsymbol{M}_j)+\alpha\tilde{\tau}_s\lambda_{\max}(\boldsymbol{N}_j)+\tilde{\tau}_s\lambda_{\max}(\boldsymbol{Q}_j)+\tilde{\tau}_s^2\lambda_{\max}(\boldsymbol{S}_j)}{\lambda_{\min}(\boldsymbol{P}_i)} \\
&\times \mathrm{e}^{-\lambda_s(t_k+\bar{t}-t_k)}\mathrm{e}^{\lambda_u(t-t_k-\bar{t})} V_i(t_k) \\
&\leqslant \mu_{ij} V_i(t_k) \leqslant \mu V_i(t_k)
\end{aligned}
$$

其中

$$
\begin{aligned}
\mu_{ij}:=\max\{((\lambda_{\max}(\boldsymbol{P}_j)&+\tau\lambda_{\max}(\boldsymbol{R}_j)+h\lambda_{\max}(\boldsymbol{M}_j)+\alpha\tau_s\lambda_{\max}(\boldsymbol{N}_j) \\
&+\tau_s\lambda_{\max}(\boldsymbol{Q}_j)+\tau_s^2\lambda_{\max}(\boldsymbol{S}_j))\mathrm{e}^{-(\lambda_s+\lambda_u)\bar{t}+\lambda_u(t-t_k)})/\lambda_{\min}(\boldsymbol{P}_i)\}
\end{aligned}
\tag{6.34}
$$

且 $\mu:=\max\limits_{i,j\in M}\mu_{ij}$.

由定义 6.1 及(6.3)式易知，对于任意 $N_\sigma(t_{k_0},t_k)\leqslant N_0+(k-k_0)/p$ 都有 $\tau_a\geqslant p\tau_s$. 我们现在来推导 p 的下界以保证系统收敛. 由(6.3)式知，$N_\sigma(t_{k_0},t_k)$等于包含一次切换的区间$(t_l,t_{l+1}]$总数 $k-k_0$，其中 $k_0\leqslant l\leqslant k-1$. 结合情形 1 与情形 2 的分析结论，对于所有的 $k\geqslant k_0$，有

$$
\begin{aligned}
V(t_k)=V_\sigma(t_k)&\leqslant \mu^{N_0+\frac{k-k_0}{p}}\nu^{k-k_0-N_0-\frac{k-k_0}{p}}V_\sigma(t_0) \\
&=\left(\frac{\mu}{\nu}\right)^{N_0}(\mu^{\frac{1}{p}}\nu^{\frac{p-1}{p}})k-k_0V_\sigma(t_0) \\
&=\left(\frac{\mu}{\nu}\right)^{N_0}\mathrm{e}^{(k-k_0)\ln(\mu^{1/p}\nu^{(p-1)/p})}V_\sigma(t_0)
\end{aligned}
\tag{6.35}
$$

要使得 $\mu^{\frac{1}{p}}\nu^{\frac{p-1}{p}}<1$ 成立，则相当于

$$
p>1+\frac{\log\mu}{\log(1/\nu)}
$$

因此，如果

$$
\tau_a>\left(1+\frac{\log\mu}{\log(1/\nu)}\right)\tilde{\tau}_s
$$

那么

$$
V(t_k)\leqslant\left(\frac{\mu}{\nu}\right)^{N_0}\mathrm{e}^{(k-k_0)\ln(\mu^{1/p}\nu^{(p-1)/p})}V_\sigma(t_0)
$$

由定义的 Lyapunov-Krasovskii 泛函，有

$$
\begin{aligned}
V(t_k)&\geqslant \boldsymbol{x}^{\mathrm{T}}(t)\boldsymbol{P}_i\boldsymbol{x}(t)\geqslant\lambda_{\min}(\boldsymbol{P}_i)\|\boldsymbol{x}(t)\|^2\geqslant\min_{\forall i\in M}\lambda_{\min}(\boldsymbol{P}_i)\|\boldsymbol{x}(t)\|^2 \\
&=a\|\boldsymbol{x}(t)\|^2
\end{aligned}
\tag{6.36}
$$

$$
\begin{aligned}
V(t_0)\leqslant(&\max_{\forall i\in M}\lambda_{\max}(\boldsymbol{P}_i)+\tau\max_{\forall i\in M}\lambda_{\max}(\boldsymbol{R}_i)+h\max_{\forall i\in M}\lambda_{\max}(\boldsymbol{M}_i)+\alpha\tilde{\tau}_s\max_{\forall i\in M}\lambda_{\max}(\boldsymbol{N}_i) \\
&+\tilde{\tau}_s\max_{\forall i\in M}\lambda_{\max}(\boldsymbol{Q}_i)+\tilde{\tau}_s^2\max_{\forall i\in M}\lambda_{\max}(\boldsymbol{S}_i))\|\boldsymbol{x}_{t_0}\|_d^2=b\|\boldsymbol{x}_{t_0}\|_d^2
\end{aligned}
\tag{6.37}
$$

其中

$$\|x(t)\|^2 \leqslant \frac{b}{a}\left(\frac{\mu}{\nu}\right)^{N_0} e^{(k-k_0)\ln(\mu^{1/p}\nu^{(p-1)/p})} \|x_{t_0}\|_d^2 \tag{6.38}$$

因此,系统(6.1)是指数稳定的.

注 6.2 控制器增益 K_i 不能通过直接求解 $\Omega_i<0$ 和 $\psi_j<0$ 来获得.然而令 $\overline{W}_i=W_i^{-1}$,并在不等式 $\Omega_i<0$ 与 $\psi_j<0$ 的左右两端分别乘以 diag $\{\overline{W}_i^{\mathrm{T}},\cdots,\overline{W}_i^{\mathrm{T}}\}$ 和 diag $\{\overline{W}_i,\cdots,\overline{W}_i\}$,再令 $\overline{R}_i=\overline{W}_i^{\mathrm{T}}R_i\overline{W}_i$, $\overline{N}_i=\overline{W}_i^{\mathrm{T}}N_i\overline{W}_i$, $\overline{P}_i=\overline{W}_i^{\mathrm{T}}P_i\overline{W}_i$, $\overline{Q}_i=\overline{W}_i^{\mathrm{T}}Q_i\overline{W}_i$, $\overline{S}_i=\overline{W}_i^{\mathrm{T}}S_i\overline{W}_i$, $\overline{M}_i=\overline{W}_i^{\mathrm{T}}M_i\overline{W}_i$, $J_i=K_i\overline{W}_i$, $\overline{R}_j=\overline{W}_i^{\mathrm{T}}R_j\overline{W}_i$, $\overline{N}_j=\overline{W}_i^{\mathrm{T}}N_j\overline{W}_i$, $\overline{P}_j=\overline{W}_i^{\mathrm{T}}P_j\overline{W}_i$, $\overline{Q}_j=\overline{W}_i^{\mathrm{T}}Q_j\overline{W}_i$, $\overline{S}_i=\overline{W}_i^{\mathrm{T}}S_j\overline{W}_i$, $\overline{M}_i=\overline{W}_i^{\mathrm{T}}M_i\overline{W}_i$,则可以获得与不等式 $\Omega_i<0$ 及 $\psi_j<0$ 等价的线性矩阵不等式(6.5)与(6.6),可通过 LMI 工具箱直接求解.

注 6.3 本章的分析过程均建立在 $\tilde{\tau}_s\leqslant\tau_d$ 的假设之上,将分析过程简化为两种情况,即在任意一个采样区间内没有切换发生或者只有一次切换发生.事实上,本章的分析方法也可以扩展到处理在一个采样周期内发生多次切换的情形.我们只需要先在一个采样周期内分析 Lyapunov-Krasovskii 泛函在每个非切换区间上的单调性,然后再分析 Lyapunov-Krasovskii 泛函在时间域上的整体下降性即可以保证系统稳定.

6.4 数值例子

考虑如下具有两个子系统的切换中立时滞系统:

$$\begin{cases} \dot{x}(t)-C_{\sigma(t)}\dot{x}(t-h(t)) \\ \quad = A_{\sigma(t)}x(t)+B_{\sigma(t)}x(t-\tau(t))+D_{\sigma(t)}u(t), & t>t_0 \\ x_{t_0}=x(t_0+\theta)=\varphi(\theta), & \theta\in[-d,0] \end{cases} \tag{6.39}$$

其中 $M=\{1,2\}$ 且系统参数为

$$A_1=\begin{bmatrix}-2.5 & 0.3\\ 0 & -1.5\end{bmatrix},\quad B_1=\begin{bmatrix}-0.2 & 0.2\\ 0.1 & -0.1\end{bmatrix},\quad C_1=\begin{bmatrix}-0.1 & 0.1\\ 0 & 0.2\end{bmatrix}$$

$$D_1=\begin{bmatrix}1\\1\end{bmatrix},\quad A_2=\begin{bmatrix}-1.2 & 0\\ 0.1 & -1.6\end{bmatrix},\quad B_2=\begin{bmatrix}0.3 & 0\\ 0.1 & 0.1\end{bmatrix},\quad C_2=\begin{bmatrix}0.1 & 0\\ 0 & -0.1\end{bmatrix}$$

$$D_2=\begin{bmatrix}1\\1\end{bmatrix}$$

$\tau(t)=0.1\sin t+0.3,\quad h(t)=0.1\sin t+0.1$

令 $\lambda_s=\lambda_u=1$, $\alpha=0.4$, $\tilde{\tau}_s=0.5$,解定理 6.1 中的不等式(6.5)与(6.6),得

$$K_1 = [-0.0723 \quad -0.1996], \quad K_2 = [-0.2809 \quad -0.1149]$$

由(6.7)式可得 $\tau_a^* = 1.9090$. 我们构造一个定周期切换序列 $\tau_d = 2.2$,并选取初始状态为 $x_0 = [2 \quad -3]^{\mathrm{T}}$. 利用 Simulink 模块仿真可获得闭环系统的状态响应如图 6.1 所示,系统切换信号和控制器切换信号如图 6.2 所示. 由此可见,系统(6.39)在周期采样控制输入作用下是稳定的.

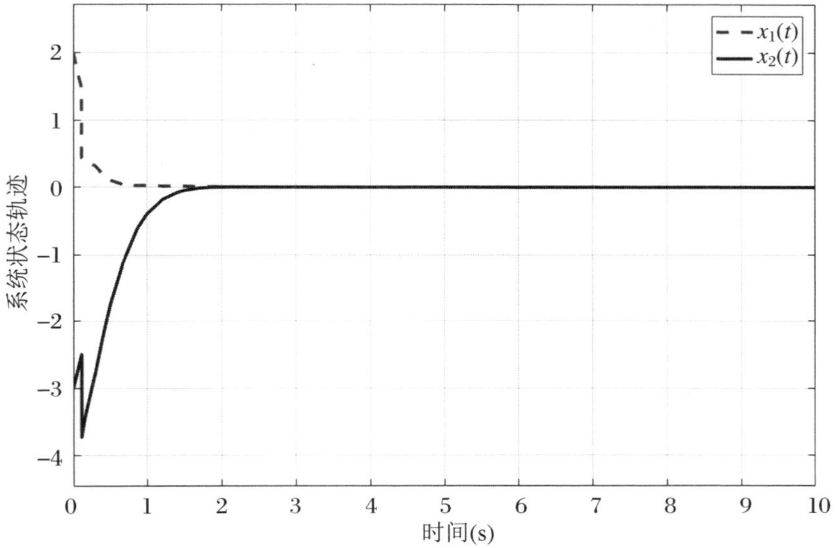

图 6.1　闭环系统(6.39)的状态轨迹

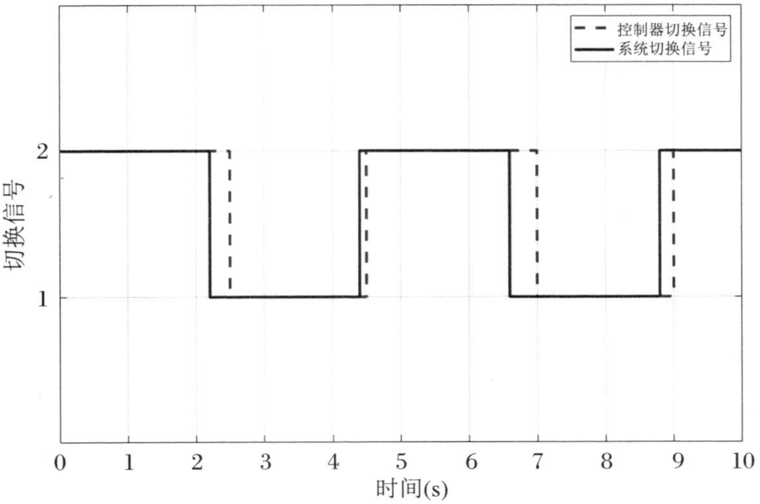

图 6.2　系统与控制器切换信号

本 章 小 结

本章主要研究了慢切换意义下基于周期采样反馈控制的网络切换中立时滞系统的镇定设计问题.这里采用结合驻留时间与平均驻留时间的混杂控制方法,引入自由权矩阵,给出了反馈控制器的设计过程,并获得了系统时滞相关的稳定性判别准则,该稳定性判别准则以线性矩阵不等式的形式给出,可以很容易地通过 MATLAB 软件中的 LMI 工具箱求解器求解.

第 7 章　基于观测器的切换中立时滞系统事件驱动控制设计

7.1 引　　言

由于网络信息数字化速度的迅猛发展,网络控制系统得到了越来越多的关注,并促生了大量的实际应用.网络控制系统的特点,如网络化、信息化、数字化等使得传统意义上的连续反馈控制方法在网络控制系统中难以实现,需要利用网络控制系统的特点进行适当改进.而网络控制系统的首要问题就是被控系统的反馈控制需要利用网络传输的信息来完成,网络信息传输的过程是离散式的,如何采取有效的网络传输方式及控制器设计方法以高效完成闭环系统的性能指标是网络控制系统的首要研究问题之一.

在第 6 章中,我们主要讨论了切换中立时滞系统在网络周期采样控制下的系统镇定设计问题.周期采样是网络控制系统领域中较为常见的一种网络信息获取传输方式.周期采样方法无论是在理论分析,还是在控制实践过程中都具有简单执行、易操作等优点.但同时,周期采样方法也正是由于其简单的设计方式,往往无法实现高、精的控制效果.此外,在网络控制系统中,如何能在保证系统性能指标的同时,有效地减少网络传输数据,降低网络信道拥塞,提高网络传播速度是发挥网络控制系统优势的充分体现.事件驱动通信策略是网络控制系统领域中另一种较常采用的通信控制方式[163-170].与周期采样通信方法相比,事件驱动通信策略能够依据指定条件进行采样通信,从而可以有效避免不必要的采样通信发生,并保持令人满意的闭环系统性能.近些年来,切换系统的事件驱动控制问题受到了普遍关注,并产生了一系列的研究成果[171-177].

本章旨在针对具有混合时变时滞的切换中立时滞系统提出一种基于观测器的事件驱动通信控制策略,研究该系统在所提出的事件驱动通信机制下的输出反馈镇定设计问题.与传统的事件驱动控制策略不同,这里我们在考虑系统的网络传输通道中，驱动器在驱动时刻点不仅向控制器传送系统状态信息，同时还传送被控系统的切换信息，控制器的切换规则完全取决于驱动器的传输信息.由于驱动器的驱动时刻点完全由所设计的驱动规则所决定，因此，控制器与被控系统的切换时刻点不可能完全相同.这不仅给反馈控制器的设计带来困难，同时，引所起的异步切换也增加了系统稳定性分析的难度.

7.2 问题描述

7.2.1 系统描述

考虑如下具有混合时变时滞的连续时间切换线性中立时滞系统：

$$\begin{cases}\dot{\boldsymbol{x}}(t)-\boldsymbol{C}_{\sigma(t)}\dot{\boldsymbol{x}}(t-h(t)) \\ \quad =\boldsymbol{A}_{\sigma(t)}\boldsymbol{x}(t)+\boldsymbol{B}_{\sigma(t)}\boldsymbol{x}(t-\tau(t))+\boldsymbol{D}_{\sigma(t)}\boldsymbol{u}(t), \quad t>t_0 \\ \boldsymbol{y}(t)=\boldsymbol{E}_{\sigma(t)}\boldsymbol{x}(t) \\ \boldsymbol{x}_{t_0}=\boldsymbol{x}(t_0+\theta)=\boldsymbol{\varphi}(\theta), \quad \theta\in[-d,0]\end{cases} \tag{7.1}$$

其中 $\boldsymbol{x}(t)\in\mathbb{R}^n$ 是系统状态向量；$\boldsymbol{u}(t)\in\mathbb{R}^m$ 是控制输入；$\boldsymbol{y}(t)\in\mathbb{R}^p$ 是可测输出；$\boldsymbol{M}=\{1,2,\cdots,m\}$是一个有限的指标集；$\{(\boldsymbol{A}_i,\boldsymbol{B}_i,\boldsymbol{C}_i,\boldsymbol{D}_i):i\in\boldsymbol{M}\}$是一族定义子系统的常数矩阵对，矩阵 $\boldsymbol{C}_i$ 满足 $\|\boldsymbol{C}_i\|<1$ 且 $\boldsymbol{C}_i\neq 0$，$\sigma(t):[0,+\infty)\rightarrow\boldsymbol{M}$ 是切换信号；$h(t)$与 $\tau(t)$为时变连续函数，且满足以下条件：

$$0<\tau(t)\leqslant\tau, \quad \dot{\tau}(t)\leqslant\hat{\tau}<1, \quad 0<h(t)\leqslant h, \quad \dot{h}(t)\leqslant\hat{h}<1 \tag{7.2}$$

这里 $\tau,\hat{\tau},h,\hat{h}$ 都是常数；$\boldsymbol{\varphi}(\theta)$表示定义在区间$[-d,0]$上的连续可微的初值向量函数，其中 $d=\max\{\tau,h\}$.对应切换信号 $\sigma(t)$，总存在一个切换序列：

$$\{\boldsymbol{x}_{t_0}:(l_0,t_0),(l_1,t_1),\cdots,(l_i,t_i),\cdots\mid l_i\in\boldsymbol{M},\forall i\in\mathbb{N}\} \tag{7.3}$$

切换序列(7.3)表征当 $t\in[t_i,t_{i+1})$时，第 l_i 个子系统被激活，其中 t_i 表示切换时刻点.令 $N_\sigma(s,T)$表示切换信号在区间$(s,T]$上的不连续数，即系统在区间$(s,T]$上的切换次数.τ_d 与 τ_a 分别表示子系统的驻留时间与平均驻留时间.在本章中，我们所考虑的系统状态不完全可测，因此，我们首先针对系统(7.1)设计切换的状态观测器.对每个单独的子系统 i，构造子观测器 i：

$$\begin{aligned}&\dot{\hat{\boldsymbol{x}}}(t)-\boldsymbol{C}_i\dot{\hat{\boldsymbol{x}}}(t-h(t)) \\ &\quad =\boldsymbol{A}_i\hat{\boldsymbol{x}}(t)+\boldsymbol{B}_i\hat{\boldsymbol{x}}(t-\tau(t))+\boldsymbol{D}_i\boldsymbol{u}(t)+\boldsymbol{L}_i[\boldsymbol{y}(t)-\boldsymbol{E}_i\hat{\boldsymbol{x}}(t)]\end{aligned} \tag{7.4}$$

其中 $\hat{\boldsymbol{x}}(t)\in\mathbb{R}^n$ 是观测器状态，$\boldsymbol{L}_i$ 是子系统i 所对应的观测器增益.令误差 $\boldsymbol{e}(t)$

$=\boldsymbol{x}(t)-\hat{\boldsymbol{x}}(t)$. 由系统(7.1)与(7.4)式,可获得与子系统 i 对应的子误差系统:

$$\dot{\boldsymbol{e}}(t)-\boldsymbol{C}_i\dot{\boldsymbol{e}}(t-h(t))=(\boldsymbol{A}_i-\boldsymbol{L}_i\boldsymbol{E}_i)\boldsymbol{e}(t)+\boldsymbol{B}_i\boldsymbol{e}(t-\tau(t)) \tag{7.5}$$

这里引入一些与本章稳定性证明相关的定义及引理.

定义 7.1　系统(7.1)是全局一致指数稳定的,如果对于标量 $\kappa>0$ 与 $\lambda>0$,系统的解 $\boldsymbol{x}(t)$ 在切换信号 σ 下满足

$$\|\boldsymbol{x}(t)\|\leqslant\kappa\mathrm{e}^{-\lambda(t-t_0)}\|\boldsymbol{x}_{t_0}\|_d,\quad\forall t\geqslant t_0$$

其中 $\|\boldsymbol{x}_{t_0}\|_d=\sup\limits_{-d\leqslant\theta\leqslant0}\{\|\boldsymbol{x}(t_0+\theta)\|,\|\dot{\boldsymbol{x}}(t_0+\theta)\|\}$.

引理 7.1　如果子误差系统(7.5)是指数稳定的,则系统(7.4)是子系统 i 的指数观测器.

证明　如果误差系统(7.5)指数稳定,则 $\boldsymbol{e}(t)\to0$,因此 $\boldsymbol{x}(t)-\hat{\boldsymbol{x}}(t)\to0$,即 $\hat{\boldsymbol{x}}(t)\to\boldsymbol{x}(t)$,得证.

引理 7.2　给定标量 $0<\alpha,0<\tau,0<h,\hat{\tau}<1,\hat{h}<1$,如果存在具有合适维数的矩阵 $\boldsymbol{P}_i>0,\boldsymbol{Q}_i>0,\boldsymbol{R}_i>0,\boldsymbol{W}_i,\boldsymbol{S}_i,i\in\boldsymbol{M}$,满足

$$\begin{bmatrix}\boldsymbol{\Omega}_i^{11} & \boldsymbol{P}_i-\boldsymbol{S}_i^{\mathrm{T}}+\boldsymbol{A}_i^{\mathrm{T}}\boldsymbol{S}_i-\boldsymbol{E}_i^{\mathrm{T}}\boldsymbol{W}_i^{\mathrm{T}} & \boldsymbol{S}_i^{\mathrm{T}}\boldsymbol{B}_i & \boldsymbol{S}_i^{\mathrm{T}}\boldsymbol{C}_i\\ * & -\boldsymbol{S}_i^{\mathrm{T}}-\boldsymbol{S}_i+\boldsymbol{R}_i & \boldsymbol{S}_i^{\mathrm{T}}\boldsymbol{B}_i & \boldsymbol{S}_i^{\mathrm{T}}\boldsymbol{C}_i\\ * & * & -(1-\hat{\tau})\mathrm{e}^{-\alpha\tau}\boldsymbol{Q}_i & \boldsymbol{0}\\ * & * & * & -(1-\hat{h})\mathrm{e}^{-\alpha h}\boldsymbol{R}_i\end{bmatrix}<0 \tag{7.6}$$

其中 $\boldsymbol{\Omega}_i^{11}=\alpha\boldsymbol{P}_i+\boldsymbol{Q}_i+\boldsymbol{S}_i^{\mathrm{T}}\boldsymbol{A}_i-\boldsymbol{W}_i\boldsymbol{E}_i+\boldsymbol{A}_i^{\mathrm{T}}\boldsymbol{S}_i-\boldsymbol{E}_i^{\mathrm{T}}\boldsymbol{W}_i^{\mathrm{T}}$,则系统(7.5)是指数稳定的,即系统(7.4)是子系统 i 的指数观测器,且观测器增益 $\boldsymbol{L}_i=\boldsymbol{S}_i^{-\mathrm{T}}\boldsymbol{W}_i$.

证明　选取如下 Lyapunov-Krasovskii 泛函:

$$\begin{aligned}V_i(t)&=\boldsymbol{e}^{\mathrm{T}}(t)\boldsymbol{P}_i\boldsymbol{e}(t)\\&\quad+\int_{t-\tau(t)}^{t}\boldsymbol{e}^{\mathrm{T}}(s)\mathrm{e}^{\alpha(s-t)}\boldsymbol{Q}_i\boldsymbol{e}(s)\mathrm{d}s+\int_{t-h(t)}^{t}\dot{\boldsymbol{e}}^{\mathrm{T}}(s)\mathrm{e}^{\alpha(s-t)}\boldsymbol{R}_i\dot{\boldsymbol{e}}(s)\mathrm{d}s\end{aligned} \tag{7.7}$$

其中 $\boldsymbol{P}_i>0,\boldsymbol{Q}_i>0,\boldsymbol{R}_i>0$ 为待定矩阵. 沿系统(7.5)的解轨迹计算(7.7)式的时间导数,得

$$\begin{aligned}\dot{V}_i(t)+\alpha V_i(t)\leqslant&\dot{\boldsymbol{e}}^{\mathrm{T}}(t)\boldsymbol{P}_i\boldsymbol{e}(t)+\boldsymbol{e}^{\mathrm{T}}(t)\boldsymbol{P}_i\dot{\boldsymbol{e}}(t)\\&+\boldsymbol{e}^{\mathrm{T}}(t)(\alpha\boldsymbol{P}_i+\boldsymbol{Q}_i)\boldsymbol{e}(t)+\dot{\boldsymbol{e}}^{\mathrm{T}}(t)\boldsymbol{R}_i\dot{\boldsymbol{e}}(t)\\&-(1-\hat{\tau})\boldsymbol{e}^{\mathrm{T}}(t-\tau(t))\mathrm{e}^{-\alpha\tau}\boldsymbol{Q}_i\boldsymbol{e}(t-\tau(t))\\&-(1-\hat{h})\dot{\boldsymbol{e}}^{\mathrm{T}}(t-h(t))\mathrm{e}^{-\alpha h}\boldsymbol{R}_i\dot{\boldsymbol{e}}(t-h(t))\end{aligned} \tag{7.8}$$

其中 $\alpha>0$. 由系统方程(7.5)知,对任意具有合适维数的可逆矩阵 $\boldsymbol{S}_i$,下列等式恒成立:

$$-2[\boldsymbol{e}^{\mathrm{T}}(t) \quad \dot{\boldsymbol{e}}^{\mathrm{T}}(t)] \cdot \boldsymbol{S}_i^{\mathrm{T}}[\dot{\boldsymbol{e}}(t)-\boldsymbol{C}_i\dot{\boldsymbol{e}}(t-h(t))-(\boldsymbol{A}_i-\boldsymbol{L}_i\boldsymbol{E}_i)\boldsymbol{e}(t)-\boldsymbol{B}_i\boldsymbol{e}(t-\tau(t))]=0 \tag{7.9}$$

将(7.9)式的左端项加入到不等式(7.8)的右端,整理后得

$$\dot{V}_i(t)+\alpha V_i(t)\leqslant \boldsymbol{\zeta}^{\mathrm{T}}(t)\boldsymbol{\Omega}_i\boldsymbol{\zeta}(t) \tag{7.10}$$

其中

$$\boldsymbol{\zeta}^{\mathrm{T}}(t)=[\boldsymbol{e}^{\mathrm{T}}(t) \quad \dot{\boldsymbol{e}}^{\mathrm{T}}(t) \quad \boldsymbol{e}^{\mathrm{T}}(t-\tau(t)) \quad \dot{\boldsymbol{e}}^{\mathrm{T}}(t-h(t))]$$

$$\widetilde{\boldsymbol{\Omega}}_i=\begin{bmatrix} \widetilde{\boldsymbol{\Omega}}_i^{11} & \boldsymbol{P}_i-\boldsymbol{S}_i^{\mathrm{T}}+(\boldsymbol{A}_i-\boldsymbol{L}_i\boldsymbol{E}_i)^{\mathrm{T}}\boldsymbol{S}_i & \boldsymbol{S}_i^{\mathrm{T}}\boldsymbol{B}_i & \boldsymbol{S}_i^{\mathrm{T}}\boldsymbol{C}_i \\ * & \boldsymbol{\Omega}_i^{22} & \boldsymbol{S}_i^{\mathrm{T}}\boldsymbol{B}_i & \boldsymbol{S}_i^{\mathrm{T}}\boldsymbol{C}_i \\ * & * & -(1-\hat{\tau})\mathrm{e}^{-\alpha\tau}\boldsymbol{Q}_i & \boldsymbol{0} \\ * & * & * & -(1-\hat{h})\mathrm{e}^{-\alpha h}\boldsymbol{R}_i \end{bmatrix}$$

$$\widetilde{\boldsymbol{\Omega}}_i^{11}=\alpha\boldsymbol{P}_i+\boldsymbol{Q}_i+\boldsymbol{S}_i^{\mathrm{T}}(\boldsymbol{A}_i-\boldsymbol{L}_i\boldsymbol{E}_i)+(\boldsymbol{A}_i-\boldsymbol{L}_i\boldsymbol{E}_i)^{\mathrm{T}}\boldsymbol{S}_i$$

令 $\boldsymbol{W}_i=\boldsymbol{S}_i^{\mathrm{T}}\boldsymbol{L}_i$,则易知不等式(7.6)成立即保证 $\dot{V}_i(t)+\alpha V_i(t)<0$.从 t_0 到 t 积分不等式 $\dot{V}_i(t)+\alpha V_i(t)<0$,得

$$V_i(t)\leqslant \mathrm{e}^{-\alpha(t-t_0)}V_i(t_0)$$

即系统(7.5)是指数稳定的.

由引理 7.1 可知,引理 7.2 保证了系统(7.4)是子系统 i 的指数观测器.

由系统(7.4)与(7.5),我们构造系统(7.1)的切换观测器:

$$\dot{\hat{\boldsymbol{x}}}(t)-\boldsymbol{C}_{\sigma(t)}\dot{\hat{\boldsymbol{x}}}(t-h(t)) =\boldsymbol{A}_{\sigma(t)}\hat{\boldsymbol{x}}(t)+\boldsymbol{B}_{\sigma(t)}\hat{\boldsymbol{x}}(t-\tau(t))+\boldsymbol{D}_{\sigma(t)}\boldsymbol{u}(t)+\boldsymbol{L}_{\sigma(t)}\boldsymbol{E}_{\sigma(t)}\boldsymbol{e}(t) \tag{7.11}$$

与误差切换系统:

$$\dot{\boldsymbol{e}}(t)-\boldsymbol{C}_{\sigma(t)}\dot{\boldsymbol{e}}(t-h(t))=(\boldsymbol{A}_{\sigma(t)}-\boldsymbol{L}_{\sigma(t)}\boldsymbol{E}_{\sigma(t)})\boldsymbol{e}(t)+\boldsymbol{B}_{\sigma(t)}\boldsymbol{e}(t-\tau(t)) \tag{7.12}$$

7.3 事件驱动控制

本节将通过构建基于观测器状态的网络事件驱动器与切换控制器使得闭环系统(7.1)稳定.首先,构建如下事件驱动器:

$$\|\hat{\boldsymbol{e}}(t)\|^2\geqslant \eta\|\boldsymbol{\xi}(t)\|^2 \tag{7.13}$$

其中 $\hat{\boldsymbol{e}}(t)=\hat{\boldsymbol{x}}(t)-\hat{\boldsymbol{x}}(\hat{t}_k)$;$\boldsymbol{\xi}(t)=[\hat{\boldsymbol{x}}^{\mathrm{T}}(t) \quad \boldsymbol{e}^{\mathrm{T}}(t)]^{\mathrm{T}}$;$\eta>0$ 是常数阈值;$\{\hat{t}_k\}_{k=0}^{\infty}$

表示事件驱动时刻点集，满足 $\hat{t}_k<\hat{t}_{k+1}$ 且 $k\in\mathbb{N}$. 驱动器通过网络实时获取由观测器发送的状态信息及切换信息并连续检验条件(7.13)，通过检验条件(7.13)满足与否来确定是否对当前信息进行采样. 驱动器在对状态信息进行采样的同时，记录观测器系统当前的激活子系统，并将采集的观测器状态信息及激活子系统记录通过网络传送到控制器. 控制器在接收到驱动器信息后立刻更新状态信息，并通过接收驱动器传送的系统当前激活子系统信息，判断是否切换子控制器. 这里，我们不考虑信息在网络传送过程中的时延现象. 控制器在每次更新状态信息后，会始终保持新的状态信息，直至下一次事件发生再重新进行更新替换，如此往复. 由于事件驱动时刻点与观测器系统的切换时刻点往往是不相同的，因此，被控系统的当前激活模态与控制器的当前激活模态往往是不匹配的. 我们称这段不匹配时间为被控系统的异步时间. 如果异步时间过长，会影响甚至破坏闭环系统的稳定性. 我们将进一步探讨在这种情况下保证闭环系统(7.1)稳定的充分条件.

为了便于分析，我们假设 $\tau_{\mathrm{m}}<\tau_d$，这里 τ_{m} 表示被控系统与控制器不匹配模态同时运行的最长异步时间. 由驱动条件(7.3)可知，如果令 $\hat{t}_k$ 表示驱动器第 k 次采样时刻点，那么第 $k+1$ 次采样时刻点 $\hat{t}_{k+1}$ 可以表示为

$$\hat{t}_{k+1}=\inf\{t>\hat{t}_k \mid \|\hat{\boldsymbol{e}}(t)\|^2=\eta\|\boldsymbol{\xi}(t)\|^2\} \tag{7.14}$$

不失一般性，我们令 $[t_i,t_{i+1})$ 表示任意一个切换区间，并假设在切换区间 $[t_i,t_{i+1})$ 内驱动器共发生了 n 次采样，且 $\hat{t}_{k+1}$ 为该区间上的第一次采样时刻点. 此外，基于条件(7.2)，我们假设子系统 j 是在区间 $[t_{i-1},t_i)$ 上被激活的第 l_{i-1} 个子系统，子系统 i 是在区间 $[t_i,t_{i+1})$ 上被激活的第 l_i 个子系统. 对 $t\in[t_i,t_{i+1})$，构建静态分段控制器：

$$\boldsymbol{u}(t)=\begin{cases}\boldsymbol{K}_j\hat{\boldsymbol{x}}(\hat{t}_k), & t\in[t_i,\hat{t}_{k+1})\\ \boldsymbol{K}_i\hat{\boldsymbol{x}}(\hat{t}_{k+1}), & t\in[\hat{t}_{k+1},\hat{t}_{k+2})\\ \cdots & \\ \boldsymbol{K}_i\hat{\boldsymbol{x}}(\hat{t}_{k+n}), & t\in[\hat{t}_{k+n},t_{i+1})\end{cases} \tag{7.15}$$

其中 $\boldsymbol{K}_i$ 与 $\boldsymbol{K}_j$ 分别是子系统 i 与子系统 j 所对应的控制器增益. 控制器(7.15)的构造思想如图 7.1 所示.

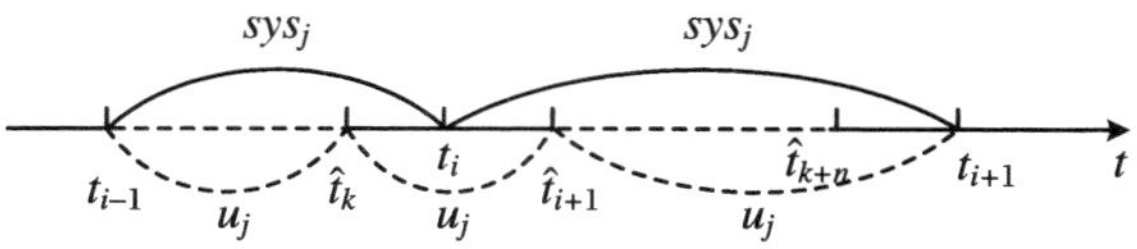

图 7.1　控制器(7.15)的构造思想示意图

在每个连续的采样区间上，控制器仅在采样时刻点更新状态.为了保证控制信号的连续性，我们引入零阶保持器.当子系统 i 在区间$[t_i, t_{i+1})$上运行时，观测器系统(7.4)的闭环形式可描述为

$$\begin{aligned}&\dot{\hat{\boldsymbol{x}}}(t)-\boldsymbol{C}_i\dot{\hat{\boldsymbol{x}}}(t-h(t))\\&=\begin{cases}(\boldsymbol{A}_i+\boldsymbol{D}_i\boldsymbol{K}_j)\hat{\boldsymbol{x}}(t)+\boldsymbol{B}_i\hat{\boldsymbol{x}}(t-\tau(t))\\-\boldsymbol{D}_i\boldsymbol{K}_j\hat{\boldsymbol{e}}(t)+\boldsymbol{L}_i\boldsymbol{E}_i\boldsymbol{e}(t), & t\in[t_i,\hat{t}_{k+1})\\(\boldsymbol{A}_i+\boldsymbol{D}_i\boldsymbol{K}_i)\hat{\boldsymbol{x}}(t)+\boldsymbol{B}_i\hat{\boldsymbol{x}}(t-\tau(t))\\-\boldsymbol{D}_i\boldsymbol{K}_i\hat{\boldsymbol{e}}(t)+\boldsymbol{L}_i\boldsymbol{E}_i\boldsymbol{e}(t), & t\in[\hat{t}_{k+1},t_{i+1})\end{cases}\end{aligned}\tag{7.16}$$

由 $\boldsymbol{e}(t)=\boldsymbol{x}(t)-\hat{\boldsymbol{x}}(t)$与$\boldsymbol{\xi}(t)=[\hat{\boldsymbol{x}}^{\mathrm{T}}(t)\quad \boldsymbol{e}^{\mathrm{T}}(t)]^{\mathrm{T}}$ 可得与(7.16)等价的系统：

$$\begin{aligned}&\dot{\boldsymbol{\xi}}(t)-\bar{\boldsymbol{C}}_i\dot{\boldsymbol{\xi}}(t-h(t))\\&=\begin{cases}\bar{\boldsymbol{A}}_{ij}\boldsymbol{\xi}(t)+\bar{\boldsymbol{B}}_i\boldsymbol{\xi}(t-\tau(t))+\bar{\boldsymbol{D}}_{ij}\tilde{\boldsymbol{e}}(t), & t\in[t_i,\hat{t}_{k+1})\\\bar{\boldsymbol{A}}_i\boldsymbol{\xi}(t)+\bar{\boldsymbol{B}}_i\boldsymbol{\xi}(t-\tau(t))+\bar{\boldsymbol{D}}_i\tilde{\boldsymbol{e}}(t), & t\in[\hat{t}_{k+1},t_{i+1})\end{cases}\end{aligned}\tag{7.17}$$

其中

$$\bar{\boldsymbol{A}}_{ij}=\begin{bmatrix}\boldsymbol{A}_i+\boldsymbol{D}_i\boldsymbol{K}_j & \boldsymbol{L}_i\boldsymbol{E}_i\\\boldsymbol{0} & \boldsymbol{A}_i-\boldsymbol{L}_i\boldsymbol{E}_i\end{bmatrix},\quad \bar{\boldsymbol{D}}_{ij}=\begin{bmatrix}-\boldsymbol{D}_i\boldsymbol{K}_j & \boldsymbol{0}\\\boldsymbol{0} & \boldsymbol{0}\end{bmatrix}$$

$$\bar{\boldsymbol{B}}_i=\begin{bmatrix}\boldsymbol{B}_i & \boldsymbol{0}\\\boldsymbol{0} & \boldsymbol{B}_i\end{bmatrix},\quad \bar{\boldsymbol{C}}_i=\begin{bmatrix}\boldsymbol{C}_i & \boldsymbol{0}\\\boldsymbol{0} & \boldsymbol{C}_i\end{bmatrix},\quad \bar{\boldsymbol{D}}_i=\bar{\boldsymbol{D}}_{ii}=\begin{bmatrix}-\boldsymbol{D}_i\boldsymbol{K}_i & \boldsymbol{0}\\\boldsymbol{0} & \boldsymbol{0}\end{bmatrix}$$

$$\bar{\boldsymbol{A}}_i=\bar{\boldsymbol{A}}_{ii}=\begin{bmatrix}\boldsymbol{A}_i+\boldsymbol{D}_i\boldsymbol{K}_i & \boldsymbol{L}_i\boldsymbol{E}_i\\\boldsymbol{0} & \boldsymbol{A}_i-\boldsymbol{L}_i\boldsymbol{E}_i\end{bmatrix},\quad \tilde{\boldsymbol{e}}(t)=\begin{bmatrix}\hat{\boldsymbol{e}}(t)\\\boldsymbol{0}\end{bmatrix}$$

现在，我们来分析增广系统

$$\dot{\boldsymbol{\xi}}(t)-\bar{\boldsymbol{C}}_{\sigma_i}\dot{\boldsymbol{\xi}}(t-h(t))=\bar{\boldsymbol{A}}_{\sigma_i\sigma_j}\boldsymbol{\xi}(t)+\bar{\boldsymbol{B}}_{\sigma_i}\boldsymbol{\xi}(t-\tau(t))+\bar{\boldsymbol{D}}_{\sigma_i\sigma_j}\tilde{\boldsymbol{e}}(t)\tag{7.18}$$

的稳定性，其中

$$\bar{\boldsymbol{A}}_{\sigma_i\sigma_j}=\begin{bmatrix}\boldsymbol{A}_{\sigma_i}+\boldsymbol{D}_{\sigma_i}\boldsymbol{K}_{\sigma_j} & \boldsymbol{L}_{\sigma_i}\boldsymbol{E}_{\sigma_i}\\\boldsymbol{0} & \boldsymbol{A}_{\sigma_i}-\boldsymbol{L}_{\sigma_i}\boldsymbol{E}_{\sigma_i}\end{bmatrix},\quad \bar{\boldsymbol{B}}_{\sigma_i}=\begin{bmatrix}\boldsymbol{B}_{\sigma_i} & \boldsymbol{0}\\\boldsymbol{0} & \boldsymbol{B}_{\sigma_i}\end{bmatrix}$$

$$\bar{\boldsymbol{C}}_{\sigma_i}=\begin{bmatrix}\boldsymbol{C}_{\sigma_i} & \boldsymbol{0}\\\boldsymbol{0} & \boldsymbol{C}_{\sigma_i}\end{bmatrix},\quad \bar{\boldsymbol{D}}_{\sigma_i\sigma_j}=\begin{bmatrix}-\boldsymbol{D}_{\sigma_i}\boldsymbol{K}_{\sigma_j} & \boldsymbol{0}\\\boldsymbol{0} & \boldsymbol{0}\end{bmatrix}$$

下述定理给出系统(7.18)稳定的一个充分条件.

定理 7.1 给定标量 $h>0,\tau>0,\hat{h}<1,\hat{\tau}<1,\mu>1,\lambda_s>0,\lambda_u>0,\eta>0,\tau_{\mathrm{m}}>0$，如果存在矩阵 $\hat{\boldsymbol{P}}_{ij}>0,\hat{\boldsymbol{Q}}_{ij}>0,\hat{\boldsymbol{R}}_{ij}>0,\hat{\boldsymbol{N}}_{ij}>0,\hat{\boldsymbol{P}}_i>0,\hat{\boldsymbol{Q}}_i>0,\hat{\boldsymbol{R}}_i>0,\hat{\boldsymbol{N}}_i>0$，$\hat{\boldsymbol{M}}_i,\boldsymbol{G}_i$ 满足

$$\boldsymbol{\Pi}_{ij} = \begin{bmatrix} \boldsymbol{\Pi}_{ij}^{11} & \boldsymbol{\Pi}_{ij}^{12} \\ * & \boldsymbol{\Pi}_{ij}^{22} \end{bmatrix} < 0 \tag{7.19}$$

$$\boldsymbol{\Pi}_{i} = \begin{bmatrix} \boldsymbol{\Pi}_{i}^{11} & \boldsymbol{\Pi}_{i}^{12} \\ * & \boldsymbol{\Pi}_{i}^{22} \end{bmatrix} < 0 \tag{7.20}$$

$$\begin{aligned} &\hat{\boldsymbol{P}}_{ij} \leqslant \mu\hat{\boldsymbol{P}}_{i},\quad \hat{\boldsymbol{Q}}_{ij} \leqslant \mu\hat{\boldsymbol{Q}}_{i},\quad \hat{\boldsymbol{R}}_{ij} \leqslant \mu\hat{\boldsymbol{R}}_{i},\quad \hat{\boldsymbol{P}}_{i} \leqslant \mu\hat{\boldsymbol{P}}_{ij} \\ &\hat{\boldsymbol{Q}}_{i} \leqslant \mu\hat{\boldsymbol{Q}}_{ij},\quad \hat{\boldsymbol{R}}_{i} \leqslant \mu\hat{\boldsymbol{R}}_{ij} \end{aligned} \tag{7.21}$$

其中

$$\boldsymbol{\Pi}_{ij}^{11} = \begin{bmatrix} \bar{\boldsymbol{\Pi}}_{ij}^{11} & \boldsymbol{L}_i\boldsymbol{E}_i\hat{\boldsymbol{M}}_j & \bar{\boldsymbol{\Pi}}_{ij}^{13} & \boldsymbol{0} & \boldsymbol{B}_i\hat{\boldsymbol{M}}_j & \boldsymbol{0} & \boldsymbol{C}_i\hat{\boldsymbol{M}}_j & \boldsymbol{0} \\ * & \bar{\boldsymbol{\Pi}}_{ij}^{22} & \hat{\boldsymbol{M}}_j^{\mathrm{T}}\boldsymbol{E}_i^{\mathrm{T}}\boldsymbol{L}_i^{\mathrm{T}} & \bar{\boldsymbol{\Pi}}_{ij}^{24} & \boldsymbol{0} & \boldsymbol{B}_i\hat{\boldsymbol{M}}_j & \boldsymbol{0} & \boldsymbol{C}_i\hat{\boldsymbol{M}}_j \\ * & * & \bar{\boldsymbol{\Pi}}_{ij}^{33} & \boldsymbol{0} & \boldsymbol{B}_i\hat{\boldsymbol{M}}_j & \boldsymbol{0} & \boldsymbol{C}_i\hat{\boldsymbol{M}}_j & \boldsymbol{0} \\ * & * & * & \bar{\boldsymbol{\Pi}}_{ij}^{44} & \boldsymbol{0} & \boldsymbol{B}_i\hat{\boldsymbol{M}}_j & \boldsymbol{0} & \boldsymbol{C}_i\hat{\boldsymbol{M}}_j \\ * & * & * & * & \bar{\boldsymbol{\Pi}}_{ij}^{55} & \boldsymbol{0} & \boldsymbol{0} & \boldsymbol{0} \\ * & * & * & * & * & \bar{\boldsymbol{\Pi}}_{ij}^{66} & \boldsymbol{0} & \boldsymbol{0} \\ * & * & * & * & * & * & \bar{\boldsymbol{\Pi}}_{ij}^{77} & \boldsymbol{0} \\ * & * & * & * & * & * & * & \bar{\boldsymbol{\Pi}}_{ij}^{88} \end{bmatrix}$$

$$\boldsymbol{\Pi}_{ij}^{12} = \begin{bmatrix} \bar{\boldsymbol{\Pi}}_{ij}^{19} & \boldsymbol{0} & \boldsymbol{0} & \boldsymbol{0} & -\boldsymbol{D}_i\boldsymbol{G}_j & \boldsymbol{0} & \boldsymbol{0} & \boldsymbol{0} \\ \boldsymbol{0} & \bar{\boldsymbol{\Pi}}_{ij}^{210} & \boldsymbol{0} & \boldsymbol{0} & \boldsymbol{0} & \boldsymbol{0} & \boldsymbol{0} & \boldsymbol{0} \\ \boldsymbol{0} & \boldsymbol{0} & \boldsymbol{0} & \boldsymbol{0} & \boldsymbol{0} & \boldsymbol{0} & -\boldsymbol{D}_i\boldsymbol{G}_j & \boldsymbol{0} \\ \boldsymbol{0} & \boldsymbol{0} & \boldsymbol{0} & \boldsymbol{0} & \boldsymbol{0} & \boldsymbol{0} & \boldsymbol{0} & \boldsymbol{0} \\ \boldsymbol{0} & \boldsymbol{0} & \boldsymbol{0} & \boldsymbol{0} & \boldsymbol{0} & \boldsymbol{0} & \boldsymbol{0} & \boldsymbol{0} \\ \boldsymbol{0} & \boldsymbol{0} & \boldsymbol{0} & \boldsymbol{0} & \boldsymbol{0} & \boldsymbol{0} & \boldsymbol{0} & \boldsymbol{0} \\ \boldsymbol{0} & \boldsymbol{0} & \boldsymbol{0} & \boldsymbol{0} & \boldsymbol{0} & \boldsymbol{0} & \boldsymbol{0} & \boldsymbol{0} \\ \boldsymbol{0} & \boldsymbol{0} & \boldsymbol{0} & \boldsymbol{0} & \boldsymbol{0} & \boldsymbol{0} & \boldsymbol{0} & \boldsymbol{0} \end{bmatrix}$$

$$\boldsymbol{\Pi}_{ij}^{22} = \begin{bmatrix} \bar{\boldsymbol{\Pi}}_{ij}^{99} & \boldsymbol{0} & \boldsymbol{0} & \boldsymbol{0} & \boldsymbol{0} & \boldsymbol{0} & \boldsymbol{0} & \boldsymbol{0} \\ * & \bar{\boldsymbol{\Pi}}_{ij}^{1010} & \boldsymbol{0} & \boldsymbol{0} & \boldsymbol{0} & \boldsymbol{0} & \boldsymbol{0} & \boldsymbol{0} \\ * & * & \bar{\boldsymbol{\Pi}}_{ij}^{1111} & \boldsymbol{0} & \boldsymbol{0} & \boldsymbol{0} & \boldsymbol{0} & \boldsymbol{0} \\ * & * & * & \bar{\boldsymbol{\Pi}}_{ij}^{1212} & \boldsymbol{0} & \boldsymbol{0} & \boldsymbol{0} & \boldsymbol{0} \\ * & * & * & * & -\hat{\boldsymbol{N}}_{ij} & \boldsymbol{0} & \boldsymbol{0} & \boldsymbol{0} \\ * & * & * & * & * & -\hat{\boldsymbol{N}}_{ij} & \boldsymbol{0} & \boldsymbol{0} \\ * & * & * & * & * & * & -\hat{\boldsymbol{N}}_{ij} & \boldsymbol{0} \\ * & * & * & * & * & * & * & -\hat{\boldsymbol{N}}_{ij} \end{bmatrix}$$

$$\bar{\boldsymbol{\Pi}}_{ij}^{11} = \boldsymbol{A}_i\hat{\boldsymbol{M}}_j + \boldsymbol{D}_i\boldsymbol{G}_j + \hat{\boldsymbol{M}}_j^{\mathrm{T}}\boldsymbol{A}_i^{\mathrm{T}} + \boldsymbol{G}_j^{\mathrm{T}}\boldsymbol{D}_i^{\mathrm{T}} + \hat{\boldsymbol{Q}}_{ij} - \lambda_u\hat{\boldsymbol{P}}_{ij} + 2\eta\hat{\boldsymbol{N}}_{ij} - \frac{(\lambda_s + \lambda_u)\mathrm{e}^{-\lambda_s h}}{h}\hat{\boldsymbol{R}}_{ij}$$

$$\bar{\boldsymbol{\Pi}}_{ij}^{22} = \boldsymbol{A}_i\hat{\boldsymbol{M}}_j - \boldsymbol{L}_i\boldsymbol{E}_i\hat{\boldsymbol{M}}_j + \hat{\boldsymbol{M}}_j^{\mathrm{T}}\boldsymbol{A}_i^{\mathrm{T}} - \hat{\boldsymbol{M}}_j^{\mathrm{T}}\boldsymbol{E}_i^{\mathrm{T}}\boldsymbol{L}_i^{\mathrm{T}} + \hat{\boldsymbol{Q}}_{ij} - \lambda_u\hat{\boldsymbol{P}}_{ij} + 2\eta\hat{\boldsymbol{N}}_{ij} - \frac{(\lambda_s + \lambda_u)\mathrm{e}^{-\lambda_s h}}{h}\hat{\boldsymbol{R}}_{ij}$$

$$\bar{\boldsymbol{\Pi}}_{ij}^{13} = \hat{\boldsymbol{P}}_{ij} - \hat{\boldsymbol{M}}_j + \hat{\boldsymbol{M}}_j^{\mathrm{T}}\boldsymbol{A}_i^{\mathrm{T}} + \boldsymbol{G}_j^{\mathrm{T}}\boldsymbol{D}_i^{\mathrm{T}}$$

$$\bar{\boldsymbol{\Pi}}_{ij}^{24} = \hat{\boldsymbol{P}}_{ij} - \hat{\boldsymbol{M}}_j + \hat{\boldsymbol{M}}_j^{\mathrm{T}}\boldsymbol{A}_i^{\mathrm{T}} - \hat{\boldsymbol{M}}_j^{\mathrm{T}}\boldsymbol{E}_i^{\mathrm{T}}\boldsymbol{L}_i^{\mathrm{T}}$$

$$\bar{\boldsymbol{\Pi}}_{ij}^{33} = \bar{\boldsymbol{\Pi}}_{ij}^{44} = \hat{\boldsymbol{R}}_{ij} - \hat{\boldsymbol{M}}_j - \hat{\boldsymbol{M}}_j^{\mathrm{T}}$$

$$\bar{\boldsymbol{\Pi}}_{ij}^{55} = \bar{\boldsymbol{\Pi}}_{ij}^{66} = -(1-\hat{\tau})\mathrm{e}^{-\lambda_s\tau}\hat{\boldsymbol{Q}}_{ij}$$

$$\bar{\boldsymbol{\Pi}}_{ij}^{77} = \bar{\boldsymbol{\Pi}}_{ij}^{88} = -(1-\hat{h})\mathrm{e}^{-\lambda_s h}\hat{\boldsymbol{R}}_{ij}$$

$$\bar{\boldsymbol{\Pi}}_{ij}^{19} = \bar{\boldsymbol{\Pi}}_{ij}^{210} = -\bar{\boldsymbol{\Pi}}_{ij}^{99} = -\bar{\boldsymbol{\Pi}}_{ij}^{1010} = \frac{(\lambda_s + \lambda_u)\mathrm{e}^{-\lambda_s h}}{h}\hat{\boldsymbol{R}}_{ij}$$

$$\bar{\boldsymbol{\Pi}}_{ij}^{1111} = \bar{\boldsymbol{\Pi}}_{ij}^{1212} = -\frac{(\lambda_s + \lambda_u)\mathrm{e}^{-\lambda_s\tau}}{\tau}\hat{\boldsymbol{Q}}_{ij}$$

$$\boldsymbol{\Pi}_i^{11} = \begin{bmatrix} \bar{\boldsymbol{\Pi}}_i^{11} & \boldsymbol{L}_i\boldsymbol{E}_i\hat{\boldsymbol{M}}_i & \bar{\boldsymbol{\Pi}}_i^{13} & \boldsymbol{0} & \boldsymbol{B}_i\hat{\boldsymbol{M}}_i & \boldsymbol{0} \\ * & \bar{\boldsymbol{\Pi}}_i^{22} & \hat{\boldsymbol{M}}_i^{\mathrm{T}}\boldsymbol{E}_i^{\mathrm{T}}\boldsymbol{L}_i^{\mathrm{T}} & \bar{\boldsymbol{\Pi}}_i^{24} & \boldsymbol{0} & \boldsymbol{B}_i\hat{\boldsymbol{M}}_i \\ * & * & \bar{\boldsymbol{\Pi}}_i^{33} & \boldsymbol{0} & \boldsymbol{B}_i\hat{\boldsymbol{M}}_i & \boldsymbol{0} \\ * & * & * & \bar{\boldsymbol{\Pi}}_i^{44} & \boldsymbol{0} & \boldsymbol{B}_i\hat{\boldsymbol{M}}_i \\ * & * & * & * & \bar{\boldsymbol{\Pi}}_i^{55} & \boldsymbol{0} \\ * & * & * & * & * & \bar{\boldsymbol{\Pi}}_i^{66} \end{bmatrix}$$

$$\boldsymbol{\Pi}_i^{12} = \begin{bmatrix} \boldsymbol{C}_i\hat{\boldsymbol{M}}_i & \boldsymbol{0} & -\boldsymbol{D}_i\boldsymbol{G}_i & \boldsymbol{0} & \boldsymbol{0} & \boldsymbol{0} \\ \boldsymbol{0} & \boldsymbol{C}_i\hat{\boldsymbol{M}}_i & \boldsymbol{0} & \boldsymbol{0} & \boldsymbol{0} & \boldsymbol{0} \\ \boldsymbol{C}_i\hat{\boldsymbol{M}}_i & \boldsymbol{0} & \boldsymbol{0} & \boldsymbol{0} & -\boldsymbol{D}_i\boldsymbol{G}_i & \boldsymbol{0} \\ \boldsymbol{0} & \boldsymbol{C}_i\hat{\boldsymbol{M}}_i & \boldsymbol{0} & \boldsymbol{0} & \boldsymbol{0} & \boldsymbol{0} \\ \boldsymbol{0} & \boldsymbol{0} & \boldsymbol{0} & \boldsymbol{0} & \boldsymbol{0} & \boldsymbol{0} \\ \boldsymbol{0} & \boldsymbol{0} & \boldsymbol{0} & \boldsymbol{0} & \boldsymbol{0} & \boldsymbol{0} \end{bmatrix}$$

$$\boldsymbol{\Pi}_i^{22} = \begin{bmatrix} \bar{\boldsymbol{\Pi}}_i^{77} & \boldsymbol{0} & \boldsymbol{0} & \boldsymbol{0} & \boldsymbol{0} & \boldsymbol{0} \\ * & \bar{\boldsymbol{\Pi}}_i^{88} & \boldsymbol{0} & \boldsymbol{0} & \boldsymbol{0} & \boldsymbol{0} \\ * & * & -\hat{\boldsymbol{N}}_i & \boldsymbol{0} & \boldsymbol{0} & \boldsymbol{0} \\ * & * & * & -\hat{\boldsymbol{N}}_i & \boldsymbol{0} & \boldsymbol{0} \\ * & * & * & * & -\hat{\boldsymbol{N}}_i & \boldsymbol{0} \\ * & * & * & * & * & -\hat{\boldsymbol{N}}_i \end{bmatrix}$$

$$\bar{\boldsymbol{\Pi}}_i^{11} = \hat{\boldsymbol{M}}_i^{\mathrm{T}}\boldsymbol{A}_i^{\mathrm{T}} + \boldsymbol{G}_i^{\mathrm{T}}\boldsymbol{D}_i^{\mathrm{T}} + \boldsymbol{A}_i\hat{\boldsymbol{M}}_i + \boldsymbol{D}_i\boldsymbol{G}_i + \hat{\boldsymbol{Q}}_i + \lambda_s\hat{\boldsymbol{P}}_i + 2\eta\hat{\boldsymbol{N}}_i$$

$$\bar{\boldsymbol{\Pi}}_i^{22} = \hat{\boldsymbol{M}}_i^{\mathrm{T}}\boldsymbol{A}_i^{\mathrm{T}} - \hat{\boldsymbol{M}}_i^{\mathrm{T}}\boldsymbol{E}_i^{\mathrm{T}}\boldsymbol{L}_i^{\mathrm{T}} + \boldsymbol{A}_i\hat{\boldsymbol{M}}_i - \boldsymbol{L}_i\boldsymbol{E}_i\hat{\boldsymbol{M}}_i + \hat{\boldsymbol{Q}}_i + \lambda_s\hat{\boldsymbol{P}}_i + 2\eta\hat{\boldsymbol{N}}_i$$

$$\bar{\boldsymbol{\Pi}}_i^{13} = \hat{\boldsymbol{P}}_i - \hat{\boldsymbol{M}}_i + \hat{\boldsymbol{M}}_i^{\mathrm{T}}\boldsymbol{A}_i^{\mathrm{T}} + \boldsymbol{G}_i^{\mathrm{T}}\boldsymbol{D}_i^{\mathrm{T}}$$

$$\bar{\boldsymbol{\Pi}}_i^{24} = \hat{\boldsymbol{P}}_i - \hat{\boldsymbol{M}}_i + \hat{\boldsymbol{M}}_i^{\mathrm{T}}\boldsymbol{A}_i^{\mathrm{T}} - \hat{\boldsymbol{M}}_i^{\mathrm{T}}\boldsymbol{E}_i^{\mathrm{T}}\boldsymbol{L}_i^{\mathrm{T}}$$

$$\bar{\boldsymbol{\Pi}}_i^{33} = \bar{\boldsymbol{\Pi}}_i^{44} = \hat{\boldsymbol{R}}_i - \hat{\boldsymbol{M}}_i - \hat{\boldsymbol{M}}_i^{\mathrm{T}}$$
$$\bar{\boldsymbol{\Pi}}_i^{55} = \bar{\boldsymbol{\Pi}}_i^{66} = -(1-\hat{\tau})\mathrm{e}^{-\lambda_s\tau}\hat{\boldsymbol{Q}}_i$$
$$\bar{\boldsymbol{\Pi}}_i^{77} = \bar{\boldsymbol{\Pi}}_i^{88} = -(1-\hat{h})\mathrm{e}^{-\lambda_s h}\hat{\boldsymbol{R}}_i$$

则在平均驻留时间 τ_a 满足

$$\tau_a > \frac{2\ln\mu + \tau_{\mathrm{m}}(\lambda_u + \lambda_s)}{\lambda_s} \tag{7.22}$$

的任意条件下，系统(7.18)是全局指数稳定的，且控制器增益为 $\boldsymbol{K}_i = \boldsymbol{G}_i\hat{\boldsymbol{M}}_i^{-1}$.

证明　如前面所分析，在区间$[t_i, \hat{t}_{k+1})$上，子系统 i 激活，但子控制器 u_j 仍在运行，该区间为被控系统的异步区间. 选取如下 Lyapunov-Krasovskii 泛函：

$$V_{ij}(t) = \boldsymbol{\xi}^{\mathrm{T}}(t)\bar{\boldsymbol{P}}_{ij}\boldsymbol{\xi}(t) + \int_{t-\tau(t)}^{t}\boldsymbol{\xi}^{\mathrm{T}}(s)\mathrm{e}^{\lambda_s(s-t)}\bar{\boldsymbol{Q}}_{ij}\boldsymbol{\xi}(s)\mathrm{d}s$$
$$+ \int_{t-h(t)}^{t}\dot{\boldsymbol{\xi}}^{\mathrm{T}}(s)\mathrm{e}^{\lambda_s(s-t)}\bar{\boldsymbol{R}}_{ij}\dot{\boldsymbol{\xi}}(s)\mathrm{d}s \tag{7.23}$$

其中 $\bar{\boldsymbol{P}}_{ij} = \mathrm{diag}\{\tilde{\boldsymbol{P}}_{ij}, \tilde{\boldsymbol{P}}_{ij}\} > 0$，$\bar{\boldsymbol{Q}}_{ij} = \mathrm{diag}\{\tilde{\boldsymbol{Q}}_{ij}, \tilde{\boldsymbol{Q}}_{ij}\} > 0$ 与 $\bar{\boldsymbol{R}}_{ij} = \mathrm{diag}\{\tilde{\boldsymbol{R}}_{ij}, \tilde{\boldsymbol{R}}_{ij}\} > 0$ 均为正定对称矩阵. 沿系统(7.18)的解轨迹计算(7.23)式的时间导数，可得

$$\begin{aligned}
&\dot{V}_{ij}(t) - \lambda_u V_{ij}(t) \\
&\leqslant 2\boldsymbol{\xi}^{\mathrm{T}}(t)\bar{\boldsymbol{P}}_{ij}\dot{\boldsymbol{\xi}}(t) + \boldsymbol{\xi}^{\mathrm{T}}(t)\bar{\boldsymbol{Q}}_{ij}\boldsymbol{\xi}(t) \\
&\quad - (1-\hat{\tau})\boldsymbol{\xi}^{\mathrm{T}}(t-\tau(t))\mathrm{e}^{-\lambda_s\tau}\bar{\boldsymbol{Q}}_{ij}\boldsymbol{\xi}(t-\tau(t)) \\
&\quad + \dot{\boldsymbol{\xi}}^{\mathrm{T}}(t)\bar{\boldsymbol{R}}_{ij}\dot{\boldsymbol{\xi}}(t) - \lambda_u\boldsymbol{\xi}^{\mathrm{T}}(t)\bar{\boldsymbol{P}}_{ij}\boldsymbol{\xi}(t) \\
&\quad - (1-\hat{h})\dot{\boldsymbol{\xi}}^{\mathrm{T}}(t-h(t))\mathrm{e}^{-\lambda_s h}\bar{\boldsymbol{R}}_{ij}\dot{\boldsymbol{\xi}}(t-h(t)) \\
&\quad - (\lambda_s + \lambda_u)\mathrm{e}^{-\lambda_s\tau}\int_{t-\tau(t)}^{t}\boldsymbol{\xi}^{\mathrm{T}}(s)\bar{\boldsymbol{Q}}_{ij}\boldsymbol{\xi}(s)\mathrm{d}s \\
&\quad - (\lambda_s + \lambda_u)\mathrm{e}^{-\lambda_s h}\int_{t-h(t)}^{t}\dot{\boldsymbol{\xi}}^{\mathrm{T}}(s)\bar{\boldsymbol{R}}_{ij}\dot{\boldsymbol{\xi}}(s)\mathrm{d}s
\end{aligned} \tag{7.24}$$

由引理 7.2 可知

$$\begin{aligned}
&-(\lambda_s + \lambda_u)\mathrm{e}^{-\lambda_s h}\int_{t-h(t)}^{t}\dot{\boldsymbol{\xi}}^{\mathrm{T}}(s)\bar{\boldsymbol{R}}_{ij}\dot{\boldsymbol{\xi}}(s)\mathrm{d}s \\
&\quad \leqslant -\frac{(\lambda_s + \lambda_u)\mathrm{e}^{-\lambda_s\tau}}{\tau}\int_{t-\tau(t)}^{t}\boldsymbol{\xi}^{\mathrm{T}}(s)\mathrm{d}s\,\bar{\boldsymbol{Q}}_{ij}\int_{t-\tau(t)}^{t}\boldsymbol{\xi}(s)\mathrm{d}s
\end{aligned} \tag{7.25}$$

且

$$\begin{aligned}
&-(\lambda_s + \lambda_u)\mathrm{e}^{-\lambda_s h}\int_{t-h(t)}^{t}\dot{\boldsymbol{\xi}}^{\mathrm{T}}(s)\bar{\boldsymbol{R}}_{ij}\dot{\boldsymbol{\xi}}(s)\mathrm{d}s \\
&\quad \leqslant -\frac{(\lambda_s + \lambda_u)\mathrm{e}^{-\lambda_s h}}{h}\int_{t-h(t)}^{t}\dot{\boldsymbol{\xi}}^{\mathrm{T}}(s)\mathrm{d}s\bar{\boldsymbol{R}}_{ij}\int_{t-h(t)}^{t}\dot{\boldsymbol{\xi}}(s)\mathrm{d}s \\
&\quad = -\frac{(\lambda_s + \lambda_u)\mathrm{e}^{-\lambda_s h}}{h}[\boldsymbol{\xi}(t) - \boldsymbol{\xi}(t-h(t))]^{\mathrm{T}}\bar{\boldsymbol{R}}_{ij}[\boldsymbol{\xi}(t) - \boldsymbol{\xi}(t-h(t))]
\end{aligned} \tag{7.26}$$

此外，由系统方程(7.18)易知，对任意具有合适维数的可逆矩阵 $\boldsymbol{M}_j=\mathrm{diag}\{\widetilde{\boldsymbol{M}}_j,\widetilde{\boldsymbol{M}}_j\}$，下列等式恒成立：

$$-2\left[\boldsymbol{\xi}^{\mathrm{T}}(t)\quad \dot{\boldsymbol{\xi}}^{\mathrm{T}}(t)\right]\boldsymbol{M}_j^{\mathrm{T}}$$
$$\times\left[\dot{\boldsymbol{\xi}}(t)-\overline{\boldsymbol{C}}_i\dot{\boldsymbol{\xi}}(t-h(t))-\overline{\boldsymbol{A}}_{ij}\boldsymbol{\xi}(t)-\overline{\boldsymbol{B}}_i\boldsymbol{\xi}(t-\tau(t))-\overline{\boldsymbol{D}}_{ij}\widetilde{\boldsymbol{e}}(t)\right]=0 \tag{7.27}$$

由引理1.4知，存在 $\boldsymbol{N}_{ij}=\mathrm{diag}\{\widetilde{\boldsymbol{N}}_{ij},\widetilde{\boldsymbol{N}}_{ij}\}>0$ 满足

$$2\boldsymbol{\xi}^{\mathrm{T}}(t)\boldsymbol{M}_j^{\mathrm{T}}\overline{\boldsymbol{D}}_{ij}\widetilde{\boldsymbol{e}}(t)\leqslant\boldsymbol{\xi}^{\mathrm{T}}(t)\boldsymbol{M}_j^{\mathrm{T}}\overline{\boldsymbol{D}}_{ij}\boldsymbol{N}_{ij}^{-1}\overline{\boldsymbol{D}}_{ij}^{\mathrm{T}}\boldsymbol{M}_j\boldsymbol{\xi}(t)+\widetilde{\boldsymbol{e}}^{\mathrm{T}}(t)\boldsymbol{N}_{ij}\widetilde{\boldsymbol{e}}(t) \tag{7.28}$$

且

$$2\dot{\boldsymbol{\xi}}^{\mathrm{T}}(t)\boldsymbol{M}_j^{\mathrm{T}}\overline{\boldsymbol{D}}_{ij}\widetilde{\boldsymbol{e}}(t)\leqslant\dot{\boldsymbol{\xi}}^{\mathrm{T}}(t)\boldsymbol{M}_j^{\mathrm{T}}\overline{\boldsymbol{D}}_{ij}\boldsymbol{N}_{ij}^{-1}\overline{\boldsymbol{D}}_{ij}^{\mathrm{T}}\boldsymbol{M}_j\dot{\boldsymbol{\xi}}(t)+\widetilde{\boldsymbol{e}}^{\mathrm{T}}(t)\boldsymbol{N}_{ij}\widetilde{\boldsymbol{e}}(t) \tag{7.29}$$

结合(7.24)式～(7.29)式及驱动条件(7.13)，有

$$\dot{V}_{ij}(t)-\lambda_u V_{ij}(t)\leqslant\boldsymbol{\zeta}^{\mathrm{T}}(t)\boldsymbol{\Theta}_{ij}\boldsymbol{\zeta}(t) \tag{7.30}$$

其中

$$\boldsymbol{\zeta}^{\mathrm{T}}(t)=\left[\boldsymbol{\xi}^{\mathrm{T}}(t)\quad\dot{\boldsymbol{\xi}}^{\mathrm{T}}(t)\quad\boldsymbol{\xi}^{\mathrm{T}}(t-\tau(t))\quad\dot{\boldsymbol{\xi}}^{\mathrm{T}}(t-h(t))\quad\boldsymbol{\xi}(t-h(t))\quad\int_{t-h(t)}^{t}\boldsymbol{\xi}(s)\mathrm{d}s\right]$$

$$\boldsymbol{\Theta}_{ij}=\begin{bmatrix}\boldsymbol{\Theta}_{ij}^{11} & \overline{\boldsymbol{P}}_{ij}-\boldsymbol{M}_j^{\mathrm{T}}+\overline{\boldsymbol{A}}_{ij}^{\mathrm{T}}\boldsymbol{M}_j & \boldsymbol{M}_j^{\mathrm{T}}\overline{\boldsymbol{B}}_i & \boldsymbol{M}_j^{\mathrm{T}}\overline{\boldsymbol{C}}_i & \boldsymbol{\Theta}_{ij}^{15} & \boldsymbol{0}\\ * & \boldsymbol{\Theta}_{ij}^{22} & \boldsymbol{M}_j^{\mathrm{T}}\overline{\boldsymbol{B}}_i & \boldsymbol{M}_j^{\mathrm{T}}\overline{\boldsymbol{C}}_i & \boldsymbol{0} & \boldsymbol{0}\\ * & * & \boldsymbol{\Theta}_{ij}^{33} & \boldsymbol{0} & \boldsymbol{0} & \boldsymbol{0}\\ * & * & * & \boldsymbol{\Theta}_{ij}^{44} & \boldsymbol{0} & \boldsymbol{0}\\ * & * & * & * & \boldsymbol{\Theta}_{ij}^{55} & \boldsymbol{0}\\ * & * & * & * & * & \boldsymbol{\Theta}_{ij}^{66}\end{bmatrix}$$

$$\boldsymbol{\Theta}_{ij}^{11}=\boldsymbol{M}_j^{\mathrm{T}}\overline{\boldsymbol{A}}_{ij}+\overline{\boldsymbol{A}}_{ij}^{\mathrm{T}}\boldsymbol{M}_j+\overline{\boldsymbol{Q}}_{ij}-\frac{(\lambda_s+\lambda_u)\mathrm{e}^{-\lambda_s h}}{h}\overline{\boldsymbol{R}}_{ij}+2\eta\boldsymbol{N}_{ij}-\lambda_u\overline{\boldsymbol{P}}_{ij}+\boldsymbol{M}_j^{\mathrm{T}}\overline{\boldsymbol{D}}_{ij}\boldsymbol{N}_{ij}^{-1}\overline{\boldsymbol{D}}_{ij}^{\mathrm{T}}\boldsymbol{M}_j$$

$$\boldsymbol{\Theta}_{ij}^{22}=\overline{\boldsymbol{R}}_{ij}-\boldsymbol{M}_j^{\mathrm{T}}-\boldsymbol{M}_j+\boldsymbol{M}_j^{\mathrm{T}}\overline{\boldsymbol{D}}_{ij}\boldsymbol{N}_{ij}^{-1}\overline{\boldsymbol{D}}_{ij}^{\mathrm{T}}\boldsymbol{M}_j$$

$$\boldsymbol{\Theta}_{ij}^{33}=-(1-\hat{\tau})\mathrm{e}^{-\lambda_s\tau}\overline{\boldsymbol{Q}}_{ij}$$

$$\boldsymbol{\Theta}_{ij}^{44}=-(1-\hat{h})\mathrm{e}^{-\lambda_s h}\overline{\boldsymbol{R}}_{ij}$$

$$\boldsymbol{\Theta}_{ij}^{55}=-\frac{(\lambda_s+\lambda_u)\mathrm{e}^{-\lambda_s h}}{h}\overline{\boldsymbol{R}}_{ij}$$

$$\boldsymbol{\Theta}_{ij}^{15}=\frac{(\lambda_s+\lambda_u)\mathrm{e}^{-\lambda_s h}}{h}\overline{\boldsymbol{R}}_{ij}$$

$$\boldsymbol{\Theta}_{ij}^{66}=-\frac{(\lambda_s+\lambda_u)\mathrm{e}^{-\lambda_s\tau}}{\tau}\overline{\boldsymbol{Q}}_{ij}$$

因此，$\boldsymbol{\Theta}_{ij}<0$ 意味着 $\dot{V}_{ij}(t)\leqslant\lambda_u V_{ij}(t)$. 从 t_0 到 t 积分不等式 $\dot{V}_{ij}(t)\leqslant\lambda_u V_{ij}(t)$，得

$$V_{ij}(t) \leqslant \mathrm{e}^{\lambda_u(t-t_i)} V_{ij}(t_i)$$

由于在区间$[\hat{t}_{k+1}, t_{i+1})$上没有发生切换，控制器只更新状态信息，子系统 i 和子控制器 u_i 处于同步激活状态.选取如下 Lyapunov-Krasovskii 泛函：

$$V_i(t) = \boldsymbol{\xi}^{\mathrm{T}}(t)\bar{\boldsymbol{P}}_i\boldsymbol{\xi}(t) + \int_{t-\tau(t)}^{t} \boldsymbol{\xi}^{\mathrm{T}}(s)\mathrm{e}^{\lambda_s(s-\tau)}\bar{\boldsymbol{Q}}_i\boldsymbol{\xi}(s)\mathrm{d}s + \int_{t-h(t)}^{t} \dot{\boldsymbol{\xi}}^{\mathrm{T}}(s)\mathrm{e}^{\lambda_s(s-h)}\bar{\boldsymbol{R}}_i\dot{\boldsymbol{\xi}}(s)\mathrm{d}s \tag{7.31}$$

其中 $\bar{\boldsymbol{P}}_i = \mathrm{diag}\{\tilde{\boldsymbol{P}}_i, \tilde{\boldsymbol{P}}_i\} > 0$，$\bar{\boldsymbol{Q}}_i = \mathrm{diag}\{\tilde{\boldsymbol{Q}}_i, \tilde{\boldsymbol{Q}}_i\} > 0$ 与 $\bar{\boldsymbol{R}}_i = \mathrm{diag}\{\tilde{\boldsymbol{R}}_i, \tilde{\boldsymbol{R}}_i\} > 0$ 均为对称正定矩阵.沿系统(7.18)的解轨迹求泛函(7.31)的时间导数，可得

$$\begin{aligned}\dot{V}_i(t) + \lambda_s V_i(t) = {} & 2\boldsymbol{\xi}^{\mathrm{T}}(t)\bar{\boldsymbol{P}}_i\dot{\boldsymbol{\xi}}(t) + \lambda_s\boldsymbol{\xi}^{\mathrm{T}}(t)\bar{\boldsymbol{P}}_i\boldsymbol{\xi}(t) + \boldsymbol{\xi}^{\mathrm{T}}(t)\bar{\boldsymbol{Q}}_i\boldsymbol{\xi}(t) \\ & + \dot{\boldsymbol{\xi}}^{\mathrm{T}}(t)\bar{\boldsymbol{R}}_i\dot{\boldsymbol{\xi}}(t) - (1-\hat{\tau})\boldsymbol{\xi}^{\mathrm{T}}(t-\tau(t))\mathrm{e}^{-\lambda_s\tau}\bar{\boldsymbol{Q}}_i\boldsymbol{\xi}(t-\tau(t)) \\ & - (1-\hat{h})\dot{\boldsymbol{\xi}}^{\mathrm{T}}(t-h(t))\mathrm{e}^{-\lambda_s h}\bar{\boldsymbol{R}}_i\dot{\boldsymbol{\xi}}(t-h(t))\end{aligned} \tag{7.32}$$

基于系统(7.18)，我们有

$$\begin{aligned}& -2\begin{bmatrix}\boldsymbol{\xi}^{\mathrm{T}}(t) & \dot{\boldsymbol{\xi}}^{\mathrm{T}}(t)\end{bmatrix}\boldsymbol{M}_i^{\mathrm{T}} \\ & \times[\dot{\boldsymbol{\xi}}(t) - \bar{\boldsymbol{C}}_i\dot{\boldsymbol{\xi}}(t-h(t)) - \bar{\boldsymbol{A}}_i\boldsymbol{\xi}(t) - \bar{\boldsymbol{B}}_i\boldsymbol{\xi}(t-\tau(t)) - \bar{\boldsymbol{D}}_i\tilde{\boldsymbol{e}}(t)] = 0\end{aligned} \tag{7.33}$$

由引理 1.4 可知，存在 $\boldsymbol{N}_i = \mathrm{diag}\{\tilde{\boldsymbol{N}}_i, \tilde{\boldsymbol{N}}_i\} > 0$ 满足

$$2\boldsymbol{\xi}^{\mathrm{T}}(t)\boldsymbol{M}_i^{\mathrm{T}}\bar{\boldsymbol{D}}_i\tilde{\boldsymbol{e}}(t) \leqslant \boldsymbol{\xi}^{\mathrm{T}}(t)\boldsymbol{M}_i^{\mathrm{T}}\bar{\boldsymbol{D}}_i\boldsymbol{N}_i^{-1}\bar{\boldsymbol{D}}_i^{\mathrm{T}}\boldsymbol{M}_i\boldsymbol{\xi}(t) + \tilde{\boldsymbol{e}}^{\mathrm{T}}(t)\boldsymbol{N}_i\tilde{\boldsymbol{e}}(t) \tag{7.34}$$

且

$$2\dot{\boldsymbol{\xi}}^{\mathrm{T}}(t)\boldsymbol{M}_i^{\mathrm{T}}\bar{\boldsymbol{D}}_i\tilde{\boldsymbol{e}}(t) \leqslant \dot{\boldsymbol{\xi}}^{\mathrm{T}}(t)\boldsymbol{M}_i^{\mathrm{T}}\bar{\boldsymbol{D}}_i\boldsymbol{N}_i^{-1}\bar{\boldsymbol{D}}_i^{\mathrm{T}}\boldsymbol{M}_i\dot{\boldsymbol{\xi}}(t) + \tilde{\boldsymbol{e}}^{\mathrm{T}}(t)\boldsymbol{N}_i\tilde{\boldsymbol{e}}(t) \tag{7.35}$$

将(7.33)式的左端项加到(7.32)式右端，并利用(7.34)式和(7.35)式进行替换，可得

$$\dot{V}_i(t) + \lambda_s V_i(t) \leqslant \boldsymbol{\Gamma}^{\mathrm{T}}(t)\boldsymbol{\Theta}_i\boldsymbol{\Gamma}(t) \tag{7.36}$$

其中

$$\boldsymbol{\Gamma}^{\mathrm{T}}(t) = \begin{bmatrix}\boldsymbol{\xi}^{\mathrm{T}}(t) & \dot{\boldsymbol{\xi}}^{\mathrm{T}}(t) & \boldsymbol{\xi}(t-\tau(t)) & \dot{\boldsymbol{\xi}}(t-h(t))\end{bmatrix}$$

$$\boldsymbol{\Theta}_i = \begin{bmatrix}\boldsymbol{\Theta}_i^{11} & \bar{\boldsymbol{P}}_i - \boldsymbol{M}_i^{\mathrm{T}} + \bar{\boldsymbol{A}}_i^{\mathrm{T}}\boldsymbol{M}_i & \boldsymbol{M}_i^{\mathrm{T}}\bar{\boldsymbol{B}}_i & \boldsymbol{M}_i^{\mathrm{T}}\bar{\boldsymbol{C}}_i \\ * & \boldsymbol{\Theta}_i^{22} & \boldsymbol{M}_i^{\mathrm{T}}\bar{\boldsymbol{B}}_i & \boldsymbol{M}_i^{\mathrm{T}}\bar{\boldsymbol{C}}_i \\ * & * & -(1-\hat{\tau})\mathrm{e}^{-\lambda_s\tau}\bar{\boldsymbol{Q}}_i & \boldsymbol{0} \\ * & * & * & -(1-\hat{h})\mathrm{e}^{-\lambda_s h}\bar{\boldsymbol{R}}_i\end{bmatrix}$$

$$\boldsymbol{\Theta}_i^{11} = \boldsymbol{M}_i^{\mathrm{T}}\bar{\boldsymbol{A}}_i + \bar{\boldsymbol{A}}_i^{\mathrm{T}}\boldsymbol{M}_i + \bar{\boldsymbol{Q}}_i + 2\eta\boldsymbol{N}_i + \boldsymbol{M}_i^{\mathrm{T}}\bar{\boldsymbol{D}}_i\boldsymbol{N}_i^{-1}\bar{\boldsymbol{D}}_i^{\mathrm{T}}\boldsymbol{M}_i + \lambda_s\bar{\boldsymbol{P}}_i$$

$$\boldsymbol{\Theta}_i^{22} = \bar{\boldsymbol{R}}_i + \boldsymbol{M}_i^{\mathrm{T}}\bar{\boldsymbol{D}}_i\boldsymbol{N}_i^{-1}\bar{\boldsymbol{D}}_i^{\mathrm{T}}\boldsymbol{M}_i - \boldsymbol{M}_i^{\mathrm{T}} - \boldsymbol{M}_i$$

由(7.36)式知 $\boldsymbol{\Theta}_i<0$,意味着 $\dot{V}_i(t)\leqslant-\lambda_s V_i(t)$. 从 $\hat{t}_{k+1}$ 到 t 积分不等式 $\dot{V}_i(t)\leqslant-\lambda_s V_i(t)$,得

$$V_i(t)\leqslant \mathrm{e}^{-\lambda_s(t-\hat{t}_{k+1})}V_i(\hat{t}_{k+1})$$

由(7.21)式知,$V_{l_i}(t_i)\leqslant\mu V_{l_{i-1}}(t_i^-)$($\forall\, l_i,l_{i-1}\in M$,$\mu>1$). 注意

$$i = N_\sigma(t_0,t)\leqslant N_0+\frac{t-t_0}{\tau_a}$$

对 $\forall\, t\in[t_i,\hat{t}_{k+1})$,有

$$\begin{aligned}V_\sigma(t)=\ & V_{l_il_{i-1}}(t)\leqslant \mathrm{e}^{\lambda_u(t-t_i)}V_{l_il_{i-1}}(t_i)\leqslant\mu\mathrm{e}^{\lambda_u(t-t_i)}V_{l_{i-1}}(t_i^-)\\ &\leqslant\mu\mathrm{e}^{\lambda_u(t-t_i)}\mathrm{e}^{-\lambda_s(t_i-\hat{t}_{k+1-j})}V_{l_{i-1}}(\hat{t}_{k+1-j})\\ &\leqslant\cdots\\ &\leqslant\mu^{2i-1}\mathrm{e}^{\lambda_u(t-t_i+(i-1)\tau_\mathrm{m})}\mathrm{e}^{-\lambda_s(t_i-(i-1)\tau_\mathrm{m})}V_{l_0}(t_0)\\ &\leqslant\mu^{2i-1}\mathrm{e}^{i\lambda_u\tau_\mathrm{m}-\lambda_s(t-i\tau_\mathrm{m})}V_{l_0}(t_0)\\ &=\frac{1}{\mu}\mathrm{e}^{i[2\ln\mu+\tau_\mathrm{m}(\lambda_u+\lambda_s)]-\lambda_s(t-t_0)}V_{l_0}(t_0)\\ &\leqslant\frac{1}{\mu}\mathrm{e}^{[2\ln\mu+\tau_\mathrm{m}(\lambda_u+\lambda_s)]N_0}\mathrm{e}^{\left[\frac{2\ln\mu}{\tau_a}+\frac{\tau_\mathrm{m}(\lambda_u+\lambda_s)}{\tau_a}-\lambda_s\right](t-t_0)}V_{l_0}(t_0)\end{aligned}\tag{7.37}$$

其中 $\hat{t}_{k+1-j}$ 表示第 $k+1-j$ 个采样时刻点,同时也表示区间 $[t_{i-1},t_i)$ 上的第一次采样时刻点. 对 $t\in[\hat{t}_{k+1},t_{i+1})$,有

$$\begin{aligned}V_\sigma(t)=\ & V_{l_i}(t)\leqslant\mathrm{e}^{-\lambda_s(t-\hat{t}_{k+1})}V_{l_i}(\hat{t}_{k+1})\\ &\leqslant\mu\mathrm{e}^{-\lambda_s(t-\hat{t}_{k+1})}V_{l_il_{i-1}}(\hat{t}_{k+1}^-)\\ &\leqslant\mu\mathrm{e}^{-\lambda_s(t-\hat{t}_{k+1})}\mathrm{e}^{\lambda_u(\hat{t}_{k+1}-t_i)}V_{l_il_{i-1}}(t_i)\\ &\leqslant\cdots\\ &\leqslant\mu^{2i}\mathrm{e}^{-\lambda_s[t-(\hat{t}_{k+1}-t_i)-(\hat{t}_{k+1-j}-t_{i-1})-\cdots-(\hat{t}_{k+1-m}-t_1)-\hat{t}_0]}\\ &\quad\cdot\mathrm{e}^{\lambda_u(\hat{t}_{k+1}-t_i+\hat{t}_{k+1-j}-t_{i-1}+\cdots+\hat{t}_{k+1-m}-t_1)}V_{l_0}(t_0)\\ &\leqslant\mu^{2i}\mathrm{e}^{i\lambda_u\tau_\mathrm{m}-\lambda_s(t-i\tau_\mathrm{m}-t_0)}V_{l_0}(t_0)\\ &\leqslant\mathrm{e}^{[2\ln\mu+\tau_\mathrm{m}(\lambda_u+\lambda_s)]N_0}\mathrm{e}^{\left[\frac{2\ln\mu}{\tau_a}+\frac{\tau_\mathrm{m}(\lambda_u+\lambda_s)}{\tau_a}-\lambda_s\right](t-t_0)}V_{l_0}(t_0)\end{aligned}\tag{7.38}$$

由(7.23)式及(7.31)式,得

$$V_\sigma(t)\geqslant\min_{l_i,l_j\in M}(\lambda_{\min}\{\bar{\boldsymbol{P}}_{l_i},\bar{\boldsymbol{P}}_{l_il_j}\})\,\|\boldsymbol{\xi}(t)\|^2=\alpha\,\|\boldsymbol{\xi}(t)\|^2\tag{7.39}$$

且

$$V_\sigma(t_0)\leqslant[\max_{l_i,l_j\in M}\lambda_{\max}\{\bar{\boldsymbol{P}}_{l_i},\bar{\boldsymbol{P}}_{l_il_j}\}+\tau\max_{l_i,l_j\in M}\lambda_{\max}\{\bar{\boldsymbol{Q}}_{l_i},\bar{\boldsymbol{Q}}_{l_il_j}\}]\,\|\boldsymbol{\varphi}\|^2$$

$$+ h \max_{l_i, l_j \in M} \{ \lambda_{\min} \{ \bar{\boldsymbol{R}}_{l_i}, \bar{\boldsymbol{R}}_{l_i l_j} \} \} \| \dot{\boldsymbol{\varphi}} \|^2$$

$$\leqslant \beta \max \{ \| \boldsymbol{\varphi} \|, \| \dot{\boldsymbol{\varphi}} \| \}^2 \tag{7.40}$$

其中

$$\alpha = \min_{l_i, l_j \in M} \lambda_{\min} \{ \bar{\boldsymbol{P}}_{l_i}, \bar{\boldsymbol{P}}_{l_i l_j} \}$$

$$\beta = \max_{l_i, l_j \in M} \lambda_{\max} \{ \bar{\boldsymbol{P}}_{l_i}, \bar{\boldsymbol{P}}_{l_i l_j} \} + \tau \max_{l_i, l_j \in M} \lambda_{\max} \{ \bar{\boldsymbol{Q}}_{l_i}, \bar{\boldsymbol{Q}}_{l_i l_j} \} + h \max_{l_i, l_j \in M} \lambda_{\max} \{ \bar{\boldsymbol{R}}_{l_i}, \bar{\boldsymbol{R}}_{l_i l_j} \}$$

结合(7.37)式～(7.40)式,得

$$\| \boldsymbol{\xi}(t) \|^2$$

$$\leqslant \frac{1}{\alpha} \{ V_{l_i}(t), V_{l_i l_j}(t) \}$$

$$\leqslant \left\{ 1, \frac{1}{\mu} \right\} \frac{\beta}{\alpha} \mathrm{e}^{[2\ln \mu + \tau_{\mathrm{m}}(\lambda_u + \lambda_s)] N_0} \mathrm{e}^{\left[\frac{2\ln \mu}{\tau_a} + \frac{\tau_{\mathrm{m}}(\lambda_u + \lambda_s)}{\tau_a} - \lambda_s \right](t - t_0)} \max \{ \| \boldsymbol{\varphi} \|, \| \dot{\boldsymbol{\varphi}} \| \}^2 \tag{7.41}$$

由定义 7.2 知,当满足(7.22)式时,系统(7.18)的指数稳定性由(7.41)式得到保证.

明显地,$\boldsymbol{\Theta}_{ij} < 0$ 与 $\boldsymbol{\Theta}_i < 0$ 均为非线性不等式,不能直接利用 LMI 工具箱求解.我们可利用引理 1.1 对不等式 $\boldsymbol{\Theta}_{ij} < 0$ 与 $\boldsymbol{\Theta}_i < 0$ 进行转换.首先,对不等式 $\boldsymbol{\Theta}_{ij} < 0$ 与 $\boldsymbol{\Theta}_i < 0$ 分别两次使用引理 1.1,可获得与其等价的不等式

$$\tilde{\boldsymbol{\Theta}}_{ij} = \begin{bmatrix} \tilde{\boldsymbol{\Theta}}_{ij}^{11} & \bar{\boldsymbol{P}}_{ij} - \boldsymbol{M}_j^{\mathrm{T}} + \bar{\boldsymbol{A}}_{ij}^{\mathrm{T}} \boldsymbol{M}_j & \boldsymbol{M}_j^{\mathrm{T}} \bar{\boldsymbol{B}}_i & \boldsymbol{M}_j^{\mathrm{T}} \bar{\boldsymbol{C}}_i & \boldsymbol{\Theta}_{ij}^{15} & \boldsymbol{0} & \boldsymbol{M}_j^{\mathrm{T}} \bar{\boldsymbol{D}}_{ij} & \boldsymbol{0} \\ * & \boldsymbol{\Theta}_{ij}^{22} & \boldsymbol{M}_j^{\mathrm{T}} \bar{\boldsymbol{B}}_i & \boldsymbol{M}_j^{\mathrm{T}} \bar{\boldsymbol{C}}_i & \boldsymbol{0} & \boldsymbol{0} & \boldsymbol{0} & \boldsymbol{M}_j^{\mathrm{T}} \bar{\boldsymbol{D}}_{ij} \\ * & * & \boldsymbol{\Theta}_{ij}^{33} & \boldsymbol{0} & \boldsymbol{0} & \boldsymbol{0} & \boldsymbol{0} & \boldsymbol{0} \\ * & * & * & \boldsymbol{\Theta}_{ij}^{44} & \boldsymbol{0} & \boldsymbol{0} & \boldsymbol{0} & \boldsymbol{0} \\ * & * & * & * & \boldsymbol{\Theta}_{ij}^{55} & \boldsymbol{0} & \boldsymbol{0} & \boldsymbol{0} \\ * & * & * & * & * & \boldsymbol{\Theta}_{ij}^{66} & \boldsymbol{0} & \boldsymbol{0} \\ * & * & * & * & * & * & -\boldsymbol{N}_{ij} & \boldsymbol{0} \\ * & * & * & * & * & * & * & -\boldsymbol{N}_{ij} \end{bmatrix} < 0$$

与

$$\tilde{\boldsymbol{\Theta}}_i = \begin{bmatrix} \tilde{\boldsymbol{\Theta}}_i^{11} & \bar{\boldsymbol{P}}_i - \boldsymbol{M}_i^{\mathrm{T}} + \bar{\boldsymbol{A}}_i^{\mathrm{T}} \boldsymbol{M}_i & \boldsymbol{M}_i^{\mathrm{T}} \bar{\boldsymbol{B}}_i & \boldsymbol{M}_i^{\mathrm{T}} \bar{\boldsymbol{C}}_i & \boldsymbol{M}_i^{\mathrm{T}} \bar{\boldsymbol{D}}_i & \boldsymbol{0} \\ * & \boldsymbol{\Theta}_i^{22} & \boldsymbol{M}_i^{\mathrm{T}} \bar{\boldsymbol{B}}_i & \boldsymbol{M}_i^{\mathrm{T}} \bar{\boldsymbol{C}}_i & \boldsymbol{0} & \boldsymbol{M}_i^{\mathrm{T}} \bar{\boldsymbol{D}}_i \\ * & * & -(1 - \hat{\tau}) \mathrm{e}^{-\lambda_s \tau} \bar{\boldsymbol{Q}}_i & \boldsymbol{0} & \boldsymbol{0} & \boldsymbol{0} \\ * & * & * & -(1 - \hat{h}) \mathrm{e}^{-\lambda_s h} \bar{\boldsymbol{R}}_i & \boldsymbol{0} & \boldsymbol{0} \\ * & * & * & * & -\boldsymbol{N}_i & \boldsymbol{0} \\ * & * & * & * & * & -\boldsymbol{N}_i \end{bmatrix}$$

$$< 0$$

其中

$$\widetilde{\boldsymbol{\Theta}}_{ij}^{11}=\boldsymbol{M}_j^{\mathrm{T}}\overline{\boldsymbol{A}}_{ij}+\overline{\boldsymbol{A}}_{ij}^{\mathrm{T}}\boldsymbol{M}_j+\overline{\boldsymbol{Q}}_{ij}-\frac{(\lambda_s+\lambda_u)\mathrm{e}^{-\lambda_s h}}{h}\overline{\boldsymbol{R}}_{ij}+2\eta\boldsymbol{N}_{ij}-\lambda_u\overline{\boldsymbol{P}}_{ij}$$

$$\widetilde{\boldsymbol{\Theta}}_{i}^{11}=\boldsymbol{M}_i^{\mathrm{T}}\overline{\boldsymbol{A}}_{i}+\overline{\boldsymbol{A}}_{i}^{\mathrm{T}}\boldsymbol{M}_i+\overline{\boldsymbol{Q}}_{i}+2\eta\boldsymbol{N}_{i}+\lambda_s\overline{\boldsymbol{P}}_{i}$$

将(7.18)式的矩阵参数代入 $\widetilde{\boldsymbol{\Theta}}_{ij}<0$ 与 $\widetilde{\boldsymbol{\Theta}}_{i}<0$,得

$$\overline{\boldsymbol{\Theta}}_{ij}=\begin{bmatrix}\overline{\boldsymbol{\Theta}}_{ij}^{11} & \overline{\boldsymbol{\Theta}}_{ij}^{12}\\ * & \overline{\boldsymbol{\Theta}}_{ij}^{22}\end{bmatrix}<0 \tag{7.42}$$

与

$$\overline{\boldsymbol{\Theta}}_{i}=\begin{bmatrix}\overline{\boldsymbol{\Theta}}_{i}^{11} & \overline{\boldsymbol{\Theta}}_{i}^{12}\\ * & \overline{\boldsymbol{\Theta}}_{i}^{22}\end{bmatrix}<0 \tag{7.43}$$

其中

$$\overline{\boldsymbol{\Theta}}_{ij}^{11}=\begin{bmatrix}
\hat{\boldsymbol{\Theta}}_{ij}^{11} & \widetilde{\boldsymbol{M}}_j^{\mathrm{T}}\boldsymbol{L}_i\boldsymbol{E}_i & \hat{\boldsymbol{\Theta}}_{ij}^{13} & \boldsymbol{0} & \widetilde{\boldsymbol{M}}_j^{\mathrm{T}}\boldsymbol{B}_i & \boldsymbol{0} & \widetilde{\boldsymbol{M}}_j^{\mathrm{T}}\boldsymbol{C}_i & \boldsymbol{0}\\
* & \hat{\boldsymbol{\Theta}}_{ij}^{22} & \boldsymbol{E}_i^{\mathrm{T}}\boldsymbol{L}_i^{\mathrm{T}}\widetilde{\boldsymbol{M}}_j & \hat{\boldsymbol{\Theta}}_{ij}^{24} & \boldsymbol{0} & \widetilde{\boldsymbol{M}}_j^{\mathrm{T}}\boldsymbol{B}_i & \boldsymbol{0} & \widetilde{\boldsymbol{M}}_j^{\mathrm{T}}\boldsymbol{C}_i\\
* & * & \hat{\boldsymbol{\Theta}}_{ij}^{33} & \boldsymbol{0} & \widetilde{\boldsymbol{M}}_j^{\mathrm{T}}\boldsymbol{B}_i & \boldsymbol{0} & \widetilde{\boldsymbol{M}}_j^{\mathrm{T}}\boldsymbol{C}_i & \boldsymbol{0}\\
* & * & * & \hat{\boldsymbol{\Theta}}_{ij}^{44} & \boldsymbol{0} & \widetilde{\boldsymbol{M}}_j^{\mathrm{T}}\boldsymbol{B}_i & \boldsymbol{0} & \widetilde{\boldsymbol{M}}_j^{\mathrm{T}}\boldsymbol{C}_i\\
* & * & * & * & \hat{\boldsymbol{\Theta}}_{ij}^{55} & \boldsymbol{0} & \boldsymbol{0} & \boldsymbol{0}\\
* & * & * & * & * & \hat{\boldsymbol{\Theta}}_{ij}^{66} & \boldsymbol{0} & \boldsymbol{0}\\
* & * & * & * & * & * & \hat{\boldsymbol{\Theta}}_{ij}^{77} & \boldsymbol{0}\\
* & * & * & * & * & * & * & \hat{\boldsymbol{\Theta}}_{ij}^{88}
\end{bmatrix}$$

$$\overline{\boldsymbol{\Theta}}_{ij}^{12}=\begin{bmatrix}
\hat{\boldsymbol{\Theta}}_{ij}^{19} & \boldsymbol{0} & \boldsymbol{0} & \boldsymbol{0} & -\widetilde{\boldsymbol{M}}_j^{\mathrm{T}}\boldsymbol{D}_i\boldsymbol{K}_j & \boldsymbol{0} & \boldsymbol{0} & \boldsymbol{0}\\
\boldsymbol{0} & \hat{\boldsymbol{\Theta}}_{ij}^{210} & \boldsymbol{0} & \boldsymbol{0} & \boldsymbol{0} & \boldsymbol{0} & \boldsymbol{0} & \boldsymbol{0}\\
\boldsymbol{0} & \boldsymbol{0} & \boldsymbol{0} & \boldsymbol{0} & \boldsymbol{0} & \boldsymbol{0} & -\widetilde{\boldsymbol{M}}_j^{\mathrm{T}}\boldsymbol{D}_i\boldsymbol{K}_j & \boldsymbol{0}\\
\boldsymbol{0} & \boldsymbol{0} & \boldsymbol{0} & \boldsymbol{0} & \boldsymbol{0} & \boldsymbol{0} & \boldsymbol{0} & \boldsymbol{0}\\
\boldsymbol{0} & \boldsymbol{0} & \boldsymbol{0} & \boldsymbol{0} & \boldsymbol{0} & \boldsymbol{0} & \boldsymbol{0} & \boldsymbol{0}\\
\boldsymbol{0} & \boldsymbol{0} & \boldsymbol{0} & \boldsymbol{0} & \boldsymbol{0} & \boldsymbol{0} & \boldsymbol{0} & \boldsymbol{0}\\
\boldsymbol{0} & \boldsymbol{0} & \boldsymbol{0} & \boldsymbol{0} & \boldsymbol{0} & \boldsymbol{0} & \boldsymbol{0} & \boldsymbol{0}\\
\boldsymbol{0} & \boldsymbol{0} & \boldsymbol{0} & \boldsymbol{0} & \boldsymbol{0} & \boldsymbol{0} & \boldsymbol{0} & \boldsymbol{0}
\end{bmatrix}$$

$$\bar{\boldsymbol{\Theta}}_{ij}^{22}=\begin{bmatrix}\hat{\boldsymbol{\Theta}}_{ij}^{99} & \mathbf{0} & \mathbf{0} & \mathbf{0} & \mathbf{0} & \mathbf{0} & \mathbf{0} & \mathbf{0}\\ * & \hat{\boldsymbol{\Theta}}_{ij}^{1010} & \mathbf{0} & \mathbf{0} & \mathbf{0} & \mathbf{0} & \mathbf{0} & \mathbf{0}\\ * & * & \hat{\boldsymbol{\Theta}}_{ij}^{1111} & \mathbf{0} & \mathbf{0} & \mathbf{0} & \mathbf{0} & \mathbf{0}\\ * & * & * & \hat{\boldsymbol{\Theta}}_{ij}^{1212} & \mathbf{0} & \mathbf{0} & \mathbf{0} & \mathbf{0}\\ * & * & * & * & -\widetilde{\boldsymbol{N}}_{ij} & \mathbf{0} & \mathbf{0} & \mathbf{0}\\ * & * & * & * & * & -\widetilde{\boldsymbol{N}}_{ij} & \mathbf{0} & \mathbf{0}\\ * & * & * & * & * & * & -\widetilde{\boldsymbol{N}}_{ij} & \mathbf{0}\\ * & * & * & * & * & * & * & -\widetilde{\boldsymbol{N}}_{ij}\end{bmatrix}$$

$$\begin{aligned}\hat{\boldsymbol{\Theta}}_{ij}^{11}=&\ \widetilde{\boldsymbol{M}}_j^{\mathrm{T}}\boldsymbol{A}_i+\widetilde{\boldsymbol{M}}_j^{\mathrm{T}}\boldsymbol{D}_i\boldsymbol{K}_j+\boldsymbol{A}_i^{\mathrm{T}}\widetilde{\boldsymbol{M}}_j+\boldsymbol{K}_j^{\mathrm{T}}\boldsymbol{D}_i^{\mathrm{T}}\widetilde{\boldsymbol{M}}_j+\widetilde{\boldsymbol{Q}}_{ij}-\lambda_u\widetilde{\boldsymbol{P}}_{ij}\\&+2\eta\widetilde{\boldsymbol{N}}_{ij}-\frac{(\lambda_s+\lambda_u)\mathrm{e}^{-\lambda_s h}}{h}\widetilde{\boldsymbol{R}}_{ij}\end{aligned}$$

$$\begin{aligned}\hat{\boldsymbol{\Theta}}_{ij}^{22}=&\ \widetilde{\boldsymbol{M}}_j^{\mathrm{T}}\boldsymbol{A}_i-\widetilde{\boldsymbol{M}}_j^{\mathrm{T}}\boldsymbol{L}_i\boldsymbol{E}_i+\boldsymbol{A}_i^{\mathrm{T}}\widetilde{\boldsymbol{M}}_j-\boldsymbol{E}_i^{\mathrm{T}}\boldsymbol{L}_i^{\mathrm{T}}\widetilde{\boldsymbol{M}}_j+\widetilde{\boldsymbol{Q}}_{ij}-\lambda_u\widetilde{\boldsymbol{P}}_{ij}\\&+2\eta\widetilde{\boldsymbol{N}}_{ij}-\frac{(\lambda_s+\lambda_u)\mathrm{e}^{-\lambda_s h}}{h}\widetilde{\boldsymbol{R}}_{ij}\end{aligned}$$

$$\hat{\boldsymbol{\Theta}}_{ij}^{13}=\widetilde{\boldsymbol{P}}_{ij}-\widetilde{\boldsymbol{M}}_j+\boldsymbol{A}_i^{\mathrm{T}}\widetilde{\boldsymbol{M}}_j+\boldsymbol{K}_j^{\mathrm{T}}\boldsymbol{D}_i^{\mathrm{T}}\widetilde{\boldsymbol{M}}_j$$

$$\hat{\boldsymbol{\Theta}}_{ij}^{24}=\widetilde{\boldsymbol{P}}_{ij}-\widetilde{\boldsymbol{M}}_j+\boldsymbol{A}_i^{\mathrm{T}}\widetilde{\boldsymbol{M}}_j-\boldsymbol{E}_i^{\mathrm{T}}\boldsymbol{L}_i^{\mathrm{T}}\widetilde{\boldsymbol{M}}_j$$

$$\hat{\boldsymbol{\Theta}}_{ij}^{33}=\hat{\boldsymbol{\Theta}}_{ij}^{44}=\widetilde{\boldsymbol{R}}_{ij}-\widetilde{\boldsymbol{M}}_j-\widetilde{\boldsymbol{M}}_j^{\mathrm{T}}$$

$$\hat{\boldsymbol{\Theta}}_{ij}^{55}=\hat{\boldsymbol{\Theta}}_{ij}^{66}=-(1-\hat{\tau})\mathrm{e}^{-\lambda_s\tau}\widetilde{\boldsymbol{Q}}_{ij}$$

$$\hat{\boldsymbol{\Theta}}_{ij}^{77}=\hat{\boldsymbol{\Theta}}_{ij}^{88}=-(1-\hat{h})\mathrm{e}^{-\lambda_s h}\widetilde{\boldsymbol{R}}_{ij}$$

$$\hat{\boldsymbol{\Theta}}_{ij}^{19}=\hat{\boldsymbol{\Theta}}_{ij}^{210}=-\hat{\boldsymbol{\Theta}}_{ij}^{99}=-\hat{\boldsymbol{\Theta}}_{ij}^{1010}=\frac{(\lambda_s+\lambda_u)\mathrm{e}^{-\lambda_s h}}{h}\widetilde{\boldsymbol{R}}_{ij}$$

$$\hat{\boldsymbol{\Theta}}_{ij}^{1111}=\hat{\boldsymbol{\Theta}}_{ij}^{1212}=-\frac{(\lambda_s+\lambda_u)\mathrm{e}^{-\lambda_s\tau}}{\tau}\widetilde{\boldsymbol{Q}}_{ij}$$

$$\bar{\boldsymbol{\Theta}}_{i}^{11}=\begin{bmatrix}\hat{\boldsymbol{\Theta}}_{i}^{11} & \widetilde{\boldsymbol{M}}_i^{\mathrm{T}}\boldsymbol{L}_i\boldsymbol{E}_i & \hat{\boldsymbol{\Theta}}_{i}^{13} & \mathbf{0} & \widetilde{\boldsymbol{M}}_i^{\mathrm{T}}\boldsymbol{B}_i & \mathbf{0}\\ * & \hat{\boldsymbol{\Theta}}_{i}^{22} & \boldsymbol{E}_i^{\mathrm{T}}\boldsymbol{L}_i^{\mathrm{T}}\widetilde{\boldsymbol{M}}_i & \hat{\boldsymbol{\Theta}}_{i}^{24} & \mathbf{0} & \widetilde{\boldsymbol{M}}_i^{\mathrm{T}}\boldsymbol{B}_i\\ * & * & \hat{\boldsymbol{\Theta}}_{i}^{33} & \mathbf{0} & \widetilde{\boldsymbol{M}}_i^{\mathrm{T}}\boldsymbol{B}_i & \mathbf{0}\\ * & * & * & \hat{\boldsymbol{\Theta}}_{i}^{44} & \mathbf{0} & \widetilde{\boldsymbol{M}}_i^{\mathrm{T}}\boldsymbol{B}_i\\ * & * & * & * & \hat{\boldsymbol{\Theta}}_{i}^{55} & \mathbf{0}\\ * & * & * & * & * & \hat{\boldsymbol{\Theta}}_{i}^{66}\end{bmatrix}$$

$$\bar{\boldsymbol{\Theta}}_i^{12}=\begin{bmatrix}\widetilde{\boldsymbol{M}}_i^{\mathrm{T}}\boldsymbol{C}_i & \boldsymbol{0} & -\widetilde{\boldsymbol{M}}_i^{\mathrm{T}}\boldsymbol{D}_i\boldsymbol{K}_i & \boldsymbol{0} & \boldsymbol{0} & \boldsymbol{0}\\ \boldsymbol{0} & \widetilde{\boldsymbol{M}}_i^{\mathrm{T}}\boldsymbol{C}_i & \boldsymbol{0} & \boldsymbol{0} & \boldsymbol{0} & \boldsymbol{0}\\ \widetilde{\boldsymbol{M}}_i^{\mathrm{T}}\boldsymbol{C}_i & \boldsymbol{0} & \boldsymbol{0} & \boldsymbol{0} & -\widetilde{\boldsymbol{M}}_i^{\mathrm{T}}\boldsymbol{D}_i\boldsymbol{K}_i & \boldsymbol{0}\\ \boldsymbol{0} & \widetilde{\boldsymbol{M}}_i^{\mathrm{T}}\boldsymbol{C}_i & \boldsymbol{0} & \boldsymbol{0} & \boldsymbol{0} & \boldsymbol{0}\\ \boldsymbol{0} & \boldsymbol{0} & \boldsymbol{0} & \boldsymbol{0} & \boldsymbol{0} & \boldsymbol{0}\\ \boldsymbol{0} & \boldsymbol{0} & \boldsymbol{0} & \boldsymbol{0} & \boldsymbol{0} & \boldsymbol{0}\end{bmatrix}$$

$$\bar{\boldsymbol{\Theta}}_i^{22}=\begin{bmatrix}\hat{\boldsymbol{\Theta}}_i^{77} & \boldsymbol{0} & \boldsymbol{0} & \boldsymbol{0} & \boldsymbol{0} & \boldsymbol{0}\\ * & \hat{\boldsymbol{\Theta}}_i^{88} & \boldsymbol{0} & \boldsymbol{0} & \boldsymbol{0} & \boldsymbol{0}\\ * & * & -\widetilde{\boldsymbol{N}}_i & \boldsymbol{0} & \boldsymbol{0} & \boldsymbol{0}\\ * & * & * & -\widetilde{\boldsymbol{N}}_i & \boldsymbol{0} & \boldsymbol{0}\\ * & * & * & * & -\widetilde{\boldsymbol{N}}_i & \boldsymbol{0}\\ * & * & * & * & * & -\widetilde{\boldsymbol{N}}_i\end{bmatrix}$$

$$\hat{\boldsymbol{\Theta}}_i^{11}=\boldsymbol{A}_i^{\mathrm{T}}\widetilde{\boldsymbol{M}}_i+\boldsymbol{K}_i^{\mathrm{T}}\boldsymbol{D}_i^{\mathrm{T}}\widetilde{\boldsymbol{M}}_i+\widetilde{\boldsymbol{M}}_i^{\mathrm{T}}\boldsymbol{A}_i+\widetilde{\boldsymbol{M}}_i^{\mathrm{T}}\boldsymbol{D}_i\boldsymbol{K}_i+\widetilde{\boldsymbol{Q}}_i+\lambda_s\widetilde{\boldsymbol{P}}_i+2\eta\widetilde{\boldsymbol{N}}_i$$

$$\hat{\boldsymbol{\Theta}}_i^{22}=\boldsymbol{A}_i^{\mathrm{T}}\widetilde{\boldsymbol{M}}_i-\boldsymbol{E}_i^{\mathrm{T}}\boldsymbol{L}_i^{\mathrm{T}}\widetilde{\boldsymbol{M}}_i+\widetilde{\boldsymbol{M}}_i^{\mathrm{T}}\boldsymbol{A}_i-\widetilde{\boldsymbol{M}}_i^{\mathrm{T}}\boldsymbol{L}_i\boldsymbol{E}_i+\widetilde{\boldsymbol{Q}}_i+\lambda_s\widetilde{\boldsymbol{P}}_i+2\eta\widetilde{\boldsymbol{N}}_i$$

$$\hat{\boldsymbol{\Theta}}_i^{13}=\widetilde{\boldsymbol{P}}_i-\widetilde{\boldsymbol{M}}_i^{\mathrm{T}}+\boldsymbol{A}_i^{\mathrm{T}}\widetilde{\boldsymbol{M}}_i+\boldsymbol{K}_i^{\mathrm{T}}\boldsymbol{D}_i^{\mathrm{T}}\widetilde{\boldsymbol{M}}_i$$

$$\hat{\boldsymbol{\Theta}}_i^{24}=\widetilde{\boldsymbol{P}}_i-\widetilde{\boldsymbol{M}}_i^{\mathrm{T}}+\boldsymbol{A}_i^{\mathrm{T}}\widetilde{\boldsymbol{M}}_i-\boldsymbol{E}_i^{\mathrm{T}}\boldsymbol{L}_i^{\mathrm{T}}\widetilde{\boldsymbol{M}}_i$$

$$\hat{\boldsymbol{\Theta}}_i^{33}=\hat{\boldsymbol{\Theta}}_i^{44}=\widetilde{\boldsymbol{R}}_i-\widetilde{\boldsymbol{M}}_i-\widetilde{\boldsymbol{M}}_i^{\mathrm{T}}$$

$$\hat{\boldsymbol{\Theta}}_i^{55}=\hat{\boldsymbol{\Theta}}_i^{66}=-(1-\hat{\tau})\mathrm{e}^{-\lambda_s\tau}\widetilde{\boldsymbol{Q}}_i$$

$$\hat{\boldsymbol{\Theta}}_i^{77}=\hat{\boldsymbol{\Theta}}_i^{88}=-(1-\hat{h})\mathrm{e}^{-\lambda_s h}\widetilde{\boldsymbol{R}}_i$$

在不等式 $\bar{\boldsymbol{\Theta}}_{ij}<0$ 两端的左右两侧分别乘以适维矩阵 $\mathrm{diag}\{\widetilde{\boldsymbol{M}}_j^{-\mathrm{T}},\cdots,\widetilde{\boldsymbol{M}}_j^{-\mathrm{T}}\}$ 与 $\mathrm{diag}\{\widetilde{\boldsymbol{M}}_j^{-1},\cdots,\widetilde{\boldsymbol{M}}_j^{-1}\}$，在不等式 $\bar{\boldsymbol{\Theta}}_i<0$ 两端的左右两侧分别乘以适维矩阵 $\mathrm{diag}\{\widetilde{\boldsymbol{M}}_i^{-\mathrm{T}},\cdots,\widetilde{\boldsymbol{M}}_i^{-\mathrm{T}}\}$ 和 $\mathrm{diag}\{\widetilde{\boldsymbol{M}}_i^{-1},\cdots,\widetilde{\boldsymbol{M}}_i^{-1}\}$，并设 $\hat{\boldsymbol{M}}_i=\widetilde{\boldsymbol{M}}_i^{-1}$，$\hat{\boldsymbol{M}}_j=\widetilde{\boldsymbol{M}}_j^{-1}$，$\hat{\boldsymbol{P}}_{ij}=\hat{\boldsymbol{M}}_j^{\mathrm{T}}\widetilde{\boldsymbol{P}}_{ij}\hat{\boldsymbol{M}}_j$，$\hat{\boldsymbol{Q}}_{ij}=\hat{\boldsymbol{M}}_j^{\mathrm{T}}\widetilde{\boldsymbol{Q}}_{ij}\hat{\boldsymbol{M}}_j$，$\hat{\boldsymbol{R}}_{ij}=\hat{\boldsymbol{M}}_j^{\mathrm{T}}\widetilde{\boldsymbol{R}}_{ij}\hat{\boldsymbol{M}}_j$，$\hat{\boldsymbol{P}}_i=\hat{\boldsymbol{M}}_i^{\mathrm{T}}\widetilde{\boldsymbol{P}}_i\hat{\boldsymbol{M}}_i$，$\hat{\boldsymbol{Q}}_i=\hat{\boldsymbol{M}}_i^{\mathrm{T}}\widetilde{\boldsymbol{Q}}_i\hat{\boldsymbol{M}}_i$，$\hat{\boldsymbol{R}}_i=\hat{\boldsymbol{M}}_i^{\mathrm{T}}\widetilde{\boldsymbol{R}}_i\hat{\boldsymbol{M}}_i$，$\hat{\boldsymbol{N}}_i=\hat{\boldsymbol{M}}_i^{\mathrm{T}}\widetilde{\boldsymbol{N}}_i\hat{\boldsymbol{M}}_i$，$\hat{\boldsymbol{N}}_{ij}=\hat{\boldsymbol{M}}_j^{\mathrm{T}}\widetilde{\boldsymbol{N}}_{ij}\hat{\boldsymbol{M}}_j$，$\boldsymbol{G}_i=\boldsymbol{K}_i\hat{\boldsymbol{M}}_i$，$\boldsymbol{G}_j=\boldsymbol{K}_j\hat{\boldsymbol{M}}_j$，即得到与 $\bar{\boldsymbol{\Theta}}_{ij}<0$ 及 $\bar{\boldsymbol{\Theta}}_i<0$ 等价的线性矩阵不等式(7.19)与(7.20)，可以通过 MATLAB 的 LMI 工具箱直接求解. 证毕.

最后，我们来证明每个事件驱动区间都存在一个正下限，该证明可用来排除系统频繁驱动所可能导致的芝诺现象.

对于系统(7.1)，切换时刻点序列分别用 $t_0,t_1,t_2,\cdots$ 表示. 反馈控制器是通过在采样时刻点 $\hat{t}_0,\hat{t}_1,\hat{t}_2,\cdots$ 处接收观测器系统状态来完成反馈任务. 不妨假设 $t_0=\hat{t}_0$. 由假设 $\tau_{\mathrm{m}}<\tau_d$ 可知，在非切换区间 $[t_i,t_{i+1})$ 上可能发生多次采样. 令 $T=\hat{t}_{k+1}-\hat{t}_k$ 表示连续的采样间隔. 我们从两个方面证明：① 在区间 $[t_i,t_{i+1})$ 内只发生一次采样. 假设 $\hat{t}_k$ 是区间 $[t_i,t_{i+1})$ 上的采样时刻点. 如果 $\hat{t}_k=t_i$，则 $T\geqslant\tau_d>$

0. 如果 $\hat{t}_k \in (t_i, t_{i+1})$，则 $T > \tau_d - \tau_m > 0$. ② 在区间 $[t_i, t_{i+1})$ 内发生多次采样. 假设 $\hat{t}_k$ 和 $\hat{t}_{k+1}$ 是区间 $[t_i, t_{i+1})$ 上任意两个连续的采样时刻点. 对于 $t_i \leqslant \hat{t}_k < t \leqslant \hat{t}_{k+1} < t_{i+1}$，由于 $\hat{\boldsymbol{e}}(t) = \hat{\boldsymbol{x}}(t) - \hat{\boldsymbol{x}}(\hat{t}_k)$，因此，由(7.16)式可得

$$\begin{aligned}\dot{\hat{\boldsymbol{e}}}(t) &= \dot{\hat{\boldsymbol{x}}}(t) \\ &= \boldsymbol{A}_i \hat{\boldsymbol{e}}(t) + \boldsymbol{B}_i \hat{\boldsymbol{x}}(t - \tau(t)) + \boldsymbol{C}_i \dot{\hat{\boldsymbol{x}}}(t - h(t)) \\ &\quad + (\boldsymbol{A}_i + \boldsymbol{D}_i \boldsymbol{K}_i) \hat{\boldsymbol{x}}(\hat{t}_k) + \boldsymbol{L}_i \boldsymbol{E}_i \boldsymbol{e}(t)\end{aligned} \tag{7.44}$$

由于 $\hat{\boldsymbol{e}}(\hat{t}_k) = 0$，因此，系统(7.44)的状态响应为

$$\begin{aligned}\hat{\boldsymbol{e}}(t) &= \int_{\hat{t}_k}^{t} \mathrm{e}^{\boldsymbol{A}_i(t-s)} (\boldsymbol{B}_i \hat{\boldsymbol{x}}(s - \tau(s)) + \boldsymbol{C}_i \dot{\hat{\boldsymbol{x}}}(s - h(s)) \\ &\quad + (\boldsymbol{A}_i + \boldsymbol{D}_i \boldsymbol{K}_i) \hat{\boldsymbol{x}}(\hat{t}_k) + \boldsymbol{L}_i \boldsymbol{E}_i \boldsymbol{e}(s)) \mathrm{d}s\end{aligned} \tag{7.45}$$

因此

$$\begin{aligned}\| \hat{\boldsymbol{e}}(t) \| &\leqslant \int_{\hat{t}_k}^{t} \mathrm{e}^{\| \boldsymbol{A}_i \| (t-s)} (\| \boldsymbol{B}_i \hat{\boldsymbol{x}}(s - \tau(s)) + \boldsymbol{C}_i \dot{\hat{\boldsymbol{x}}}(s - h(s)) \| \\ &\quad + \| (\boldsymbol{A}_i + \boldsymbol{D}_i \boldsymbol{K}_i) \hat{\boldsymbol{x}}(\hat{t}_k) \| + \| \boldsymbol{L}_i \boldsymbol{E}_i \boldsymbol{e}(s) \|) \mathrm{d}s\end{aligned} \tag{7.46}$$

由定理 7.1 知，$\boldsymbol{e}(t)$ 与 $\hat{\boldsymbol{x}}(t)$ 在区间 $[\hat{t}_k, \hat{t}_{k+1})$ 上是收敛的，即存在常数 $\kappa_1 > 0$，$\kappa_2 > 0$ 与 $\lambda_1 > 0$ 使得 $\| \boldsymbol{e}(t) \| \leqslant \kappa_1 \mathrm{e}^{-\lambda_1 (t - \hat{t}_k)} \| \boldsymbol{e}(\hat{t}_k) \|_d$. 因此

$$\begin{aligned}\| \hat{\boldsymbol{e}}(t) \| &\leqslant \int_{\hat{t}_k}^{t} \mathrm{e}^{\| \boldsymbol{A}_i \| (t-s)} (\boldsymbol{\varphi}_1 \| \hat{\boldsymbol{x}}(\hat{t}_k) \|_r + \boldsymbol{\varphi}_2 \| \hat{\boldsymbol{x}}(\hat{t}_k) \| \\ &\quad + \kappa_1 \mathrm{e}^{-\lambda_1 (s - \hat{t}_k)} \| \boldsymbol{L}_i \boldsymbol{E}_i \| \| \boldsymbol{e}(\hat{t}_k) \|_r) \mathrm{d}s \\ &\leqslant \boldsymbol{\varphi}(\hat{t}_k) \int_{\hat{t}_k}^{t} \mathrm{e}^{\| \boldsymbol{A}_i \| (t-s)} \mathrm{d}s - \Delta(\hat{t}_k)\end{aligned} \tag{7.47}$$

其中

$$\varphi(\hat{t}_k) = \boldsymbol{\varphi}_1 \| \hat{\boldsymbol{x}}(\hat{t}_k) \|_r + \boldsymbol{\varphi}_2 \| \hat{\boldsymbol{x}}(\hat{t}_k) \| + \kappa_1 \| \boldsymbol{L}_i \boldsymbol{E}_i \| \| \boldsymbol{e}(\hat{t}_k) \|_r, \quad \Delta(\hat{t}_k) > 0$$

$$\varphi_1 = \kappa_2 (\| \boldsymbol{B}_i \| + \| \boldsymbol{C}_i \|), \quad \varphi_2 = \| \boldsymbol{A}_i + \boldsymbol{D}_i \boldsymbol{K}_i \|$$

如果 $\| \boldsymbol{A}_i \| \neq 0$，那么

$$\| \hat{\boldsymbol{e}}(t) \| \leqslant \frac{\varphi(\hat{t}_k)}{\| \boldsymbol{A}_i \|} (\mathrm{e}^{\| \boldsymbol{A}_i \| (t - \hat{t}_k)} - 1) - \Delta(\hat{t}_k) \tag{7.48}$$

由驱动条件(7.13)可知，下一个事件在 $\| \hat{\boldsymbol{e}}(t) \| = \sqrt{\eta} \| \boldsymbol{\xi}(t) \|$ 满足之前不会发生. 因此，事件间隔下限为

$$T \geqslant t - \hat{t}_k = \frac{1}{\| \boldsymbol{A}_i \|} \ln \left(\frac{(\sqrt{\eta} \| \boldsymbol{\xi}(t) \| + \Delta(\hat{t}_k)) \| \boldsymbol{A}_i \|}{\varphi(\hat{t}_k)} + 1 \right) > 0 \tag{7.49}$$

如果 $\| \boldsymbol{A}_i \| = 0$，那么

$$T \geqslant t - \hat{t}_k = \frac{\sqrt{\eta}\,\|\boldsymbol{\xi}(t)\| + \Delta(\hat{t}_k)}{\varphi(\hat{t}_k)} > 0 \tag{7.50}$$

由此可知,事件间隔存在正下限.

7.4 数值例子

考虑具有两个子系统的切换中立时滞系统:

$$\begin{cases} \dot{\boldsymbol{x}}(t) - \boldsymbol{C}_{\sigma(t)}\dot{\boldsymbol{x}}(t-h(t)) \\ \quad = \boldsymbol{A}_{\sigma(t)}\boldsymbol{x}(t) + \boldsymbol{B}_{\sigma(t)}\boldsymbol{x}(t-\tau(t)) + \boldsymbol{D}_{\sigma(t)}\boldsymbol{u}(t), \quad t > 0 \\ \boldsymbol{y}(t) = \boldsymbol{E}_{\sigma(t)}\boldsymbol{x}(t) \end{cases} \tag{7.51}$$

其中 $M=\{1,2\}$ 且系统参数为

$$\boldsymbol{A}_1 = \begin{bmatrix} -5 & 0 \\ 0 & -3 \end{bmatrix}, \quad \boldsymbol{B}_1 = \begin{bmatrix} -0.2 & 0 \\ 0 & 0.2 \end{bmatrix}, \quad \boldsymbol{C}_1 = \begin{bmatrix} 0.1 & 0.1 \\ 0 & -0.1 \end{bmatrix}$$

$$\boldsymbol{D}_1 = \begin{bmatrix} 1 & 0 \\ 0 & 1 \end{bmatrix}, \quad \boldsymbol{E}_1 = [1 \quad 1]$$

$$\boldsymbol{A}_2 = \begin{bmatrix} -4.5 & 0 \\ 0 & -2.5 \end{bmatrix}, \quad \boldsymbol{B}_2 = \begin{bmatrix} -0.2 & 0 \\ 0 & 0.3 \end{bmatrix}, \quad \boldsymbol{C}_2 = \begin{bmatrix} 0.2 & 0.1 \\ 0 & -0.1 \end{bmatrix}$$

$$\boldsymbol{D}_2 = \begin{bmatrix} 1 & 0 \\ 0 & 1 \end{bmatrix}, \quad \boldsymbol{E}_2 = [1 \quad 1]$$

$$h(t) = 0.2\sin t + 0.1, \quad \tau(t) = 0.1\sin t + 0.2$$

令 $\alpha=1$.求解线性矩阵不等式(7.6),易得

$$\boldsymbol{L}_1 = \begin{bmatrix} -1.1439 \\ -0.0755 \end{bmatrix}, \quad \boldsymbol{L}_2 = \begin{bmatrix} -0.9377 \\ 0.2919 \end{bmatrix}$$

令 $\eta=1,\lambda_s=1,\lambda_u=0.1,\mu=1.2,\tau_{\mathrm{m}}=1$.由(7.22)式得 $\tau_a>1.4647$.解不等式(7.19)～(7.21),得

$$\boldsymbol{K}_1 = \begin{bmatrix} -0.5200 & -0.0962 \\ -0.2024 & -0.5960 \end{bmatrix}, \quad \boldsymbol{K}_2 = \begin{bmatrix} -0.4996 & -0.1031 \\ -0.2501 & -0.5499 \end{bmatrix}$$

选择固定周期的切换信号及初始值 $\boldsymbol{x}_0=\hat{\boldsymbol{x}}_0=[-2 \quad 3]^{\mathrm{T}}$,$\boldsymbol{e}_0=[0.2 \quad 0.3]^{\mathrm{T}}$,利用Simulink 仿真获得系统仿真图,如图 7.2 和图 7.3 所示.图 7.2 给出了闭环系统状态响应及零阶保持状态响应.被控系统与控制器的切换信号如图 7.3 所示.从仿真结果可以看出,系统(7.51)在事件驱动控制器作用下是指数稳定的.

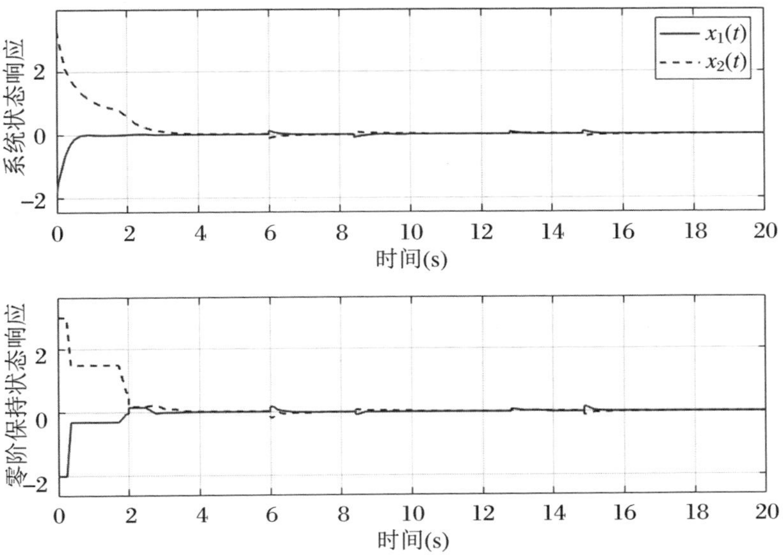

图 7.2　系统状态响应和零阶保持状态响应

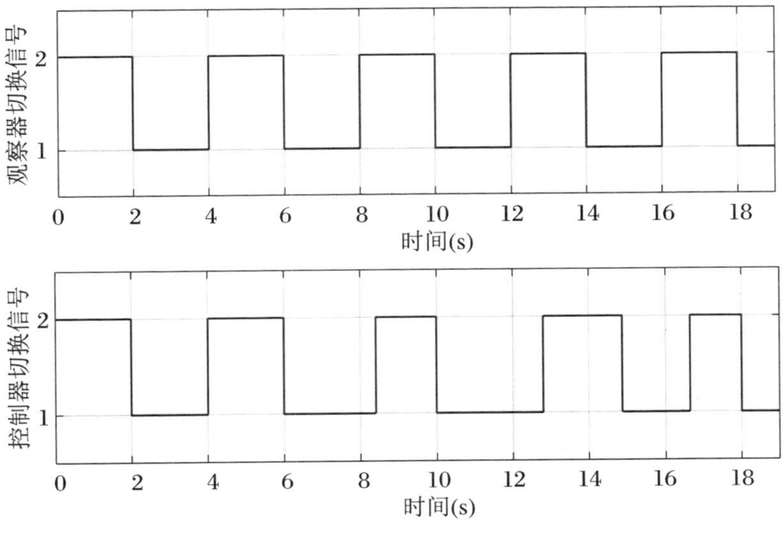

图 7.3　系统与控制器的切换信号对比图

本 章 小 结

本章中，我们针对具有混合时变时滞的切换中立时滞系统，提出了基于观测器的事件驱动控制方法，获得了系统在平均驻留时间切换意义下的镇定条件并给出了控制器的设计方法.在本章中所考虑的事件驱动采样传输机制不仅向控制器传输观测器的状态信息，同时也传递观测器的切换信息.这导致控制器与被控系统切换的异步性.在分析系统异步切换时，利用 Lyapunov-Krasovskii 泛函分析方法，引入自由权矩阵，获得了使控制增益可解的系统稳定充分性条件.数值仿真例子验证了本章所提方法的有效性.

参 考 文 献

[1] Tomlin C, Pappas G J, Sastry S. Conflict resolution for air traffic management: a study in multi-agent hybrid systems [J]. IEEE Transactions on Automatic Control, 1998, 43(4): 509-521.

[2] Jeon D, Tomizuka M. Learning hybrid force and position control of robot manipulators [J]. IEEE Transactions on Robotics and Automation, 1993, 9(4): 423-431.

[3] Gollu A, Varaiya P D. Hybrid dynamic systems [C]//Proceedings of the 28th IEEE Conference on Decision and Control, 1989: 2708-2713.

[4] Winstsenhausen H S. A class of hybrid-state continuous-time dynamics [J]. IEEE Transactions on Automatic Control, 1966, 11(2): 161-167.

[5] Athans A. Command and control theory: a challenge to control science [J]. IEEE Transactions on Automatic Control, 1987, 32(4): 286-293.

[6] Antsaklis P J, Nerode A. Hybrid control systems: an introductory discussion to the special issue [J]. IEEE Transactions on Automatic Control, 1998, 43(4): 457-459.

[7] Liberzon D. Switching in systems and control [M]. Boston: Birkhauser, 2003.

[8] Liberzon D, Morse A S. Basic problems in stability and design of switched systems [J]. IEEE Control Systems Magazine, 1999, 19(5): 59-70.

[9] Barkhordari Y M, Jahed-Motlagh M R. Stabilization of a CSTR with two arbitrarily switching modes using modal state feedback linearization [J]. Chemical Engineering Journal, 2009, 155(3): 838-843.

[10] Allison A, Abbott D. Some benefits of random variables in switched control systems [J]. Microelectronics Journal, 2000, 31(7): 515-522.

[11] Hespanha J P. Hybrid and switched systems [R]. Santa Barbara: Lecture Notes of the UCSB Course, 2005.

[12] Magni L, Nicolao G D, Magnani L, et al. A stabilizing model-based predictive control algorithm for nonlinear systems [J]. Automatica, 2001, 37: 1351-1362.

[13] Alur R, Courcoubetis C, Halbwachs N, et al. The algorithic analysis of hybrid systems [J]. Theoretical Computer Science, 1995, 138(1): 3-34.

[14] Zhao J, Spong M W. Hybrid control for global stabilization of the cart-pendulum system [J]. Automatica, 2001, 37(12): 1941-1951.

[15] Solmaz S, Shorten R, Wulff K, et al. A design methodology for switched discrete time linear systems with applications to automotive roll dynamics control [J]. Automatica, 2008, 44(9): 2358-2363.

[16] Zhao J, Hill D J. Synchronization of complex dynamical networks with switching topology: a switched system point of view [C]//Proceedings of 17th IFAC World Congress, 2008.

[17] Mancilla-Aguilar J L, Garcia R A. A converse Lyapunov theorem for nonlinear switched systems [J]. Systems & Control Letters, 2000, 41(1): 67-71.

[18] Shorten R N, Narendra K S. On the existence of a common Lyapunov function for linear stable switching systems [C]//Proceedings of the 10th Yale Workshop on Adaptive and Learning Systems, 1998: 130-140.

[19] Narendra K S, Balakrishnan J. A common Lyapunov function for stable LTI systems with commuting A-matrices [J]. IEEE Transactions on Automatic Control, 1994, 39 (12): 2469-2471.

[20] Morse A S. Supervisory control of families of linear set-point controllers Part I. Exact matching [J]. IEEE Transactions on Automatic Control, 1996, 41(10): 1413-1431.

[21] Hespanha J P, Morse A S. Stability of switched systems with average dwell-time [C]// Proceedings of the 38th IEEE Conference on Decision and Control, 1999, 3: 2655-2660.

[22] Geromel J C, Colaneri P. Stability and stabilization of continuous-time switched linear systems [J]. SIAM Journal on Control and Optimization, 2006, 45(5): 1915-1930.

[23] Geromel J C, Colaneri P, Bolzern P. Dynamic output feedback control of switched linear systems [J]. IEEE Transactions on Automatic Control, 2008, 53(3): 720-733.

[24] Colaneri P, Geromel J C, Astolfi A. Stabilization of continuous-time switched nonlinear systems [J]. Systems & Control Letters, 2008, 57(1): 95-103.

[25] Skafidas E, Evans R J, Savkin A V, et al. Stability results for switched controller systems [J]. Automatica, 1999, 35(4): 553-564.

[26] Sun Z D, Ge S S. Analysis and synthesis of switched linear control systems [J]. Automatica, 2005, 41(2): 181-195.

[27] Phat V N. Switched controller design for stabilization of nonlinear hybrid systems with time-varying delays in state and control [J]. Journal of the Franklin Institute, 2010, 347 (1): 195-207.

[28] Hespanha J P, Morse A S. Switching between stabilizing controllers [J] Automatica, 2002, 38(11): 1905-1917.

[29] Sun Z D, Ge S S. Switched linear systems: control and design [M]. New York: Springer-Verlag, 2005.

[30] Sun Z D. Sampling and control of switched linear systems [J]. Journal of the Franklin Institute, 2004, 341(7): 657-674.

[31] Lin H, Antsaklis P J. Stability and stabilization of switched linear systems: a survey of recent results [J]. IEEE Transactions on Automatic Control, 2009, 54(2): 308-322.

[32] Xie G M, Zheng D Z, Wang L. Controllability of switched linear systems [J]. IEEE Transactions on Automatic Control, 2002, 47(8): 1401-1405.

[33] Xie G M, Wang L. Necessary and sufficient conditions for controllability and observability of switched impulsive control systems [J]. IEEE Transactions on Automatic Control, 2004, 49(6): 960-966.

[34] Ezzine J, Haddad A H. On the controllability and observability of hybrid systems [J]. International Journal of Control, 1989, 49(6): 2045-2055.

[35] Ma R C, Zhao J, Dimirovski G M. H_∞ controller design for switched nonlinear systems in lower triangular form under arbitrary switchings [C]//Proceedings of the 49th IEEE Conference on Decision and Control, 2010: 4341-4346.

[36] Liu H, Shen Y, Zhao X D. Delay-dependent observer-basedH_∞ finite-time control for switched systems with time-varying delay [J]. Nonlinear Analysis: Hybrid Systems, 2012, 6(3): 885-898.

[37] Deaecto G, Geromel J, Daafouz J. Dynamic output feedback H_∞ control of switched linear systems [J]. Automatica, 2011, 47(8): 1713-1720.

[38] Zhao J, Hill D J. On stability, L_2-gain and H_∞ control for switched systems [J]. Automatica, 2008, 44(5): 1220-1232.

[39] Zhang L X, Shi P. Stability, L_2-gain and asynchronous H_∞ control of discrete-time switched systems with average dwell time [J]. IEEE Transactions on Automatic Control, 2009, 54(9): 2193-2200.

[40] Bengea S C, Decarlo R A. Optimal control of switched systems [J]. Automatica, 2005, 41(1): 11-27.

[41] Xu X, Antsaklis J P. Optimal control of switched systems based on parameterization of the switching instants [J]. IEEE Transactions on Automatic Control, 2004, 49(1): 2-16.

[42] Wang Q, Hou Y Z, Dong C Y. Model reference robust adaptive control for a class of uncertain switched linear systems [J]. International Journal of Robust and Nonlinear Control, 2012, 22(9): 1019-1035.

[43] Bernardo D M, Montanaro U, Olm J M, et al. Model reference adaptive control of discrete-time piecewise linear systems [J]. International Journal of Robust and Nonlinear Control, 2013, 23(7): 709-730.

[44] Bernardo D M, Montanaro U, Santini S. Hybrid model reference adaptive control of piecewise affine systems [J]. IEEE Transactions on Automatic Control, 2013, 58(2): 304-316.

[45] Belkhiat D E C, Jabri D, Fourati H. Robust H_∞ tracking control design for a class of switched linear systems using descriptor redundancy approach [C]//European Control

Conference,2014:2248-2253.

[46] Li Q K, Zhao J, Dimirovski G M. Robust tracking control for switched linear systems with time-varying delays [J]. IET Control Theory & Applications,2008,2(6):449-457.

[47] 连捷.切换系统的变结构控制若干问题的研究[D].沈阳:东北大学,2008.

[48] Allerhand L I, Shaked U. Robust stability and stabilization of linear switched systems with dwell time [J]. IEEE Transactions on Automatic Control,2011,56(2):381-386.

[49] Allerhand L I, Shaked U. Robust state-dependent switching of linear systems with dwell time [J]. IEEE Transactions on Automatic Control,2013,58(4):994-1001.

[50] Zhao J, Hill D J. Dissipativity theory for switched systems [J]. IEEE Transactions on Automatic Control,2008,53(4):941-953.

[51] Geromel J C, Colaneri P, Bolzern P. Passivity of switched linear systems: analysis and control design [J]. Systems & Control Letters,2012,61(4):549-554.

[52] Liu Y Y, Zhao J. Generalized output synchronization of dynamical networks using output quasi-passivity [J]. IEEE Transactions on Circuits and Systems I: Regular Papers,2012, 59(6):1290-1298.

[53] Peleties P, Decarlo R. Asymptotic stability of m-switched systems using Lyapunov-like functions [J]. American Control Conference,1991:1679-1684.

[54] Branicky M S. Multiple Lyapunov functions and other analysis tools for switched and hybrid systems [J]. IEEE Transactions on Automatic Control,1998,43(4):475-482.

[55] Zhai G S, Hu B, Yasuda K, et al. Stability analysis of switched systems with stable and unstable subsystems: An average dwell time approach [J]. International Journal of Systems Science,2001,32(8):1055-1061.

[56] Zhang L X, Shi P. Stability, l_2-gain and asynchronous H_∞ control of discrete-time switched systems with average dwell time [J]. IEEE Transactions on Automatic Control, 2009,54(9):2193-2200.

[57] Zhai G S, Hu B, Yasuda K, et al. Disturbance attenuation properties of time-controlled switched systems [J]. Journal of the Franklin Institute,2001,338(7):765-779.

[58] Duan C, Wu F. Analysis and control of switched linear systems via dwell-time min-switching [J]. Systems & Control Letters,2014,70:8-16.

[59] Zhao X D, Zhang L X, Shi P, et al. Stability and stabilization of switched linear systems with mode-dependent average dwell time [J]. IEEE Transactions on Automatic Control, 2012,57(7):1809-1815.

[60] Zhang L X, Boukas E, Shi P. Exponential H_∞ filtering for uncertain discrete-time switched linear systems with average dwell time: A μ-dependent approach [J]. International Journal of Robust and Nonlinear Control,2008,18(11):1188-1207.

[61] Zhang L X, Shi P. l_2-l_∞ model reduction for switched LPV systems with average dwell time [J]. IEEE Transactions Automatic Control,2008,53(10):2443-2448.

[62] Richard J P. Time-delay systems: an overview of some recent advances and open problems [J]. Automatica, 2003, 39(10): 1667-1694.

[63] Hale J K, Verduyn Lunel S M. Introduction to Functional Differential Equations [M]. New York: Springer-Verlag, 1993.

[64] Sipahi R, Niculescu S, Abdallah C T, et al. Stability and stabilization of systems with time delay [J]. IEEE Control Systems Magazine, 2011, 31(1): 38-65.

[65] Lee Y S, Moon Y S, Kwon W S, et al. Delay-dependent robust H_∞ control for uncertain systems with a state-delay [J]. Automatica, 2004, 40(1): 65-72.

[66] Fridman E, Shaked U. A descriptor system approach to H_∞ control of linear time-delay systems [J]. IEEE Transactions on Automatic Control, 2002, 47(2): 253-270.

[67] Kuang Y. Delay differential equations with applications in population dynamics (mathematics in science and engineering) [M]. New York: Academic Press, 1993: 191.

[68] Gu K, Kharitonv V L, Chen J. Stability of time-delay systems (Control engineering) [M]. New York: Springer-Verlag, 2003.

[69] Gu K. An integral inequality in the stability problem of time delay systems [C]//Proceedings of the 39th IEEE Conference on Decision and Control, 2000: 2805-2810.

[70] Dambrine M, Richard J P, Borne P. Feedback control of time-delay systems with bounded control and state [J]. Mathematical Problems in Engineering, 1995, 1(1): 77-87.

[71] Bonnet C, Partington J R, Sorine M. Robust stabilization of a delay system with saturating or sensor [J]. International Journal of Robust and Nonlinear Control, 2000, 10(7): 579-590.

[72] Choi H H, Chung M J. Observer-based H_∞ controller design for state delayed linear systems [J]. Automatica, 1996, 32(7): 1073-1075.

[73] Choi H H, Chung M J. Robust observer-based H_∞ controller design for linear uncertain time-delay systems [J]. Automatica, 1997, 33(9): 1749-1752.

[74] Chen K F, Fong I K. Stability analysis and output-feedback stabilization of discrete-time systems with a time-varying state delay and nonlinear perturbation [J]. Asian Journal of Control, 2011, 13(6): 1018-1027.

[75] Liu X, Zhang H. New stability criterion of uncertain systems with time-varying delay [J]. Chaos, Solitons & Fractals, 2005, 26(5): 1343-1348.

[76] 吴敏,何勇.时滞系统鲁棒控制:自由权矩阵方法[M].北京:科学出版社,2008.

[77] Bellen A, Guglielmi N, Ruehli A. Methods for linear systems of circuit delay differential equations of neutral type [J]. IEEE Transactions on Circuits and Systems I: Fundamental and Applications, 1999, 46(1): 212-216.

[78] Ruehli A, Miekkala U, Bellen A, et al. Stable time domain solutions for EMC problems using PEEC circuit models [C]// IEEE International Symposium on Electromagnetic Compatibility, 1994: 371-376.

[79] Ibrir S, Diop S. Robust state reconstruction of linear neutral type delay systems with application to lossless transmission lines: a convex optimization approach [J]. IMA Journal of Mathematical Control and Information, 2009, 26(3): 281-298.

[80] Hara S, Yamamoto Y, Omata T, et al. Repetitive control system: a new type servo system for periodic exogenous signals [J]. IEEE Transactions on Automatic Control, 1988, 33(7): 659-668.

[81] Qiu F, Cui B T, Ji Y. Further results on robust stability of neutral system with mixed time-varying delays and nonlinear perturbations [J]. Nonlinear Analysis: Real World Applications, 2010, 11(2): 895-906.

[82] Liu X G, Wu M, Martin R E, et al. Delay dependent stability analysis for uncertain neutral systems with time-varying delays [J]. Mathematics and Computers in Simulation, 2007, 75(1-2): 15-27.

[83] Liu Y J, Lee S M, Kwon O M, et al. Delay-dependent exponential stability criteria for neutral systems with interval time-varying delays and nonlinear perturbations [J]. Journal of the Franklin Institute, 2013, 350(10): 3313-3327.

[84] Han Q L. Robust stability of uncertain delay-differential systems of neutral type [J]. Automatica, 2002, 38(4): 718-723.

[85] Han Q L. A descriptor system approach to robust stability of uncertain neutral systems with discrete and distributed delays [J]. Automatica, 2004, 40(10): 1791-1796.

[86] Li M, Liu L. A delay-dependent stability criterion for linear neutral delay systems [J]. Journal of the Franklin Institute, 2009, 346(1): 33-37.

[87] Zhang K Y, Cao D Q. Further results on asymptotic stability of linear neutral systems with multiple delays [J]. Journal of the Franklin Institute, 2007, 344(6): 858-866.

[88] Han Q L. On robust stability of neutral systems with time-varying discrete delay and norm-bounded uncertainty [J]. Automatica, 2004, 40(6): 1087-1092.

[89] Zhang D, Yu L. H_∞ filtering for linear neutral systems with mixed time-varying delays and nonlinear perturbations [J]. Journal of the Franklin Institute, 2010, 347(7): 1374-1390.

[90] Zhang D, Yu L. H_∞ output tracking control for neutral systems with time-varying delay and nonlinear perturbations [J]. Communications in Nonlinear Science and Numerical Simulation, 2010, 15(11): 3284-3292.

[91] Zhang J H, Shi P, Qiu J Q. Robust stability criteria for uncertain neutral system with time delay and nonlinear uncertainties [J]. Chaos, Solitons & Fractals, 2008, 38(1): 160-167.

[92] 李宏飞.中立型时滞系统的鲁棒控制[M].西安:西北工业大学出版社,2006.

[93] Bliman P A. Lyapunov equation for the stability of linear delay systems of retarded and neutral type [J]. IEEE Transactions on Automatic Control, 2002, 47(2): 327-335.

[94] Chen W H, Zheng W X. Delay-dependent robust stabilization for uncertain neutral systems with distributed delays [J]. Automatica, 2007, 43(1): 95-104.

[95] Chen Y, Xue A, Lu R, et al. On robustly exponential stability of uncertain neutral systems with time-varying delays and nonlinear perturbations [J]. Nonlinear Analysis: Theory, Methods & Applications, 2008, 68(8): 2464-2470.

[96] Magdi S M. Robust H_∞ control of linear neutral systems [J]. Automatica, 2000, 36(5): 757-764.

[97] He Y, Wu M, She J H, et al. Delay-dependent robust stability criteria for uncertain neutral systems with mixed delays [J]. Systems & Control Letters, 2004, 51(1): 57-65.

[98] Fridman E, Shaked U. An improved delay-dependent H_∞ filtering of linear neutral systems [J]. IEEE Transactions on Signal Processing, 2004, 52(3): 668-673.

[99] 俞立.鲁棒控制:线性矩阵不等式处理方法[M].北京:清华大学出版社,2002.

[100] Fridman E, Shaked U. Delay-dependent stability and H_∞ control: constant and time-varying delays [J]. International Journal of Control, 2003, 76(1): 48-60.

[101] Park P. A delay-dependent stability criterion for systems with uncertain time-invariant delays [J]. IEEE Transactions on Automatic Control, 1999, 44(4): 876-877.

[102] Moon Y S, Park P, Kwon W H, et al. Delay-dependent robust stabilization of uncertain state-delayed systems [J]. International Journal of Control, 2001, 74(14): 1447-1455.

[103] Fridman E. New Lyapunov-Krasovskii functionals for stability of linear retarded and neutral type systems [J]. Systems & Control Letters, 2001, 43(4): 309-319.

[104] Gu K, Niculescu S I. Additional dynamics in transformed time delay systems [J]. IEEE Transactions on Automatic Control, 2000, 45(3): 572-575.

[105] Gu K, Niculescu S I. Further remarks on additional dynamics in various model transformations of linear delay systems [J]. IEEE Transactions on Automatic Control, 2001, 46(3): 497-500.

[106] He Y, Wang Q G, Lin C, et al. Delay-range-dependent stability for systems with time-varying delay [J]. Automatica, 2007, 43(2): 371-376.

[107] He Y, Wang Q G, Xie L H, et al. Further improvement of free-weighting matrices technique for systems with time-varying delay [J]. IEEE Transactions on Automatic Control, 2007, 52(2): 647-650.

[108] Wu M, He Y, She J H, et al. Delay-dependent criteria for robust stability of time-varying delay systems [J]. Automatica, 2004, 40(8): 1435-1439.

[109] Wu M, He Y, She J H. New delay-dependent robust stability criteria for uncertain neutral systems [J]. IEEE Transactions on Automatic Control, 2004, 49(12): 2266-2271.

[110] Karimi H R, Zapateiro M, Luo N. Stability analysis and control synthesis of neutral systems with time-varying delays and nonlinear uncertainties [J]. Chaos, Solitons & Fractals, 2009, 42(1): 595-603.

[111] Hien L V, Ha Q P, Phat V N. Stability and stabilization of switched linear dynamic systems with time delay and uncertainties [J]. Applied Mathematics and Computation, 2009, 210(1): 223-231.

[112] Sun X M, Liu G P, Rees D, et al. Stability of systems with controller failure and time-varying delay [J]. IEEE Transactions on Automatic Control, 2008, 53(10): 2391-2396.

[113] Sun X M, Liu G P, Rees D, et al. Delay-dependent stability for discrete systems with large delay sequence based on switching techniques [J]. Automatica, 2008, 44(11): 2902-2908.

[114] Liu J, Liu X Z, Xie W C. Delay-dependent robust control for uncertain switched systems with time-delay [J]. Nonlinear Analysis: Hybrid Systems, 2008, 2(1): 81-95.

[115] Sun X M, Wang W. Integral input-to-state stability for hybrid delayed systems with unstable continuous dynamics [J]. Automatica, 2012, 48(9): 2359-2364.

[116] Sun X M, Wang W, Liu G P, et al. Stability analysis for linear switched systems with time-varying delay [J]. IEEE Transactions on Systems, Man, and Cybernetics-Part B: Cybernetics, 2008, 38(2): 528-533.

[117] Sun X M, Zhao J, Hill D J. Stability and L_2-gain analysis for switched delay systems: a delay-dependent method [J]. Automatica, 2006, 42(10): 1769-1774.

[118] Yan P, Ozbay H. Stability analysis of switched time delay systems [J]. SIAM Journal Control Optimization, 2008, 47(2): 936-949.

[119] Liu H, Shen Y, Zhao X D. Delay-dependent observer-based H_∞ finite-time control for switched systems with time-varying delay [J]. Nonlinear Analysis: Hybrid Systems, 2012, 6(3): 885-898.

[120] Kim S, Campbell S A, Liu X Z. Stability of a class of linear switching systems with time delay [J]. IEEE Transactions on Circuits and Systems-I: Regular Papers, 2006, 53(2): 384-393.

[121] 孙希明.切换时滞系统的稳定性分析[D].沈阳:东北大学,2006.

[122] Zhang X Q, Zhao J, Dimirovski G M. L_2-gain analysis and control synthesis of uncertain discrete-time switched linear systems with time delay and actuator saturation [J]. International Journal of Control, 2011, 84(10): 1746-1758.

[123] Wang Y E, Sun X M, Shi P, et al. Input-to-state stability of switched nonlinear systems with time delays under asynchronous switching [J]. IEEE Transactions on Systems, Man and Cybernetics-Part B, 2013, 43(6): 2261-2265.

[124] Wang Y E, Wang R, Zhao J. Input-to-state stability of nonlinear impulsive and switched delay systems [J]. IET Control Theory & Applications, 2013, 7(8): 1179-1185.

[125] Sun X M, Fu J, Sun H F, et al. Stability of linear switched neutral delay systems [J]. Proceedings of the Chinese Society of Electrical Engineering, 2005, 25(23): 42-46.

[126] Saldivar M B, Mondie S, Loiseau J J, et al. Exponential stability analysis of the drilling

system described by a switched neutral type delay equation with nonlinear perturbations [C]//2011 50th IEEE Conference on Decision and Control and European Control Conference, 2011: 4164-4169.

[127] Saldivar M B, Mondie S, Loiseau J J. Reducing stick-slip oscillations in oilwell drillstrings [C]//2009 6th International Conference on Computing Science and Automatic Control, 2009: 1-6.

[128] Navarro-Lopez E M, Suarez R. Practical approach to modeling and controlling stick-slip oscillations in oilwell drillstrings [C]//Proceedings of the 2004 IEEE International Conference on Control Applications, 2004: 1454-1460.

[129] 张榆平. 切换中立型控制系统概论[M]. 武汉:武汉理工大学出版社,2010.

[130] Xiong L L, Zhong S M, Ye M, et al. New stability and stabilization for switched neutral control systems [J]. Chaos, Solitons & Fractals, 2009, 42(3): 1800-1811.

[131] Li T F, Zhao J, Dimirovski G M. Stability and L_2-gain analysis for switched neutral systems with mixed time-varying delays [J]. Journal of the Franklin Institute, 2011, 348 (9): 2237-2256.

[132] Zhang D, Yu L. Exponential stability analysis for neutral switched systems with interval time-varying mixed delays and nonlinear perturbations [J]. Nonlinear Analysis: Hybrid Systems, 2012, 6(2): 775-786.

[133] Zhang Y P, Liu X Z, Zhu H, et al. Stability analysis and control synthesis for a class of switched neutral systems [J]. Applied Mathematics and Computation, 2007, 190(2): 1258-1266.

[134] Li T F, Dimirovski G M, Zhao J, et al. Improved stability of a class of switched neutral systems via Krasovskii method and average dwell-time scheme [J]. International Journal of Systems Science, 2013, 44(6): 1076-1088.

[135] Liu D Y, Liu X Z, Zhong S M. Delay-dependent robust stability and control synthesis for uncertain switched neutral systems with mixed delays [J]. Applied Mathematics and Computation, 2008, 202(2): 828-839.

[136] Liu D Y, Zhong S M, Liu X Z, et al. Stability analysis for uncertain switched neutral systems with discrete time-varying delay: a delay-dependent method [J]. Mathematics and Computers in Simulation, 2009, 80(2): 436-448.

[137] Li T F, Zhao J, Dimirovski G M. Hysteresis switching design for stabilization of a class of switched neutral systems [J]. Asian Journal of Control, 2013, 15(4): 1149-1157.

[138] 熊良林. 中立型动力系统的稳定性研究[D]. 成都:电子科技大学,2009.

[139] Xiang Z R, Sun Y N, Mahmoud M S. Robust finite-time H_∞ control for a class of uncertain switched neutral systems [J]. Communications in Nonlinear Science and Numerical Simulation, 2012, 17(4): 1766-1778.

[140] Xiang Z R, Sun Y N, Chen Q W. Stabilization for a class of switched neutral systems

under asynchronous switching [J]. Transactions of the Institute of Measurement and Control,2012,34(7):739-801.

[141] Wang Y E, Zhao J, Jiang B. Stabilization of a class of switched linear neutral systems under asynchronous switching [J]. IEEE Transactions on Automatic Control, 2013, 58 (8):2114-2119.

[142] Xiang Z R, Sun Y N, Chen Q W. Robust reliable stabilization of uncertain switched neutral systems with delayed switching [J]. Applied Mathematics and Computation, 2011,217(23):9835-9844.

[143] Wang Z D, James L, Burnham J K. Stability analysis and observer design for neutral delay systems [J]. IEEE Transactions on Automatic Control,2002,47(3):478-483.

[144] Zhang X M, Wu M, She J H, et al. Delay-dependent stabilization of linear systems with time-varying state and input delays [J]. Automatica,2005,41(8):1405-1412.

[145] Lu B, Wu F. Switching LPV control designs using multiple parameter-dependent Lyapunov functions [J]. Automatica,2004,40(11):1973-1980.

[146] 张嗣瀛,高立群. 现代控制理论 [M]. 北京:清华大学出版社,2005.

[147] Kim D K, Park P G, Ko J W. Output-feedback H_∞ control of systems over communication networks using a deterministic switching system approach [J]. Automatica,2004,40(7): 1205-1212.

[148] Lian J, Zhao J. Output feedback variable structure control for a class of uncertain switched systems [J]. Asian Journal of Control,2009,11(1):31-39.

[149] Hou M, Zitek P, Patton R J. An observer design for linear time-delay systems [J]. IEEE Transactions on Automatic Control,2002,47(1):121-125.

[150] Li Z G, Wen C Y, Soh Y C. Observer-based stabilization of switching linear systems [J]. Automatica,2003,39(3):517-524.

[151] Xie D, Xu N, Chen X. Stabilizability and observer-based switched control design for switched linear systems [J]. IET Control Theory & Applications,2008,2(3):192-199.

[152] Feron E. Quadratic stabilizability of switched system via state and output feedback [R]. MIT Technical Report, CICS-P-468,1996.

[153] Liu D Y, Zhong S M, Huang Y Q. Stability and L_2-gain analysis for switched neutral systems [C]//International conference on apperceiving computing and intelligence analysis,2008:247-250.

[154] Zhang W, Branicky M S, Phillips S M. Stability of networked control systems [J]. IEEE Control Systems Magazine,2001:84-99.

[155] Xie D M, Wu Y J, Chen X X. Stabilization of discrete-time switched systems with input time delay and its applications in networked control systems [J]. Circuits, Systems & Signal Processing,2009,28(4):595-607.

[156] Garcia E, Antsaklis P J. Model-based event-triggered control for systems with quantiza-

tion and time-varying network delays [J]. IEEE Transactions on Automatic Control, 2013,58(2):422-434.

[157] Nair G N, Fagnani F, Zampieri S, et al. Feedback control under data rate constraints: an overview [J]. Proceedings of the IEEE, 2007, 95(1):108-137.

[158] Liberzon D. Finite data-rate feedback stabilization of switched and hybrid linear systems [J]. Automatica, 2014, 50(2):409-420.

[159] Liberzon D. Stabilizing a switched linear system by sampled-data quantized feedback [C]//2011 50th IEEE Conference on Decision and Control and European Control Conference, 2011, 8321-8325.

[160] Feng L, Song Y. Stability condition for sampled data based control of linear continuous switched systems [J]. Systems and Control Letter, 2011, 60(10), 787-797.

[161] Seuret A, Fridman E, Richard J P. Exponential stabilization of delay neutral systems under sampled-data control [C]//Proceedings of the 13th Mediterranean Conference on Control and Automation, 2005:1281-1285.

[162] Lien C, Chen J, Yu K, et al. Robust delay-dependent H_∞ control for uncertain switched time-delay systems via sampled-data state feedback input [J]. Computers and Mathematics with Applications, 2012, 64(5):1187-1196.

[163] Cassandras C G. Event-driven control, communication, and optimization [C]//In Proceedings of the 32nd Chinese Control Conference, 2013:1-5.

[164] Tabuada P. Event-triggered real-time scheduling of stabilizing control tasks [J]. IEEE Transactions on Automatic Control, 2007, 52(9):1680-1685.

[165] Wang X, Lemmon M. Event-triggering in distributed networked control systems [J]. IEEE Transactions on Automatic Control, 2011, 56(3):586-601.

[166] Wang X, Lemmon M. Self-triggered feedback control systems with finite-gain L_2 stability [J]. IEEE Transactions on Automatic Control, 2009, 54(3):452-467.

[167] Lunze J, Lehmann D. A state-feedback approach to event-based control [J]. Automatica, 2010, 46(1):211-215.

[168] Heemels W P M H, Donkers M C F, Teel A R. Periodic event-triggered control for linear systems [J]. IEEE Transactions on Automatic Control, 2013, 58(4):847-861.

[169] Garcia E, Antsaklis P J. Model-based event-triggered control for systems with quantization and time-varying network delays [J]. IEEE Transactions on Automatic Control, 2013, 58(2):422-434.

[169] Zhang J, Feng G. Event-driven observer-based output feedback control for linear systems [J]. Automatica, 2014, 50(7):1852-1859.

[170] Zhang X M, Han Q L. Event-triggered dynamic output feedback control for networked control systems [J]. IET Control Theory & Applications, 2014, 8(4):226-234.

[171] Wang X, Ma D. Event-triggered control for continuous-time switched systems [C]//

Proceedings of the 27th Chinese Control and Decision Conference, 2015: 1143-1148.

[172] Li T F, Fu J. Event-triggered control of switched linear systems [J]. Journal of the Franklin Institute, 2017, 354(15): 6451-6462.

[173] Qi Y W, Cao M. Event-triggered dynamic output feedback control for switched linear systems [J]. in Proceedings of the 35th Chinese Control Conference, 2016: 2361-2367.

[174] Shi S, Fei Z Y, Karimi H R, et al. Event-triggered control for switched T-S fuzzy systems with general asynchronism [J]. IEEE Transactions on Fuzzy Systems, 2022, 30(1): 27-38.

[175] Fei Z Y, Guan C, Zhao X. Event-triggered dynamic output feedback control for switched systems with frequent asynchronism [J]. IEEE Transactions on Automatic Control, 2019, 65(7): 3120-3127.

[176] Li L L, Fu J, Zhang Y, et al. Output regulation for networked switched systems with alternate event-triggered control under transmission delays and packet losses [J]. Automatica, 2021, 131: 109716.

[177] Xiao X Q, Park J H, Zhou L, et al. Event-triggered control of discrete-time switched linear systems with network transmission delays [J]. Automatica, 2020, 111: 108585.